幾何学的関数論

幾何学的関数論

落合卓四郎
野口潤次郎 著

数学選書

岩波書店

はしがき

 一変数複素関数論の初等的部分は大雑把に述べればつぎの三つのテーマから成り立っている:
 I 基本的事項から Cauchy の積分定理までと, それらの応用,
 II Riemann 面の構成と, Riemann による代数関数論の基礎,
 III 有理型関数の値分布についての基礎.

 関数論を学習された読者は, P. Montel による正規族についての定理, E. Picard の小定理および大定理について良く知っていることと思う. これらの結果を, R. Nevanlinna は, 彼の発見になる第 1 主要定理および第 2 主要定理を通して, 有理型関数に関するいわゆる Nevanlinna 理論に包括する. したがって上記 III は, Nevanlinna 理論の基本的部分を意味すると思ってよい.

 近年 III の内容は, 多変数複素関数および正則写像についての値分布の問題までに拡張されて, 興味深い結果が多く得られるようになった. ここでいう値分布の問題とは, つぎのように簡単に述べられる:

 値分布の問題 M, N を複素多様体とし $f\colon M \to N$ を M から N への正則写像(あるいは, もっと一般に有理型写像)とする. このとき, f の性質あるいは, N の中での像 $f(M)$ について考察せよ.

 本書の主たる目的は, この値分布の問題を微分幾何学的手法で論じ, 読者にこの分野の基礎的部分から, 最近の話題までを紹介することである. 以下に各章の内容について簡単に説明する.

 小林昭七教授は, 任意の複素多様体 M 上にいわゆる小林擬距離 d_M を定義し, この擬距離が本当の距離になるとき, M を双曲的多様体と呼んでいる. すべての正則写像 $f\colon M \to N$ に対して, $d_N(f(x), f(y)) \leq d_M(x, y)$ $(x, y \in M)$ の成り立つことが, 小林擬距離の基本的性質である. したがって上記の値分布の問題のあるものを距離空間の問題に帰着して, 統一的に論ずることができる. 教科書(小林 [1])および報告書(小林 [2])で, それが誰にも理解しやすく書かれて

いる．例えば，Montel の定理，Picard の小定理，大定理が，小林擬距離を使って証明される様子は素晴らしいとしか言いようがない．本書の第1章では，この小林擬距離 d_M の理論を簡単に紹介し，小林 [1], [2] 以後に得られた結果 (特に R. Brody の方法) を詳述する．この章は，小林 [1] の第 4, 5, 6 章と合わせて読んでもらうと，いっそう興味深いかと思う．

第2章では，上記値分布の問題で f が同次元非退化の場合を考察する．同次元非退化な f の研究に有効な手段として，小林擬距離の構成方法と同じようにして，小林昭七教授は任意の複素多様体 M 上に小林擬体積型式 Ψ_M を定義した．その基本的性質については，小林 [1], [2] で説明されている．この第2章では，小林擬体積型式の理論についても紹介する．

さて第5章では，上述した Nevanlinna 理論で重要な役割を演ずる第1主要定理，第2主要定理を複素ベクトル空間 C^k から複素多様体 M への有理型写像 $f: C^k \xrightarrow{\text{mero}} M$ へ拡張することを考える．第1主要定理の拡張については，正則直線束と Chern 型式の言葉を使って，現在ほぼ満足すべき理論があるので，それを紹介する．第2主要定理については，現在のところまだ満足すべき理論が知られてないが，例外的に f が同次元非退化のときは，P. Griffiths-J. Carlson によって見事な拡張が得られるので，それを紹介した．いずれの場合も，正カレントと多重劣調和関数の間を結びつける Poincaré-Lelong の公式が重要な役割をはたす．

上の略記より分かるように，第5章の理解のためには，つぎの各項目の説明が必要となる：

 (i) 正則直線束と Chern 型式，
 (ii) 正カレントと多重劣調和関数，
 (iii) 複素多様体間の有理型写像，
 (iv) Poincaré-Lelong の公式．

(i) については第2章の初めで簡単に解説し，(ii) については第3章で説明した．正カレントおよび多重劣調和関数は，多変数関数論で有効な手段となることが，近年ますます分かってきた．これにかんがみ，第3章だけを独立して読んでも十分意味があるように配慮した．(iii) については，第4章で扱った．有理型写像は，大切な研究対象であり，解析的集合についての基本的事項を学べ

ば，直ぐ理解できるにもかかわらず，これを扱った教科書は，私達の知る限り Whitney [1] しかない．こうしたことから，第4章では，解析的集合について，その基本的事項の定義を与え，知っておくべき基本的事実を証明なしで説明し，それらを使って有理型写像について詳述，必要なこと全てに証明をつけた．解析的集合の基本的なことを学んだ読者にとって，この章が有理型写像についての教科書になるように配慮した．(iv)については，第5章で詳しい証明をつけた．

今まで述べてきた諸結果をしても，正則写像 $f: \boldsymbol{C} \to M$ について，現在満足すべきほど完成した理論は知られていない．少なくとも，この場合にも Nevanlinna の第2主要定理が拡張できると思うが，今のところ部分的なことしか分かっていない．一方で，M が十分に多くの Abel 微分を持つ代数的多様体のとき，A. Bloch [1] は，1926年に，像 $f(\boldsymbol{C})$ は M の真の代数的部分多様体に含まれると述べた．この事実の厳密な証明を，私達の研究にしたがって，第6章に紹介した．この章では，代数幾何からの言葉をかなり自由につかったので，この方面に慣れない読者には少々理解するのが難しいかもしれないが，私達の考え方がはっきり分かるよう努めた．

私達がこの方面の研究をするにあたり，California 大学(Berkeley)の小林昭七教授に，多大なる学問上の示唆をいただいた．また本書の出版にあたり，岩波書店の荒井秀男氏にいろいろお世話になった．ここに記して感謝の意を表す．

1984年8月　　　　　　　　　　　　　　　　　　　　　　　　著　　者

目　次

はしがき

第1章　双曲的多様体 …………………………………… 1
§1　円盤上の微分幾何 ………………………………… 1
§2　小林の微分計量 …………………………………… 6
§3　小林擬距離 ………………………………………… 12
§4　双曲的多様体 ……………………………………… 14
§5　双曲性の関数論的判定法 ………………………… 15
§6　完備双曲性の微分幾何的判定法 ………………… 20
§7　射影空間への正則写像 …………………………… 22
§8　ある回転対称 Hermite 計量の存在 ……………… 30
　　ノート ……………………………………………… 35

第2章　測度双曲的多様体 ……………………………… 37
§1　正則直線束と Chern 型式 ………………………… 37
　　ノート ……………………………………………… 48
§2　擬体積要素と Ricci 型式 ………………………… 49
§3　小林擬体積型式 …………………………………… 52
§4　測度双曲的多様体 ………………………………… 55
§5　測度双曲性の微分幾何的判定法 ………………… 57
§6　特別な測度双曲的多様体への有理型写像 ……… 58
　　ノート ……………………………………………… 64

第3章 カレントと多重劣調和関数 ……………… 66

§1 カレント …………………………………… 66
§2 複素領域上のカレント …………………… 81
§3 多重劣調和関数 …………………………… 92
　　ノート ……………………………………… 109

第4章 有理型写像 ……………………………… 111

§1 解析的集合 ………………………………… 111
§2 因子と有理型関数 ………………………… 115
§3 正則写像の性質 …………………………… 122
§4 有理型写像 ………………………………… 124
§5 有理型関数と有理型写像 ………………… 133
　　ノート ……………………………………… 139

第5章 Nevanlinna の理論 ……………………… 140

§1 Poincaré-Lelong の公式 …………………… 140
§2 有理型写像の特性関数と第1主要定理 … 149
　　ノート ……………………………………… 160
§3 Casorati-Weierstrass の定理 ……………… 161
§4 第2主要定理 ……………………………… 165
　　ノート ……………………………………… 181

第6章 正則曲線の値分布 ……………………… 183

§1 一変数複素関数論からの準備 …………… 183
§2 代数多様体の基本事項 …………………… 192
§3 ジェット束と Abel 多様体内の部分多様体 … 199
§4 Bloch 予想とその応用 …………………… 204
　　ノート1 …………………………………… 207

　　　　　　目　次　　　　　　　xi

　　ノート2 ……………………………… 208
文　献 ……………………………………… 211
記号表 ……………………………………… 219
索　引 ……………………………………… 221

本書を読む上での注意

(i) 本書では，定理，命題，式，その他すべてに一連の通し番号をつけた．例えば(5.1.2)は第5章の1節にあり，(5.1.1)の次に現われる．

(ii) 使う記号は，なるべく習慣に従った．例えば C, R, Q, Z, N はそれぞれ複素数，実数，有理数，整数，自然数の集合を表わす．

(iii) 本書では，本文を補うために，必要に応じて章末にノートをつけた．本書よりさらに進んでこの方面を研究する読者のためになると思う．初めて読むときは，このノートはとばしてもかまわない．

第1章 双曲的多様体

§1 円盤上の微分幾何

複素平面を習慣に従い，C で表わす．$z=x+iy$ を C の自然な座標とする．このとき

$$dz = dx+idy, \quad d\bar{z} = dx-idy,$$

$$\frac{\partial}{\partial z} = \frac{1}{2}\Big(\frac{\partial}{\partial x}-i\frac{\partial}{\partial y}\Big), \quad \frac{\partial}{\partial \bar{z}} = \frac{1}{2}\Big(\frac{\partial}{\partial x}+i\frac{\partial}{\partial y}\Big),$$

$$dzd\bar{z} = \frac{1}{2}(dz\otimes d\bar{z}+d\bar{z}\otimes dz) = dx\otimes dx+dy\otimes dy$$

とおく．いま U を C の任意の開集合とする．U 上の任意の Hermite 計量 g は，かならず $g=2a(z)dzd\bar{z}$ の型に表わされる．ただしここで $a(z)$ は U 上の C^∞ 級関数で，U 上いたるところ $a(z)>0$ である．この Hermite 計量 g によって定義される U 上の距離を $d_g(z,w)(z,w\in U)$ と表わすことにする．

この節では，Hermite 計量よりもう少し一般な Hermite 擬計量について考察する．$h=2a(z)dzd\bar{z}$ と書ける U 上の2次対称テンソル場 h が U 上の **Hermite 擬計量**であるとは，関数 $a(z)$ がつぎの条件を満たすことと定義する：

(1.1.1)　$a(z)$ は実数値連続関数で，つねに $a(z)\geqq 0$ である．

(1.1.2)　$\mathrm{Zero}(h)=\{z\in U; a(z)=0\}$ は U の疎 (discrete) な集合である．

(1.1.3)　$a(z)$ は $U-\mathrm{Zero}(h)$ 上で C^∞ 級関数である．

とくに $\mathrm{Zero}(h)=\phi$ ならば，h はもちろん Hermite 計量となる．したがって Hermite 計量は Hermite 擬計量の特別な場合になる．たとえば $f(z)$ を U 上の恒等的には零ではない正則関数とすると，$a(z)=|f(z)|$ は明らかに上記の3条件を満たすから，$h=2|f(z)|dzd\bar{z}$ は U 上の Hermite 擬計量となる．さて一

般に U 上の Hermite 擬計量 $h=2a(z)dzd\bar{z}$ の Gauss 曲率関数 $K_h: U\to[-\infty,\infty)$ をつぎのように定義する．$z\in\text{Zero}(h)$ のとき，$K_h(z)=-\infty$ とおき，$z\in U-\text{Zero}(h)$ のとき

$$K_h(z)=-\frac{1}{a(z)}\cdot\frac{\partial^2\log a(z)}{\partial z\partial\bar{z}}$$

とおく．U 上の Hermite 計量 g から U 上の距離 $d_g(z,w)(z,w\in U)$ を定義するのとまったく同じ方法で，U 上の Hermite 擬計量 h から U 上の距離 $d_h(z,w)$ $(z,w\in U)$ が定義できる (12 ページの下から 3 行目を参照)．

(1.1.4) **例** 実数 $r>0$ に対し
$$B(r)=\{z=x+iy\in\boldsymbol{C}\,;\,|z|^2=x^2+y^2<r^2\}$$

とおく．$B(r)$ を原点を中心とする半径 r の**円盤** (disk) という．$g_r=4r^2dzd\bar{z}/(r^2-|z|^2)^2$ とおけば，g_r は円盤 $B(r)$ 上の Hermite 計量になる．この計量 g_r を円盤 $B(r)$ 上の **Poincaré 計量**と呼ぶ．g_r の Gauss 曲率関数 $K_{g_r}(z)$ は，簡単な計算により

(1.1.5) $\qquad K_{g_r}(z)=-1 \qquad (z\in B(r))$

となる．g_r によって定義される $B(r)$ 上の距離 $d_{g_r}(z,w)$ は，

(1.1.6) $\qquad d_{g_r}(z,w)=\log\dfrac{r+|\alpha|}{r-|\alpha|}$

となる．ただしここで $\alpha=r^2(w-z)/(r^2-\bar{z}w)$ である．

二つの複素数 α,β が条件 $|\alpha|^2-|\beta|^2>0$ を満たすとき，正則写像 $T_{(\alpha,\beta,r)}:B(r)\to B(r)$ をつぎで定義する：

$$T_{(\alpha,\beta,r)}(z)=\frac{r(\alpha z+\beta r)}{\bar{\beta}z+r\bar{\alpha}}.$$

この $T_{(\alpha,\beta,r)}$ を円盤 $B(r)$ 上の**一次分数変換**と呼ぶ．ここで一変数関数論でよく知られているつぎの事実を思い起こしておこう．

(1.1.7) **補題** (i) $T_{(\alpha,\beta,r)}:B(r)\to B(r)$ は双正則同相写像である．

(ii) 集合 $\{T_{(\alpha,\beta,r)}\,;\,\alpha,\beta\in\boldsymbol{C},|\alpha|^2-|\beta|^2>0\}$ は写像の合成を積の演算とすることによって群になる．しかもこの群は $B(r)$ 上に推移的に働く．すなわち $B(r)$ の任意の 2 点 z,w に対して，ある $T_{(\alpha,\beta,r)}$ が存在して $T_{(\alpha,\beta,r)}(z)=w$ となる．

(iii) 各 $T_{(\alpha,\beta,r)}$ は Poincaré 計量 g_r の等長変換である.すなわち $T^*_{(\alpha,\beta,r)}g_r$ $=g_r$ が成立する.

さて $B(r)$ 上の Hermite 計量 $g=2a(z)dzd\bar{z}$ が **回転対称** (rotationally symmetric) であるとは,すべての $z\in B(r)$ に対し $a(z)=a(|z|)$ の成立することとする.

(1.1.8) **補題** $B(r)$ 上の Hermite 計量 $g=2a(z)dzd\bar{z}$ が回転対称だったとする.このときつぎが成立する:

(i) もし Gauss 曲率関数 K_g が,$K_g \leq 0$ であるならば,関数 $a(t)$ は $[0, r)$ 上で増加関数である.

(ii) $K_g \leq 0$ でかつ g が Riemann 計量として完備であるならば,$\lim_{t\to r} a(t) = +\infty$ である.

証明 $B(r)-\{0\}$ 上の極座標 $z=te^{i\theta}$ を使って計算すると,つぎを得る:

$$0 \leq -a(z)K_g(z) = \frac{\partial^2 \log a(z)}{\partial z \partial \bar{z}}$$

$$= \frac{1}{4}\left(\frac{\partial^2}{\partial t^2} + \frac{1}{t}\frac{\partial}{\partial t} + \frac{1}{t^2}\frac{\partial^2}{\partial \theta^2}\right) \log a(t)$$

$$= \frac{1}{4}\left\{\frac{1}{t}\frac{\partial}{\partial t}\left(t\frac{\partial}{\partial t}\log a(t)\right)\right\}.$$

関数 $t(\partial \log a(t)/\partial t)$ は $[0, r)$ で連続,$(0, r)$ で C^∞ 級であり,かつ $t=0$ で値 0 をとる.したがって上記の不等式により,$t(\partial \log a(t)/\partial t) \geq 0$ を得る.よって $a(t)$ は増加関数である.つぎに(ii)を証明する.$a(z)$ が有界であると仮定する.つまりある $L>0$ が存在して $a(z) \leq L$ であったとする.任意の $z \in B(r)$ に対して
$$d_g(0, z) \leq \sqrt{2L}|z| < \sqrt{2L}r$$
となる.これは g が完備であることに矛盾する. ∎

つぎに $B(r)$ 上に二つの Hermite 擬計量 $h=2a(z)dzd\bar{z}$, $g=2b(z)dzd\bar{z}$ が与えられたとする.もしすべての $z \in B(r)$ に対して $a(z) \geq b(z)$ が成り立つとき,$h \geq g$ と書くことにする.つぎの補題は,Greene と Wu によって証明された重要な事実である (Greene-Wu[1], p.86 を参照).

(1.1.9) **補題** $h=2a(z)dzd\bar{z}$ を $B(r)$ 上の回転対称な完備 Hermite 計量とし,$g=2b(z)dzd\bar{z}$ を $B(r)$ 上の Hermite 擬計量とする.さらに $k:[0,\infty)\to[0,\infty)$ は減少関数で,$s>1$ に対して $sk(st)>k(t)$ が成り立つものとし,つぎの条件を仮定する:

$$(1.1.10) \begin{cases} \text{すべての } z \in B(r) \text{ に対して,} \\ \qquad -k(\{d_h(0,z)\}^2) \leqq K_h(z) \leqq 0, \\ \qquad K_g(z) \leqq -k(\{d_g(0,z)\}^2) \\ \text{となる.} \end{cases}$$

このとき $g \leqq h$ が成立する.

証明 まず $a(z) > 0$ であることに注意して $u(z) = b(z)/a(z)$ とおく. 証明したいことは $u \leqq 1$ である. 実数 $0 < l < 1$ に対し, $T_l : z \in B(lr) \mapsto z/l \in B(r)$ とおく. さらに $h_l = T_l^* h$ とおくと, h_l は $B(lr)$ 上の回転対称な Hermite 計量になり, $h_l = 2a_l(z) dz d\bar{z}$ と書くとき, $a_l(z) = a(z/l)/l^2$ となる. とくに $l \to 1$ とするとき, $B(r)$ の各コンパクト集合上で一様に $a_l(z) \to a(z)$ となる. $B(lr)$ 上で $u_l(z) = b(z)/a_l(z)$ とおく. すべての $z \in B(lr)$ について $u_l(z) \leqq 1$ を示せばよい. h は完備であるから, h_l も完備であり, (1.1.10) より

$$(1.1.11) \qquad -k(\{d_{h_l}(0,z)\}^2) \leqq K_{h_l}(z) \leqq 0$$

となる. 補題 (1.1.8) により $|z| \nearrow lr$ とするとき, $a_l(z) \nearrow +\infty$ であるから, 関数 $u_l(z)$ は $\overline{B(lr)}$ 上の連続関数で $\overline{B(lr)}$ の境界 $\{z \in C; |z| = lr\}$ 上で値 0 をとると考える. もちろん $u_l(z) \geqq 0$ である. したがって関数 u_l は $B(lr)$ のある点 w で最大値をとる. $s = u_l(w)$ とするとき, $s \leqq 1$ が示したいことになる. かりに $s > 1$ だと仮定して矛盾を導く. $B(lr)$ 上で $g \leqq sh_l$ であるから, $d_g(0,z) \leqq \sqrt{s} \, d_{h_l}(0,z) (z \in B(lr))$ となる. 条件 (1.1.10) と (1.1.11) より, 任意の点 $z \in B(lr)$ に対してつぎを得る:

$$K_g(z) \leqq -k(\{d_g(0,z)\}^2) = -\frac{1}{s} \cdot sk\left(s \cdot \frac{1}{s}\{d_g(0,z)\}^2\right)$$

$$< -\frac{1}{s} k\left(\frac{1}{s}\{d_g(0,z)\}^2\right) \leqq -\frac{1}{s} k(\{d_{h_l}(0,z)\}^2)$$

$$\leqq \frac{1}{s} K_{h_l}(z) \leqq 0.$$

したがって $B(lr)$ 上で $K_{h_l}(z)/K_g(z) < s$ となる. 関数 $b(z)$ は恒等的に 0 でないから, $w \notin \mathrm{Zero}(g)$ である. ゆえに関数 $u_l(z)$ は w の近傍で C^∞ 級であり, しかも w で最大値をとる. したがってつぎを得る:

$$0 \geqq \frac{\partial^2}{\partial z \partial \bar{z}} \log u_l(w) = -b(w) K_g(w) + a_l(w) K_{h_l}(w).$$

§1　円盤上の微分幾何　　5

よって $s=u_t(w)=b(w)/a_t(w) \leq K_h(w)/K_g(w) < s$ となり矛盾を得る．∎

上の補題の簡単な応用をまず述べよう．

(1.1.12)　**系**　$B(r)$ 上の Poincaré 計量を g_r で表わす．

(ⅰ)　記号は補題(1.1.9)のままとするとき，$g_r \leq k(0)h$ が成立する．

(ⅱ)　$g=2b(z)dzd\bar{z}$ は $B(1)$ 上の Hermite 擬計量で $K_g \leq -1$ とする．このとき $g \leq g_1$ が成立する．

(ⅲ)　$T: B(1) \to B(1)$ を定数でない正則写像とする．このとき T^*g_1 は $B(1)$ 上の擬計量であり．$T^*g_1 \leq g_1$ が成立する（いわゆる Schwarz-Pick の補題）．もし $T(0)=0$ ならば $|T'(0)| \leq 1$ である（古典的な Schwarz の補題）．

証明　(ⅰ)　すべての $t \geq 0$ に対して $k(0) \geq k(t) \geq 0$ であることに注意する．$g=k(0)^{-1}g_r$ とおく．すると
$$K_g(z) = -k(0) \leq -k(\{d_g(0,z)\}^2)$$
となる．したがって補題(1.1.9)より，$g=k(0)^{-1}g_r \leq h$ を得る．

(ⅱ)　補題(1.1.9)において，$h=g_1$, $k(t) \equiv 1$ とおけば，$g \leq g_1$ を得る．

(ⅲ)　簡単な計算より，$T^*g_1 = 4(1-|T(z)|^2)^{-2}|T'(z)|^2 dzd\bar{z}$ となるから，T^*g_1 は $B(1)$ 上の Hermite 擬計量であり，$\mathrm{Zero}(T^*g_1) = \{z \in B(1); T'(z)=0\}$ となる．さらに $T: (B(1)-\mathrm{Zero}(T^*g_1), T^*g_1) \to (B(1), g_1)$ は等長埋込みであるから（あるいは，定義と直接計算により），$B(1)-\mathrm{Zero}(T^*g_1)$ 上で $K_{T^*g_1} \equiv -1$ となる．したがって $B(1)$ 上で $K_{T^*g_1} \leq -1$ を得る．よって上述の(ⅱ)より，$T^*g_1 \leq g_1$ を得る．もし $T(0)=0$ ならば
$$4(dzd\bar{z})(0) = g_1(0) \geq (T^*g_1)(0) = 4|T'(0)|^2(dzd\bar{z})(0)$$
となり，$|T'(0)| \leq 1$ を得る．∎

補題(1.1.9)を使うためには，条件(1.1.10)を満たす回転対称な完備 Hermite 計量 h の存在が問題となるが，これはつぎの補題によって保証される．

(1.1.13)　**補題**　C^∞ 級関数 $k: [0,\infty) \to (0,\infty)$ が補題(1.1.9)に述べた条件（つまり k は減少関数で任意の $s>1$ に対し $sk(st)>k(t)$ となる）を満たすとする．このとき $B(r)$ 上に回転対称な完備 Hermite 計量 h で $K_h(z) = -k(\{d_h(0,z)\}^2)$ となるものが存在する．

証明はこの §8 でなされる．

§2 小林の微分計量

M を m 次元複素多様体とする．$x \in M$ のまわりの正則局所座標系 $\{z^1, \cdots, z^m\}$ を一つとる．実変数 x^j, y^j を使って $z^j = x^j + iy^j$ $(1 \leqq j \leqq m)$ とおく．そうすると $\{x^1, \cdots, x^m, y^1, \cdots, y^m\}$ は，M を $2m$ 次元可微分多様体と考えたときの x のまわりの局所座標系となる．ここで M の x における接空間を $T(M)_x$ と書く．$T(M)_x$ は実 $2m$ 次元ベクトル空間である．$\{(\partial/\partial x^1)_x, \cdots, (\partial/\partial x^m)_x, (\partial/\partial y^1)_x, \cdots, (\partial/\partial y^m)_x\}$ は $T(M)_x$ の基底をなす．実ベクトル空間 $T(M)_x$ の複素化を $T(M)_x \otimes_R C$ で書くことにする．このとき $\{(\partial/\partial x^1)_x, \cdots, (\partial/\partial x^m)_x, (\partial/\partial y^1)_x, \cdots, (\partial/\partial y^m)_x\}$ は複素ベクトル空間 $T(M)_x \otimes_R C$ の基底になる．$\partial/\partial z^j = (1/2)(\partial/\partial x^j - i\partial/\partial y^j)$ $(1 \leqq j \leqq m)$ とおく．これらで張られる $T(M)_x \otimes_R C$ の複素ベクトル部分空間 $\left\{\sum_{j=1}^{m} \xi^j (\partial/\partial z^j)_x ; (\xi^1, \cdots, \xi^m) \in C^m\right\}$ を $\boldsymbol{T}(M)_x$ で表わす．$\boldsymbol{T}(M)_x$ は複素 m 次元ベクトル空間であり，x のまわりの正則局所座標系 $\{z^1, \cdots, z^m\}$ の取り方によらずにきまる．この $\boldsymbol{T}(M)_x$ を M の x における**正則接空間**と呼ぶ．$\boldsymbol{T}(M) = \bigcup_{x \in M} \boldsymbol{T}(M)_x$ (disjoint union) とおく．射影 $\pi: \boldsymbol{T}(M) \to M$ を $\pi(\boldsymbol{T}(M)_x) = x$ となるように自然に定める．このとき $\boldsymbol{T}(M)$ は自然に $2m$ 次元複素多様体となり，$\pi: \boldsymbol{T}(M) \to M$ は正則写像になる．もう少し詳しく述べるとつぎのようになっている．いま $\{z^1, \cdots, z^m\}$ を M の開集合 U 上で定義されている正則局所座標系とする．そうすれば

$$\pi^{-1}(U) = \left\{\sum_{j=1}^{m} \xi^j (\partial/\partial z^j)_x ; x \in U, (\xi^1, \cdots, \xi^m) \in C^m\right\}$$

と書ける．このとき写像

$$\sum_{j=1}^{m} \xi^j (\partial/\partial z^j)_x \in \pi^{-1}(U) \longmapsto (z^1(x), \cdots, z^m(x), \xi^1, \cdots, \xi^m) \in C^{2m}$$

が $\pi^{-1}(U)$ 上の正則局所座標系となるように $\boldsymbol{T}(M)$ 上に一意的に複素多様体の構造が入る．$\boldsymbol{T}(M)$ を M の**正則接ベクトル束**と呼ぶ．さて N を n 次元複素多様体とし，$f: M \to N$ を正則写像とする．f の微分を f_* で表わす．任意の $x \in M$ について f_* は $T(M)_x$ から $T(N)_{f(x)}$ への線型写像であるから，これを自然に $T(M)_x \otimes_R C$ から $T(N)_{f(x)} \otimes_R C$ への複素線型写像に拡張し，やはり同じ記号 f_* で表わす．f が正則写像であることより，$f_*(\boldsymbol{T}(M)_x) \subset \boldsymbol{T}(N)_{f(x)}$ が成立

§2 小林の微分計量

し, $f_*: T(M) \to T(N)$ は正則写像となる.

さて $R^+ = \{t \in R; t \geqq 0\}$ とおく. 写像 $F: T(M) \to R^+$ がつぎの条件を満たすとき, これを**微分計量**と呼ぶ:

(1.2.1) $F(O_x)=0$, ここで O_x は $T(M)_x$ の零ベクトルを表わす.

(1.2.2) $F(a\xi_x)=|a|F(\xi_x)$ がすべての $\xi_x \in T(M)_x, a \in C, x \in M$ に対して成立する.

連続な微分計量 $F: T(M) \to R^+$ で, すべての $x \in M$ で $F(\xi_x)=0 (\xi_x \in T(M)_x)$ となるものは $\xi_x = O_x$ に限るとき, F を **Finsler 計量**と呼ぶ.

ここで写像 $F_M: T(M) \to R^+$ をつぎのように定義する: $\xi_x \in T(M)_x$ に対し

(1.2.3) $F_M(\xi_x) = \inf\left\{\dfrac{1}{r}; \text{正則写像 } f: B(r) \to M \text{ が存在して}\right.$
$$\left. f(0)=x, f_*((\partial/\partial z)_0)=\xi_x \right\}$$

とおく. 上の定義を少し言い直してみよう. 正則写像 $f: B(r) \to M$ が存在して $f(0)=x, f_*((\partial/\partial z)_0)=\xi_x$ となっているとする. 正則写像 $T_r: z \in B(1) \mapsto rz \in B(r)$ と f の合成 $f \circ T_r: B(1) \to M$ を考える. $f \circ T_r(0)=x, (f \circ T_r)_*(r^{-1}(\partial/\partial z)_0)=\xi_x$ となる. 逆に正則写像 $g: B(1) \to M$ が存在して, $g(0)=x, g_*(a(\partial/\partial z)_0)=\xi_x (a \in C^*=C-\{0\})$ が成り立つとしよう. いま $a=r^{-1}e^{i\theta} (r>0, \theta \in R)$ と書いておく. $f: B(r) \to M$ を $f(z)=g(e^{i\theta} \cdot T^{-1}_r(z))$ と定義すると, $f(0)=x, f_*((\partial/\partial z)_0)=\xi_x$ となる. 以上の考察から

(1.2.4) $F_M(\xi_x) = \inf\{|a|; \text{正則写像 } f: B(1) \to M \text{ が存在して } f(0)=x,$
$$f_*(a(\partial/\partial z)_0)=\xi_x, a \in C\}$$

となることがわかる.

(1.2.5) **補題** 写像 $F_M: T(M) \to R^+$ は微分計量である.

証明 まず $F_M(O_x)=0$ を示す. $f: B(r) \to M$ を定数値写像 $f \equiv x$ とすれば $f(0)=x, f_*((\partial/\partial z)_0)=O_x$ となる. したがって $F_M(O_x)=0$ となる. つぎに $F_M(a\xi_x)=|a|F_M(\xi_x)$ を示す. $a \neq 0$ の場合を示せばよい. 正則写像 $f: B(1) \to M$ が存在して, $f(0)=x, f_*(b(\partial/\partial z)_0)=\xi_x$ であるとする. すると $f_*(ab(\partial/\partial z)_0)=a\xi_x$ であるから, (1.2.4) より $F_M(a\xi_x) \leqq |a|F_M(\xi_x)$ を得る. 逆の不等式は, $F_M(\xi_x)=F_M(a^{-1} \cdot a\xi_x) \leqq |a|^{-1}F_M(a\xi_x)$ よりでる. ∎

以後 $F_M: T(M) \to R^+$ を M に付随した**小林微分計量**と呼ぶ．また正則写像 $f: B(r) \to M$ に対し $f_*((\partial/\partial z)_z)$ を単に $f_*(z)$ と書くことにする．

(1.2.6) **定理** M と N を複素多様体とし，$f: M \to N$ を正則写像とする．このとき $f^*F_N \leq F_M$ が成立する．すなわち $\xi_x \in T(M)_x$ に対し，$F_N(f_*(\xi_x)) \leq F_M(\xi_x)$ が成立する．とくに $f: M \to N$ が双正則同相写像であれば，$f^*F_N = F_M$ となる．

証明 任意に $\xi_x \in T(M)_x$ をとる．$h: B(r) \to M$ は正則写像で，$h(0)=x, h_*(0)=\xi_x$ なるものとする．すると $f \circ h: B(r) \to N$ は正則写像で，$f \circ h(0)=f(x)$, $(f \circ h)_*(0)=f_*(\xi_x)$ となる．したがって $F_N(f_*(\xi_x)) \leq 1/r$ となる．h は任意であったから，$F_N(f_*(\xi_x)) \leq F_M(\xi_x)$ を得る．さらに，f が双正則同相写像であれば，$F_M(\xi_x) = F_M(f_*^{-1} \circ f_*(\xi_x)) \leq F_N(f_*(\xi_x))$ となるから，$F_M(\xi_x) = F_N(f_*(\xi_x))$ を得る．∎

(1.2.7) **命題** M_1, M_2 を複素多様体とする．任意の $\xi_x \in T(M_1)_x, \eta_y \in T(M_2)_y$ に対しつぎが成立する：
$$F_{M_1 \times M_2}(\xi_x + \eta_y) = \max\{F_{M_1}(\xi_x), F_{M_2}(\eta_y)\}.$$

証明 自然な射影 $\pi_j: (x_1, x_2) \in M_1 \times M_2 \mapsto x_j \in M_j (j=1,2)$ を考える．これに定理(1.2.6)を適用することによって，$F_{M_1 \times M_2}(\xi_x + \eta_y) \geq \max\{F_{M_1}(\xi_x), F_{M_2}(\eta_y)\}$ を得る．ここで $\pi_{1*}(\xi_x + \eta_y) = \xi_x$, $\pi_{2*}(\xi_x + \eta_y) = \eta_y$ を用いた．一方 $f_j: B(r_j) \to M_j$ ($j=1,2$) を正則写像で，$f_1(0)=x, f_2(0)=y, f_{1*}(0)=\xi_x, f_{2*}(0)=\eta_y$ であるとする．$r = \min\{r_1, r_2\}$ とおく．このとき正則写像 $f: z \in B(r) \mapsto (f_1(z), f_2(z)) \in M_1 \times M_2$ はつぎを満たす：$f(0)=(x,y), f_*(0)=\xi_x + \eta_y$. したがって $F_{M_1 \times M_2}(\xi_x + \eta_y) \leq 1/r = \max\{1/r_1, 1/r_2\}$ となり，結局 $F_{M_1 \times M_2}(\xi_x + \eta_y) \leq \max\{F_{M_1}(\xi_x), F_{M_2}(\eta_y)\}$ を得る．∎

(1.2.8) **命題** $\tilde{M}, M$ は複素多様体で，$\pi: \tilde{M} \to M$ を不分枝被覆写像とする．このとき $F_{\tilde{M}} = \pi^*F_M$ が成立する．

証明 定理(1.2.6)より $\pi^*F_M \leq F_{\tilde{M}}$ となる．逆の不等式を得るため，任意に $\xi_x \in T(\tilde{M})_x$ ($x \in \tilde{M}$) をとる．$f: B(r) \to M$ は正則写像で $f(0)=\pi(x), f_*(0) = \pi_*(\xi_x)$ なるものとする．$B(r)$ は単連結であるから，正則写像 $\tilde{f}: B(r) \to \tilde{M}$ が存在して，$\pi \circ \tilde{f} = f, \tilde{f}(0) = x$ となる．$\pi_*: T(\tilde{M})_x \to T(M)_{\pi(x)}$ は線型同型写像であるから，$\tilde{f}_*(0) = \xi_x$ となる．したがって $F_{\tilde{M}}(\xi_x) \leq 1/r$ である．f は任意であった

から，結局 $F_{\tilde{M}}(\xi_x) \leqq F_M(\pi_*(\xi_x))$ となる． ∎

(1.2.9) **例** $F_{C^m} \equiv 0$ となる．これはつぎのようにしてわかる．任意に $\xi_x \in T(C^m) \cong C^m$ をとる．正則写像 $f: z \in C \mapsto x + z\xi_x \in C^m$ を考える．そうすれば任意の $r > 0$ に対し，f の $B(r)$ への制限 $f|B(r) \to C^m$ は正則で，$(f|B(r))(0) = x$, $(f|B(r))_*(0) = \xi_x$ である．したがって $F_{C^m}(\xi_x) = 0$ となる．

(1.2.10) **例** 円盤 $B(r)$ と $B^*(1) = B(1) - \{0\}$ について考えてみよう．まず $B(r)$ から考える．任意の $\xi_x = a(\partial/\partial z)_x \in T(B(r))_x$ に対して

$$F_{B(r)}(\xi_x) = \frac{1}{\sqrt{2}}\{g_r(\xi_x, \bar{\xi}_x)\}^{1/2} = \frac{r|a|}{r^2 - |x|^2}$$

が成立する．これはつぎのようにしてわかる．双正則同相写像 $T_r: z \in B(r) \mapsto z/r \in B(1)$ によって，$T_r^* g_1 = g_r$ であり，一方定理 (1.2.6) により，$T_r^* F_{B(1)} = F_{B(r)}$ であるから，$r = 1$ の場合に上述の式を証明すれば十分である．さて正則写像 $f: B(1) \to B(1)$ が存在して $f(0) = x$, $f_*(b(\partial/\partial z)_0) = (\partial/\partial z)_x$ ($b \in C$) を満たしたとする．系 (1.1.12) の (iii) より，$f^* g_1 \leqq g_1$ が成立する．よって $g_1(b(\partial/\partial z)_0, \overline{b(\partial/\partial z)_0}) \geqq g_1((\partial/\partial z)_x, \overline{(\partial/\partial z)_x})$ となる．すなわち $2|b|^2 \geqq 2(1 - |x|^2)^{-2}$ である．(1.2.4) より

$$F_{B(1)}\left(\left(\frac{\partial}{\partial z}\right)_x\right) \geqq (1 - |x|^2)^{-1} = \frac{1}{\sqrt{2}}\left\{g_1\left(\left(\frac{\partial}{\partial z}\right)_x, \overline{\left(\frac{\partial}{\partial z}\right)_x}\right)\right\}^{1/2}$$

となる．一方，補題 (1.1.7) より双正則同相写像 $T: B(1) \to B(1)$ が存在して，$T(0) = x, T^* g_1 = g_1$ となる．もちろん $T_*: \boldsymbol{T}(B(1))_0 \to \boldsymbol{T}(B(1))_x$ は線型同型写像であるから，$b \in C^*$ が存在して，$T_*(b(\partial/\partial z)_0) = (\partial/\partial z)_x$ となる．(1.2.4) により $F_{B(1)}((\partial/\partial z)_x) \leqq |b|$ となる．$T^* g_1 = g_1$ より，$2|b|^2 = g_1(b(\partial/\partial z)_0, \overline{b(\partial/\partial z)_0}) = g_1((\partial/\partial z)_x, \overline{(\partial/\partial z)_x}) = 2(1 - |x|^2)^{-2}$ である．したがって $F_{B(1)}((\partial/\partial z)_x) \leqq (1 - |x|^2)^{-1}$ を得る．つぎに $B^*(r)$ を考える．写像 $\pi: B(1) \to B^*(1)$ を $\pi(z) = \exp[2\pi i(z - i)/(z + i)]$ によって定義する．容易にわかるように $\pi: B(1) \to B^*(1)$ は被覆写像であり，$\pi^*(4|z|^{-2}(\log|z|^2)^{-2} dz d\bar{z}) = 4(1 - |z|^2)^{-2} dz d\bar{z}$ となる．命題 (1.2.8) と上記の結果より，任意の $\xi_x = a(\partial/\partial z)_x \in \boldsymbol{T}(B^*(1))_x$ に対して

$$F_{B^*(1)}(\xi_x) = \frac{|a|}{|x|\log|x|^{-2}}$$

となる．

(1.2.11) **例** 正の実数 $r_1, \cdots, r_l$ に対して，多重円盤 $D = B(r_1) \times \cdots \times B(r_l)$

を考える．命題(1.2.7)と例(1.2.10)より，$F_D: T(D) \to \boldsymbol{R}^+$ は連続である．

一般の複素多様体 M について，それに付随した小林微分計量 $F_M: T(M) \to \boldsymbol{R}^+$ が連続かどうかわかっていない．つぎの結果は，この点に関して重要なものである．

(1.2.12) **定理**(Royden[1]) 複素多様体 M に付随した小林微分計量 $F_M: T(M) \to \boldsymbol{R}^+$ は上半連続である．すなわち任意の $\xi \in T(M)$ と任意の $\varepsilon > 0$ に対して ξ の $T(M)$ における開近傍 U が存在して，すべての $\eta \in U$ に対し $F_M(\eta) < F_M(\xi) + \varepsilon$ が成立する．

この定理の証明にはつぎの Royden による補題が必要である．証明は難しいので省略する．詳しく知りたい読者は Royden[2]を参照されたい．便宜上 $B(1)$ の l 個の直積を $B(1)^l$ で表わす．すなわち $B(1)^l = \{(z^1, \cdots, z^l) \in \boldsymbol{C}^l ; |z^1| < 1, \cdots, |z^l| < 1\}$ である．

(1.2.13) **補題** M を m 次元複素多様体とする．$h: B(r) \to M$ を正則写像で $h_*(0) \neq O_{h(0)}$ とする．このとき任意の $0 < s < r$ に対して，正則写像 $H: B(s) \times B(1)^{m-1} \to M$ が存在して，H は原点 0 の近傍で双正則同相写像になり，かつ $H(z, 0, \cdots, 0) = h(z)$ $(z \in B(s))$ が成立する．

定理(1.2.12)の証明 $\xi_x \in T(M)_x, \xi_x \neq O_x$, と $\varepsilon > 0$ を任意にとる．$F_M(\xi_x)$ の定義より，$r > 0$ と正則写像 $h: B(r) \to M$ が存在して，$h(0) = x, h_*(0) = \xi_x$,
$$F_M(\xi_x) \leqq \frac{1}{r} < F_M(\xi_x) + \varepsilon$$
となる．$0 < s < r$ を $1/s < F_M(\xi_x) + \varepsilon$ となるように一つとる．補題(1.2.13)により，正則写像 $H: B(s) \times B(1)^{m-1} \to M$ を原点 O の近傍で双正則同相であり $H(z, 0, \cdots, 0) = h(z)$ $(z \in B(s))$ となるようにとれる．$H(O) = x, H_*((\partial/\partial z^1)_0) = \xi_x$ に注意する．便宜上 $D = B(s) \times B(1)^{m-1}$ とおく．$F_D((\partial/\partial z^1)_0)$ の定義よりつぎを得る：

(1.2.14) $\qquad F_D\left(\left(\dfrac{\partial}{\partial z^1}\right)_0\right) \leqq \dfrac{1}{s} < F_M(\xi_x) + \varepsilon.$

一方で例(1.2.11)により $F_D: T(D) \to \boldsymbol{R}^+$ は連続であるから，$(\partial/\partial z^1)_0$ の $T(D)$ での近傍 V が存在して

(1.2.15) $\qquad F_D(\zeta) < F_D\left(\left(\dfrac{\partial}{\partial z^1}\right)_0\right) + \varepsilon \quad (\zeta \in V)$

が成立する．H は O の近傍で双正則同相であったから，必要なら V をさらに小さくとることによって，$H_*: V \to U = H_*(V)$ は双正則同相になる．もちろん U は ξ_x の $T(M)$ における近傍である．任意の $\eta \in U$ に対して，ある $\zeta \in V$ が存在して $H_*(\zeta) = \eta$ となるので，定理 (1.2.6), (1.2.14) と (1.2.15) よりつぎを得る：

$$F_M(\eta) = F_M(H_*(\zeta)) \leq F_D(\zeta) < F_D\left(\left(\frac{\partial}{\partial z^1}\right)_0\right) + \varepsilon$$
$$< F_M(\xi_x) + 2\varepsilon.$$

以上で，$\xi_x \neq O_x$ なる点で F_M が上半連続であることがわかった．$\xi_x = O_x$ の場合を考えよう．x の近傍 W を，$\overline{W}$ がコンパクトになるように一つとる．$\overline{W}$ の近傍上に Hermite 計量を一つ固定し，それについてのノルムを $\|\cdot\|$ で表わす．$K = \{\xi_y \in T(M); y \in \overline{W}, \|\xi_y\| = 1\}$ とおくと，K は $T(M)$ のコンパクト集合である．上述の考察により，F_M の K への制限 $F_M|K: K \to \mathbf{R}^+$ は上半連続であるから，F_M は K 上で最大値 $A (\geq 0)$ をとる．実数 $L > A$ を一つ選ぶ．任意の $\varepsilon > 0$ に対して $U = \{\xi_y \in T(M); y \in W, \|\xi_y\| < \varepsilon/L\}$ とおけば，U は O_x の $T(M)$ における開近傍である．任意の $\xi_y \in U$，$\xi_y \neq O_y$ に対して補題 (1.2.5) より

$$F_M(\xi_y) = F_M\left(\|\xi_y\| \cdot \frac{\xi_y}{\|\xi_y\|}\right) = \|\xi_y\| F_M\left(\frac{\xi_y}{\|\xi_y\|}\right)$$
$$< \frac{\varepsilon}{L} \cdot A < \varepsilon = F_M(O_x) + \varepsilon$$

となる．したがって F_M は O_x でも上半連続である．∎

 (1.2.16) **定理** 微分計量 $H: T(M) \to \mathbf{R}^+$ が，任意の正則写像 $f: B(1) \to M$ に対して $f^*H \leq F_{B(1)}$ を満たすならば，$H \leq F_M$ である．とくに小林微分計量は定理 (1.2.6) が成り立つような微分計量の中で最大である．

証明 任意に $\xi_x \in T(M)_x (x \in M)$ をとる．$f: B(1) \to M$ を正則写像で，$f(0) = x$，$f_*(a(\partial/\partial z)_0) = \xi_x$ とする．$f^*H \leq F_{B(1)}$ であるから，例 (1.2.10) を使って

$$H(\xi_x) \leq F_{B(1)}\left(a\left(\frac{\partial}{\partial z}\right)_0\right) = |a|$$

である．(1.2.4) より $H(\xi_x) \leq F_M(\xi_x)$ を得る．∎

§3 小林擬距離

M を m 次元複素多様体とする．すべての接ベクトル $v_x \in T(M)_x (x \in M)$ は，一意的にある $\xi_x \in T(M)_x$ が存在して $v_x = \xi_x + \bar{\xi}_x$ と書ける．ここで
$$F_M(v_x) = 2F_M(\xi_x)$$
とおく．そうすれば $F_M: T(M) \to \mathbf{R}^+$ は上半連続であり，$F_M(av_x) = |a|F_M(v_x)$ がすべての $v_x \in T(M)_x, a \in \mathbf{R}$ について成立する．

(1.3.1) **例** 接ベクトル $v_x \in T(B(1))_x$ を $v_x = \xi_x + \bar{\xi}_x (\xi_x \in T(B(1))_x)$ と書けば，例 (1.2.10) により
$$F_{B(1)}(v_x) = 2F_{B(1)}(\xi_x) = \{2g_1(\xi_x, \bar{\xi}_x)\}^{1/2} = \{g_1(v_x, v_x)\}^{1/2}$$
となる．

一般に C^∞ 級曲線 $\gamma: [a, b] \to M$ の F_M に関する長さ $L(\gamma)$ をつぎで定義する：
$$L(\gamma) = \int_a^b F_M(\dot{\gamma}(t))dt, \quad \text{ただし} \quad \dot{\gamma}(t) = \gamma_*((\partial/\partial t)_t) \quad \text{である．}$$

上述したように $F_M: T(M) \to \mathbf{R}^+$ は上半連続であるから，$F_M(\dot{\gamma}(t))$ は積分可能で，$L(\gamma)$ は有限の値をとる．さらに $L(\gamma)$ は曲線 γ のパラメーターの取り方によらない．すなわち $\varphi: [c, d] \to [a, b]$ を C^∞ 級微分同相写像とする．このとき $\gamma \circ \varphi: [c, d] \to M$ も C^∞ 級曲線になり，$L(\gamma \circ \varphi) = L(\gamma)$ となる．実際
$$L(\gamma \circ \varphi) = \int_c^d F_M(\varphi'(t)\dot{\gamma}(\varphi(t)))dt = \int_c^d |\varphi'(t)|F_M(\dot{\gamma}(\varphi(t)))dt$$
$$= \int_a^b F_M(\dot{\gamma}(t))dt = L(\gamma)$$

である．つぎに区分的に C^∞ 級曲線 $\gamma: [a, b] \to M$ を考える．すなわち γ は連続写像で，区間 $[a, b]$ の分割 $a = a_0 < a_1 < \cdots < a_k = b$ が存在して，γ の各区間 $[a_{j-1}, a_j]$ への制限 $\gamma_j = \gamma|[a_{j-1}, a_j]$ が C^∞ 級曲線となっている．このとき，γ の長さ $L(\gamma)$ を $L(\gamma) = \sum_{j=1}^k L(\gamma_j)$ で定義する．さて M の任意の 2 点 $x, y \in M$ に対して，
$$d_M(x, y) = \inf\{L(\gamma); \gamma \text{ は } x \text{ と } y \text{ を結ぶ区分的に } C^\infty \text{ 級な曲線}\}$$
とおく．つぎの結果は基本的である．

(1.3.2) **補題** 関数 $d_M: M \times M \to \mathbf{R}^+$ は M 上の連続な**擬距離** (pseudodistance)である．すなわち任意の $x, y, z \in M$ に対して

(1.3.3) $\begin{cases} d_M(x, y) = d_M(y, x) \geqq 0, \\ d_M(x, z) \leqq d_M(x, y) + d_M(y, z) \end{cases}$

が成立する．

証明 d_M が擬距離の条件(1.3.3)を満たしていることは定義より直ちにわかる．d_M の連続性を証明しよう．$x_1, x_2 \in M$ と $\varepsilon > 0$ を任意にとる．x_j の連結かつ相対コンパクトな開近傍 U_j と，U_j に含まれる x_j のコンパクト近傍 K_j をとる $(j=1, 2)$．各 U_j 上に Hermite 計量を一つ定める．それらを同じ h で書き，h の定める U_j 上の距離を d_h と書く．

$$K_j^* = \left\{ v_x \in T(M)_x; x \in K_j, h(v_x, v_x) \leqq \frac{1}{2} \right\}$$

とおくと，K_j^* は $T(M)$ のコンパクト集合である．$F_M: T(M) \to \mathbf{R}^+$ は上半連続であるから，ある $a < +\infty$ が存在して，任意の $v \in K_1^* \cup K_2^*$ に対して $F_M(v) < a$ となる．$r > 0$ に対して，$U(x_j, r) = \{x \in U_j; d_h(x_j, x) < r\}$ とおく．$r > 0$ を十分に小さくとれば，$8ar < \varepsilon, U(x_j, 2r) \subset K_j$ となる．任意の $y_j \in U(x_j, r)$ に対し区分的に C^∞ 級曲線 $\gamma_j: [0, t_j] \to U(x_j, 2r)$ が存在して，$0 < t_j < 2r, \gamma_j(0) = x_j, \gamma_j(t_j) = y_j, h(\dot{\gamma}_j(t), \dot{\gamma}_j(t)) = 1$ となる．ただし $\dot{\gamma}_j(t)$ は有限個の t を除いた微分のとれる t について考える．定義より x_1 と x_2 を結ぶ区分的に C^∞ 級曲線 $\gamma_0: [c, d] \to M$ が存在して，$L(\gamma_0) < d_M(x_1, x_2) + \varepsilon/2$ となる．いま三つの曲線 $\gamma_1, \gamma_0, \gamma_2$ によって作られる y_1 と y_2 を結ぶ区分的に C^∞ 級曲線を $-\gamma_1 + \gamma_0 + \gamma_2$ と書くことにする．するとつぎが成立する：

$$d_M(y_1, y_2) \leqq L(-\gamma_1 + \gamma_0 + \gamma_2)$$
$$\leqq \int_0^{t_1} F_M(\dot{\gamma}_1(t)) dt + d_M(x_1, x_2) + \frac{\varepsilon}{2} + \int_0^{t_2} F_M(\dot{\gamma}_2(t)) dt$$
$$\leqq at_1 + d_M(x_1, x_2) + \frac{\varepsilon}{2} + at_2 \leqq d_M(x_1, x_2) + \varepsilon.$$

一方，y_1 と y_2 を結ぶ区分的に C^∞ 級曲線 $\gamma_3: [c', d'] \to M$ が存在して $d_M(y_1, y_2) > L(\gamma_3) - \varepsilon/2$ となる．三つの曲線 $\gamma_1, \gamma_2, \gamma_3$ によって作られる x_1 と x_2 を結ぶ C^∞ 級曲線を $\gamma_1 + \gamma_3 - \gamma_2$ と書くと，上とまったく同じ計算でつぎを得る：

$$d_M(x_1, x_2) \leqq L(\gamma_1 + \gamma_3 - \gamma_2) \leqq d_M(y_1, y_2) + \varepsilon.$$

したがって，すべての $y_j \in U(x_j, r) (j=1, 2)$ に対して

$$|d_M(x_1, x_2) - d_M(y_1, y_2)| < \varepsilon$$

となり，d_M の連続性が示された．

上記の連続な擬距離 d_M を M の**小林擬距離**と呼ぶ．この小林擬距離の重要な性質はつぎの定理に凝縮されている．

(1.3.4) **定理** M と N を複素多様体とし，$f: M \to N$ を正則写像とする．このとき任意の $x, y \in M$ に対して $d_N(f(x), f(y)) \leq d_M(x, y)$ である．とくに $f: M \to N$ が双正則同相写像ならば，$d_N(f(x), f(y)) = d_M(x, y)$ である．

証明 任意の接ベクトル $v_x \in T(M)(x \in M)$ に対し，$F_N(f_*(v_x)) \leq F_M(v_x)$ が成り立つ．実際 $v_x = \xi_x + \bar{\xi}_x (\xi_x \in T(M)_x)$ と書けば，$f_*(v_x) = f_*(\xi_x) + \overline{f_*(\xi_x)}$，$f_*(\xi_x) \in T(N)_{f(x)}$ となり，定理(1.2.6)を使って

$$F_N(f_*(v_x)) = 2F_N(f_*(\xi_x)) \leq 2F_M(\xi_x) = F_M(v_x)$$

となる．いま $\gamma: [a, b] \to M$ を 2 点 x, y を結ぶ任意の区分的 C^∞ 級曲線とするとき，$f \circ \gamma: [a, b] \to N$ は $f(x), f(y)$ を結ぶ区分的 C^∞ 級曲線であり，かつ

$$L(f \circ \gamma) = \int_a^b F_N\left((f \circ \gamma)_*\left(\frac{\partial}{\partial t}\right)_t\right) dt$$
$$= \int_a^b F_N(f_*(\dot{\gamma}(t))) dt \leq \int_a^b F_M(\dot{\gamma}(t)) dt = L(\gamma)$$

となる．ゆえに $L(\gamma) \geq d_N(f(x), f(y))$ となり，γ は任意であったから結局 $d_M(x, y) \geq d_N(f(x), f(y))$ となる．

§4 双曲的多様体

一般に複素多様体 M の小林擬計量 $d_M: M \times M \to \mathbf{R}^+$ は距離になるとは限らない．すなわち $d_M(x, y) = 0$ から $x = y$ を結論することが一般にできない．たとえば，例(1.2.9)より $d_{\mathbf{C}^m} \equiv 0$ である．

(1.4.1) **定義** 複素多様体 M の小林擬距離 $d_M: M \times M \to \mathbf{R}^+$ が本当の距離になるとき，M を**双曲的多様体**(hyperbolic manifold)と呼ぶ．とくに d_M が完備な距離になるとき，M を**完備双曲的多様体**(complete hyperbolic manifold)と呼ぶ．

この(完備)双曲的多様体の概念は，小林によって定義され，その一般的性質

は小林[1]の第4章に簡潔に説明されている．M, X をそれぞれ複素多様体として，$Hol(X, M)$ で X から M への正則写像の全体を表わす．$Hol(X, M)$ には，いわゆるコンパクト開位相(compact open topology)を導入して，位相空間と考える．さて M が Riemann 面の場合(すなわち M が1次元の場合)を考える．M の普遍被覆空間を $\tilde{M}$ とすると，$\tilde{M}$ は $B(1)$, $\boldsymbol{C}$ か Riemann 球 $\boldsymbol{C} \cup \{\infty\}$ のいずれかになる．$\tilde{M} = B(1)$ のとき，M は双曲型 Riemann 面と呼ばれている．M が(1.4.1)の意味で双曲的多様体になる必要十分条件は，M が双曲型 Riemann 面となることが比較的容易にわかる．このとき M は完備双曲的多様体になる．双曲型 Riemann 面 M の $Hol(X, M)$ については，多くの重要な結果が知られている．たとえば，いわゆる Picard の大定理は，最も有名な結果の一つである．Ahlfors, 小林はこれらの結果の多くが，単に d_M が(完備な)距離になることから説明できることを看破した．したがって双曲型 Riemann 面 M の $Hol(X, M)$ についての多くの結果は，原則として一般の(完備)双曲的多様体 M の場合の $Hol(X, M)$ についての結果として証明できることになる．このような立場から $Hol(X, M)$ についての諸結果が小林[1]で見事に展開されている．紙数に制限があり，それらをここで紹介できないのは，真に残念である．読者に，小林[1]の第4, 5, 6章を一読することを強く勧める．ただここで一つ注意したいのは，小林[1]で使われた不変距離(invariant distance)は，前節で定義された小林擬距離に他ならないということである．

§5 双曲性の関数論的判定法

この節では，複素多様体が双曲的であるかどうか知るための Brody[1]による一つの強力な判定法について述べ，その応用を紹介する．

(1.5.1) **補題** M を複素多様体とし，$H: \boldsymbol{T}(M) \to \boldsymbol{R}^+$ を連続微分計量とする．$f: B(r) \to M$ は正則写像で，$H(f_*(0)) \geqq C > 0$ を満たすものとする．このとき正則写像 $g: B(r) \to M$ でつぎの性質を持つものが存在する:

(i) $H(g_*(0)) = C/2$.
(ii) $H(g_*(z))/\eta_r(z) \leqq C/2 \quad (z \in B(r))$,
ただし $\eta_r(z) = r^2/(r^2 - |z|^2)$.

(iii)　$g(B(r)) \subset f(B(r))$.

証明　任意の $0 \leq t \leq 1$ について正則写像 $f_t: B(r) \to M$ を $f_t(z) = f(tz)$ で定義する．このとき，

$$(1.5.2) \qquad \frac{H(f_{t*}(z))}{\eta_r(z)} = t \frac{r^2 - |z|^2}{r^2 - |tz|^2} \frac{H(f_*(tz))}{\eta_r(tz)}$$

となる．いま

$$\mu(t) = \sup_{z \in B(r)} \frac{H(f_{t*}(z))}{\eta_r(z)}$$

とおくと，$\mu(t)$ は $[0, 1)$ 上でつぎの性質をもつ $((1.5.2)$ を参照$)$:

(i)　$0 \leq \mu(t) < \infty$.
(ii)　$\mu(t)$ は連続関数である．
(iii)　$\mu(t)$ は増加関数である．
(iv)　$\mu(0) = 0$, $\mu(t) \geq H(f_{t*}(0))/\eta_r(0) \geq tC$.

したがって，とくに $\lim_{t \to 1} \mu(t) \geq C$ を得る．中間値の定理から，$0 < t < 1$ が存在して $\mu(t) = C/2$ となる．一方，$\lim_{|z| \to r} \eta_r(z) = \infty$ であるから，$z_0 \in B(r)$ があって

$$\frac{C}{2} = \mu(t) = \frac{H(f_{t*}(z_0))}{\eta_r(z_0)}$$

となる．補題(1.1.7)に注意すれば，双正則同相写像 $T: B(r) \to B(r)$ で $T(0) = z_0$ となるものがある．$g = f_t \circ T$ とおく．まず $\eta_r(T(z))|T'(z)| = \eta_r(z)$ に注意する．実際 $T^* g_r = g_r$ により

$$\frac{r^2}{(r^2 - |z|^2)^2} dz d\bar{z} = \frac{r^2 |T'(z)|^2}{(r^2 - |T(z)|^2)^2} dz d\bar{z}$$

であるから，これより

$$\frac{H(g_*(z))}{\eta_r(z)} = \frac{H(f_{t*}(T_*(z)))}{\eta_r(z)} = \frac{H(T'(z) f_{t*}(T(z)))}{\eta_r(T(z))|T'(z)|}$$
$$= \frac{H(f_{t*}(T(z)))}{\eta_r(T(z))} \leq \mu(t) = \frac{C}{2}$$

となり，かつ $H(g_*(0)) = C/2$ である．もちろん $g(B(r)) \subset f(B(r))$ である．∎

(1.5.3)　**補題**　M を複素多様体で双曲的でないとする．$h: T(M) \to \mathbf{R}^+$ を Finsler 計量とする．このとき，任意の $R > 0$ に対して正則写像 $f: B(R) \to M$ が存在して $h(f_*(0)) = 2$ となる．

§5 双曲性の関数論的判定法

証明 定理(1.2.12),(v)により,ある $x \in M$ があってつぎの性質をもつ:x の任意の近傍 U と任意の $\varepsilon > 0$ に対して,ある $\xi \in \boldsymbol{T}(M)_y (y \in U)$ があって $F_M(\xi) \leq \varepsilon h(\xi)$ となる.ここで $\varepsilon = 1/(4R)$ とおく.すると

$$F_M\left(\frac{2\xi}{h(\xi)}\right) \leq \frac{1}{2R} < \frac{1}{R}$$

であるから,正則写像 $f: B(R) \to M$ で $f_*(0) = 2\xi/h(\xi)$ となるものを得る. ∎

(1.5.4) 補題 (Brody[1]) N を複素多様体とし,M を N のコンパクト複素部分多様体とする.このとき,つぎの二つのどちらか一方だけがかならず成り立つ:

(i) M の N におけるある開近傍が双曲的になる.

(ii) M の任意の近傍 U 上の任意の Finsler 計量 $H: \boldsymbol{T}(U) \to \boldsymbol{R}^+$ に対し,正則写像 $g: \boldsymbol{C} \to M$ が存在して

$$H(g_*(0)) = 1, \quad H(g_*(z)) \leq 1 \quad (z \in \boldsymbol{C})$$

が成り立つ.

証明 (i)と(ii)が同時に成立しないことは,定理(1.3.4)と例(1.2.9)よりわかる.さて M の N におけるどんな開近傍も双曲的でないとする.まず M の N における相対コンパクトな開近傍列 $U_j (j=1,2,\cdots)$ を $U \supset U_j \supset \bar{U}_{j+1}$, $\bigcap_{j=1}^{\infty} U_j = M$ となるようにとる.補題(1.5.3)によって正則写像 $f_j: B(j) \to U_j$ があって,$H(f_{j*}(0)) = 2 (j=1,2,\cdots)$ となる.補題(1.5.1)により,正則写像 $g_j: B(j) \to U_j$ が存在して,$H(g_{j*}(0)) = 1$, $H(g_{j*}(z))/\eta_j(z) \leq 1 (z \in B(j))$ が成り立つ.さて $s < t$ とする.任意の $z \in B(s)$ に対して

$$\frac{1}{\eta_s(z)} = \frac{s^2 - |z|^2}{s^2} = 1 - \frac{|z|^2}{s^2} < 1 - \frac{|z|^2}{t^2} = \frac{1}{\eta_t(z)}$$

である.したがって $k > j$ とすると,任意の $z \in B(j)$ について

$$H(g_{k*}(z)) \leq \eta_k(z) \leq \eta_j(z)$$

である.したがって任意の $z, w \in B(j)$ に対して

$$d_H(g_k(z), g_k(w)) \leq j d_{B(j)}(z, w)$$

を得る.ただし d_H は Finsler 計量 H によって定義された N 上の距離である.各 j を固定すると,$\{g_k | B(j); k \geq j\}$ は同等連続となる.$g_k(B(j)) \subset U_j$ であるから,$\{g_k\}$ の部分列をとれば,正則写像 $\tilde{g}_j: B(j) \to N$ に収束する.$\tilde{g}_j(B(j)) \subset \bar{U}_j$

である．Lebesgue の対角線論法を使って，結局 $\{g_k\}$ の部分列 $\{g_{k(l)}\}$ をとって C のコンパクト集合上で一様に正則写像 $g: C \to N$ に収束するようにできる．任意の $z \in C$ に対し

$$g(z) = \lim_{l \to \infty} g_{k(l)}(z) \in \bigcap_{l=1}^{\infty} U_{k(l)} = M,$$
$$H(g_*(z)) = \lim_{l \to \infty} H(g_{k(l)*}(z)) \leq \lim_{l \to \infty} \eta_{k(l)}(z) = 1,$$
$$H(g_*(0)) = \lim_{l \to \infty} H(g_{k(l)*}(0)) = 1$$

となる． ▮

(1.5.5) **定理** M をコンパクト複素多様体とし，$H: T(M) \to R^+$ を任意の Finsler 計量とする．M が双曲的でないための必要十分条件は，正則写像 $f: C \to M$ が存在して $H(f_*(0))=1$, $H(f_*(z)) \leq 1 (z \in C)$ となることである．

証明 定理(1.5.4)($N=M$ の場合)と例(1.2.9)より $d_{C^m} \equiv 0$ であるから定理 (1.3.4) の直接的結果である．▮

ここでコンパクト複素多様体 M の微小変形(small deformation)という概念を定義しよう．まず M の複素構造を無視して M を可微分多様体とみたものを $\underline{M}$ とし $\pi: B(1) \times \underline{M} \to B(1)$ を自然な射影とする．$B(1) \times \underline{M}$ 上の複素構造で，π が正則写像になり，$\pi^{-1}(z)=M(z) (z \in B(1))$ とおくとき，$M(0)$ が M のもとの複素構造に一致するものがあるとき，ファイバー空間 $\pi: B(1) \times \underline{M} \to B(1)$，または族 $\{M(z)\}(z \in B(1))$ を，$B(1)$ をパラメーター空間にもつ M の微小変形と呼ぶ．

(1.5.6) **定理** M をコンパクト双曲的複素多様体とする．$\{M(z)\}(z \in M(1))$ を，$B(1)$ をパラメーター空間にもつ微小変形とする．このとき $0 < \varepsilon < 1$ が存在して，$|z|<\varepsilon$ について $M(z)$ は双曲的である．

証明 これは補題(1.5.4)において $N = \bigcup_{z \in B(1)} \{z\} \times M(z) = B(1) \times \underline{M}$ とおけばよい．▮

もう一つ補題(1.5.4)(あるいは定理(1.5.5))の応用を述べよう．Γ が C^m の格子(lattice)であるとは，C^m を実ベクトル空間とみたときの基底 $\{v_1, \cdots, v_{2m}\}$ が存在して

$$\Gamma = \{n_1 v_1 + \cdots + n_{2m} v_{2m}; n_j \in Z, 1 \leq j \leq 2m\}$$

と書けることとする．加法に関して Γ は C^m の部分群になっており，商空間 C^m/Γ はコンパクト m 次元複素多様体になり，自然な射影 $\pi: C^m \to C^m/\Gamma$ は正

§5 双曲性の関数論的判定法

則かつ被覆写像となる．さらに加法に関して C^m/Γ はコンパクト複素可換 Lie 群の構造をもっている．この C^m/Γ を m 次元複素トーラスと呼ぶ．詳しく説明することははぶくが，相異なる二つの格子 Γ_1, Γ_2 に対して，複素トーラス C^m/Γ_1 と C^m/Γ_2 は一般に双正則同相ではない．さて複素トーラス C^m/Γ が単純(simple)であるとは，もし A が C^m/Γ の連結閉複素部分多様体で，かつ部分群になっていれば，$A=\{O\}$ または $A=C^m/\Gamma$ となることを意味する．

(1.5.7) **命題**(M. Green) M を単純複素トーラス C^m/Γ の連結閉複素部分多様体とする．$M \neq C^m/\Gamma$ であれば，M は双曲的である．

証明 H を C^m/Γ の標準的平坦計量によって定まる Finsler 計量とする．M が双曲的でなかったとする．定理(1.5.5)によって正則写像 $f: C \to M$ が存在して，$H(f_*(z)) \leq 1$, $H(f_*(0))=1$ が成り立つ．$\pi: C^m \to C^m/\Gamma$ は被覆写像で C^m は単連結だから，正則写像 $\tilde{f}: C \to C^m$ が存在して，$\pi \circ \tilde{f}=f$ となる．$\tilde{f}=(f^1, \cdots, f^m)$ とおく．$H(f_*(z)) \leq 1$ より $\sum_{j=1}^{m} |df^j/dz(z)|^2 \leq 1$ となる．$df^j/dz: C \to C$ は有界正則関数であるから $df^j/dz=a^j$ (定数) となる．ゆえに $f^j(z)=a^j z + b^j$ ($b^j \in C$) と書ける．$a=(a^1, \cdots, a^m)$, $b=(b^1, \cdots, b^m)$ とおく．正則写像 $g: C \to C/\Gamma$ を $g(z)=\tilde{f}(z)-b$ で定義する．すると $\pi \circ g: C \to C^m/\Gamma$ は定数でない加法に関する準同型になっている．$M-\pi(b)=\{x-\pi(b); x \in M\}$ は C^m/Γ の連結閉複素部分多様体となる．もちろん $\pi \circ g(C) \subset M-\pi(b)$ である．一般に複素多様体上に閉複素解析的部分集合を閉集合として位相が定まる．これを **Zariski 位相** と呼ぶ (第4章§1を参照)．さて $\pi \circ g(C)$ の Zariski 位相に関する閉包を A とする．A は既約で，$\pi \circ g(C)$ が加法に関して閉じていることから，A も加法に関して閉じていることが確かめられる．$\{O\} \neq \pi \circ g(C) \subset A \subset M \neq C^m/\Gamma$ であるから，これは，C^m/Γ が単純であることに反する．∎

補題(1.5.4)の証明法の応用として，つぎを得る．

(1.5.8) **命題** M をコンパクト複素多様体，$H: T(M) \to R^+$ を Finsler 計量とする．$f: C \to M$ は定数でない正則写像で，$H(f_*(0)) \geq C > 0$ であるとする．このとき，正則写像 $g: C \to M$ が存在して，

$$H(g_*(z)) \leq \frac{C}{2} \quad (z \in C), \qquad H(g_*(0)) = \frac{C}{2},$$

$$g(C) \subset \overline{f(C)}$$

を満たす.

　証明　各 $f|B(k)(k=1,2,\cdots)$ に補題(1.5.1)を適用して正則写像 $g_k: B(k)\to M$ で, $H(g_{k*}(0))=C/2$, $H(g_{k*}(z))\leq C\eta_k(z)/2(z\in B(k))$, $g(B(k))\subset f(B(k))$ を満たすものを得る. 任意の $l\geq k$, $z\in B(k/2)$ に対して $H(g_{l*}(z))\leq 4/3$ となる. したがって $\{g_l|B(k/2); l\geq k\}$ は同等連続である. M はコンパクトであるから, $\{g_l\}$ の部分列をとればコンパクト集合上正則写像 $\bar{g}_l: B(k/2)\to M$ に一様収束する. Lebesgue の対角線論法を使って, けっきょく正則写像 $g: C\to M$ が存在して, $\{g_k\}$ のある部分列 $\{g_{k(l)}\}$ が C の各コンパクト集合上 g に一様収束する. さて任意の点 $z\in C$ について $H(g_*(z))=\lim_{l\to\infty} H(g_{k(l)*}(z))\leq C/2$, $g(z)=\lim_{l\to\infty}g_{k(l)}(z)\in C$ である. もちろん $H(g_*(0))=\lim_{l\to\infty} H(g_{k(l)*}(0))=C/2$ となる. ∎

§6　完備双曲性の微分幾何的判定法

　M を複素多様体とし, H をその上の Hermite 計量とする. $f: B(\varepsilon)\to M(\varepsilon>0)$ を $f_*(0)\neq O_{f(0)}$ なる正則写像とする. f^*H は $B(\varepsilon)$ 上の Hermite 擬計量となる. さて, $x\in M$ とし, $\Pi\subset T(M)_x$ を任意の原点を通る複素直線とする. Hermite 計量 H の Π に関する正則断面曲率 $K_H(\Pi)$ を

$$K_H(\Pi) = \sup\{K_{f^*H}(0); f: B(\varepsilon)\to M(\varepsilon>0) \text{ は正則写像で,}$$
$$f(0)=x,\ f_*(0)\in\Pi\}$$

と定義する[*]. また

$$K_H(x) = \sup\{K_H(\Pi); \Pi\subset T(M)_x\}$$

とおく.

　(1.6.1)　**定理**(Greene-Wu[1])　M を複素多様体とし, H をその上の完備な Hermite 計量とする. $x_0\in M$ を固定された点とする. 定数 $A>0, B\geq 0$ が存在して, すべての $x\in M$ について

$$K_H(x) \leq \frac{-A}{1+B(\rho_H(x))^2}$$

が成り立つとする. ただし $\rho_H(x)=d_H(x_0,x)$. このとき, A と B のみによって

---

[*]　これは, Hermite 計量 H の曲率テンソルからきまる正則断面曲率と一致する (Wu, H.: Indiana Univ. Math. J. **22**(1973), 1103–1108 を参照).

きまる定数 $C>0$ があって，任意の $\xi_x \in T(M)_x$ について
$$F_M(\xi_x) \geqq \frac{C}{\sqrt{1+B(\rho_H(x))^2}} \sqrt{H(\xi_x, \bar{\xi}_x)}$$
が成立する．とくに M は完備双曲的である．

証明 任意に $\xi_x \in T(M)_x$ をとる．$f: B(1) \to M$ は正則写像で，$f(0)=x$, $f_*(\eta_0)=\xi_x$ とする．ただし $\eta_0 \in T(B(1))_0$. $h=f^*H$ は $B(1)$ 上の Hermite 擬計量である．さて，任意に点 $z \in B(1)$ をとる．$y=f(z)$ とおく．$d_h(0, z)=\rho_h(z)$ と書くと，
$$d_H(x_0, y) \leqq d_H(x_0, x)+d_H(x, y) \leqq \rho_H(x)+\rho_h(z)$$
である．ゆえにつぎを得る：
$$(\rho_H(y))^2 \leqq 2\{(\rho_H(x))^2+(\rho_h(z))^2\}.$$
したがって $z \notin \mathrm{Zero}(h)$ のとき，

$$(1.6.2) \quad K_h(z) \leqq K_H(f_*(z)) \leqq -\frac{A}{1+B(\rho_H(y))^2}$$
$$\leqq -\frac{A}{1+2B(\rho_H(x))^2+2B(\rho_h(z))^2}$$

となる．任意の $\lambda>0$ に対して，λh も Hermite 擬計量であり，$B(1)$ 上で

$$(1.6.3) \quad \begin{cases} \lambda K_{\lambda h} = K_h, \\ \rho_{\lambda h}(z) = \sqrt{\lambda}\, \rho_h(z) \end{cases}$$

が成立する．$\lambda=1/\{1+2B(\rho_H(x))^2\}$ とすると，(1.6.2) と (1.6.3) より

$$K_{\lambda h}(z) = \frac{1}{\lambda} K_h(z) \leqq \frac{-A}{\lambda\left\{1+2B(\rho_H(x))^2+\dfrac{2}{\lambda}B(\rho_{\lambda h}(z))^2\right\}}$$
$$= \frac{-A}{1+2B(\rho_{\lambda h}(z))^2}$$

となる．一方，補題 (1.1.13) で $k(t)=A/(1+2Bt)$ とおくと，A と B のみできまる $B(1)$ 上の回転対称 Hermite 計量 $g=2a(z)dzd\bar{z}$ があって，

$$K_g(z) = \frac{-A}{1+2B(\rho_g(z))^2}$$

となる．補題 (1.1.9) によって，$\lambda h \leqq g$ となる．したがって

$$\{H(\xi_x, \bar{\xi}_x)\}^{1/2} \leqq \{h(\eta_0, \bar{\eta}_0)\}^{1/2} = \frac{1}{\sqrt{\lambda}} \{\lambda h(\eta_0, \bar{\eta}_0)\}^{1/2}$$
$$\leqq \frac{1}{\sqrt{\lambda}} \{g(\eta_0, \bar{\eta}_0)\}^{1/2} = \{2a(0)(1+2B(\rho_H(x)))^2\}^{1/2}|dz(\eta_0)|$$

となる．ゆえに(1.2.4)より

$$F_M(\xi_x) \geq \frac{\sqrt{H(\xi_x, \bar{\xi}_x)}}{\sqrt{2a(0)(1+2B(\rho_H(x)))^2}}$$

を得る．∎

§7 射影空間への正則写像

この節では，いままで考察してきたことの応用として，C から複素射影空間への正則写像について考える．

以下しばらく複素射影空間について記述する．E を $(N+1)$ 次元複素ベクトル空間とする $(N \geq 1)$．E の1次元部分空間の全体を $P(E)$ で表わし，(E に付随した)**射影空間**と呼ぶ．$v \in E - \{O\}$ に対して，$\langle v \rangle$ は v を含む1次元部分空間を表わすことにする．全射写像 $\rho: E - \{O\} \to P(E)$ を $\rho(v) = \langle v \rangle$ で定義する．この ρ を **Hopf 写像**と呼ぶ．まず E として C^{N+1} をとり $P(C^{N+1})$ について考えよう．$U_\lambda = \{\rho(z^0, \cdots, z^N) \in P(C^{N+1}); z^\lambda \neq 0\} (\lambda = 0, 1, \cdots, N)$ とおく．全単射写像 $\varphi_\lambda: U_\lambda \to C^N$ をつぎのように定義する：

$$\varphi_\lambda(\rho(z^0, \cdots, z^N)) = (z^0/z^\lambda, \cdots, z^{\lambda-1}/z^\lambda, z^{\lambda+1}/z^\lambda, \cdots, z^N/z^\lambda).$$

このとき $P(C^{N+1}) = \bigcup_{\lambda=0}^{N} U_\lambda$ であり，$\varphi_\lambda(U_\lambda \cap U_\mu)$ は C^N の開集合であり，写像 $\varphi_\mu \circ \varphi_\lambda^{-1}: \varphi_\lambda(U_\lambda \cap U_\mu) \to \varphi_\mu(U_\lambda \cap U_\mu)$ は双正則同相写像であることが容易にわかる．したがって $P(C^{N+1})$ 上に $\{(U_\lambda, \varphi_\lambda, C^N)\}(\lambda=0, \cdots, N)$ が正則局所座標系となるように，N 次元複素多様体の構造がただ一通りに入る．このとき $P(C^{N+1})$ はコンパクトであり，Hopf 写像 $\rho: C^{N+1} - \{O\} \to P(C^{N+1})$ は全射な正則写像であることがわかる．$x \in P(C^{N+1})$ に対して，$\rho(z^0, \cdots, z^N) = x$ のとき，$(z^0, \cdots, z^N)$ を x の**斉次座標**(homogeneous coordinate)と呼び，$x = [z^0: \cdots : z^N]$ と書くことがある．E が一般の場合，E の基底 $(v_0, \cdots, v_N)$ を一つ選べば，$E = C^{N+1}$ と思えるから，$P(E)$ も N 次元コンパクト複素多様体になり，Hopf 写像 $\rho: E - \{O\} \to P(E)$ は全射な正則写像になる．これは基底 $(v_0, \cdots, v_N)$ の取り方によらない．

さて $P(E)$ の部分集合 $H \subset P(E)$ が**超平面**(hyperplane)であるとは，E の N 次元のベクトル部分空間 W が存在して，$\rho(W - \{O\}) = H$ となることである．X に対して E の双対空間 E^* の元 $\alpha \in E^* - \{O\}$ で，$W = \{v \in E; \alpha(v) = 0\}$ となる

§7 射影空間への正則写像

ものが存在する. 他の $\beta \in E^* - \{O\}$ で $W = \{v \in E; \beta(v) = 0\}$ となっていれば, ある $a \in C^*$ があって $\beta = a\alpha$ となる. したがって超平面 X に対して $P(E^*)$ の元がただ一つ定まり, また逆も成り立つ. これによって

$$P(E^*) = P(E) \text{ の超平面の全体}$$

と書ける. $P(E^*)$ を $P(E)$ の**双対射影空間** (dual projective space) と呼ぶ. 以後しばしば $P(C^{N+1})$ のかわりに $\boldsymbol{P}^N(\boldsymbol{C})$ と書くことがある. $\boldsymbol{P}^N(\boldsymbol{C})$ の双対射影空間を $\boldsymbol{P}^N(\boldsymbol{C})^*$ と書くことがある. 超平面 $H_1, \cdots, H_l \subset P(E)$ が**一般の位置**にある (in general position) とは, それらに対応する $P(E^*)$ の点 $\alpha_1, \cdots, \alpha_l$ が一般の位置にあることとする. すなわち, $\rho^*: E^* - \{O\} \to P(E^*)$ を Hopf ファイバーリングとし, $\tilde{\alpha}_i \in E^* - \{O\}$ を $\rho^*(\tilde{\alpha}_i) = \alpha_i$ ととり, さらに任意の組 $\tilde{\alpha}_{i_1}, \cdots, \tilde{\alpha}_{i_k}$ ($1 \leq i_1 < i_2 < \cdots < i_k \leq l$) の張る E^* のベクトル部分空間を $\langle \tilde{\alpha}_{i_1}, \cdots, \tilde{\alpha}_{i_k} \rangle$ と書く. このとき $1 \leq k \leq \dim E$ ならば, $\dim \langle \tilde{\alpha}_{i_1}, \cdots, \tilde{\alpha}_{i_k} \rangle = k$ が成立することである. これはつぎのことと同値である. 任意の組 $1 \leq i_1 < \cdots < i_k \leq l$ に対し codim $H_{i_1} \cap \cdots \cap H_{i_k}$ ($= \dim P(E) - \dim H_{i_1} \cap \cdots \cap H_{i_k}) = k$ が成立する. $Hol(\boldsymbol{C}, \boldsymbol{P}^m(\boldsymbol{C}))$ を研究する上で最も重要な手懸りはつぎの Borel による補題である. その証明は第6章§1でなされる (補題 (6.1.20)).

(1.7.1) **補題** $F_1, \cdots, F_N$ ($N \geq 2$) が $\boldsymbol{C}$ 上で 0 をとらない整関数で

$$F_1 + F_2 + \cdots + F_N = 1$$

を満たすならば, $F_1, \cdots, F_N$ は ($\boldsymbol{C}$ 上) 一次従属である.

(1.7.2) **補題** 点列 $\{g_j\}_{j=1}^\infty \subset Hol(B(r), \boldsymbol{C}^*)$ が $g \in Hol(B(r), \boldsymbol{C})$ に $B(r)$ の任意のコンパクト集合上で一様に収束するならば, $g \in Hol(B(r), \boldsymbol{C}^*)$ か $g \equiv 0$ である.

証明 $g \not\equiv 0$ と仮定する. $g(z) = 0$ となる $z \in B(r)$ があったとする. $0 < r' < r$ を $z \in B(r')$ で g は $\partial B(r')$ 上 0 をとらないように選ぶ. 偏角の定理により,

$$g \text{ の } B(r') \text{ 内の 0 点の数} = \frac{1}{2\pi i} \int_{\partial B(r')} \frac{dg}{g}$$

$$= \lim_{j \to \infty} \frac{1}{2\pi i} \int_{\partial B(r')} \frac{dg_j}{g_j} = \lim_{j \to \infty} \{g_j \text{ の } B(r') \text{ 内の 0 点の数}\}$$

$$= 0.$$

一方, $g(z) = 0$ であるから, これは矛盾である. ∎

(1.7.3) **補題** $U=\{z=(z^1,\cdots,z^n)\in B(1)^m; z^1\cdots z^k\neq 0\}$ $(1\leq k\leq m)$ とすると U は完備双曲的である.

証明 $U=B^*(1)^k\times B(1)^{m-k}$ と書ける. 例 (1.4.8) より $B^*(1)^k$ と $B(1)^{m-k}$ は完備双曲的であり, U も完備双曲的になる (小林 [1] の命題 4.1 参照). ▮

一般に複素多様体 M の部分集合 X が**解析的超曲面** (analytic hypersurface) であるとは, 任意の $x\in M$ に対して, x の開近傍 U と U 上の正則関数 f があって $X\cap U=\{y\in U; f(y)=0\}$ となることである. 必然的にこの X は M 内の閉集合になる. さらに X が**正規交叉的** (of normal crossing) とは, 任意の $x\in X$ のまわりの正則局所座標系 $(U,\varphi,B(1)^m)$, $\varphi(x)=O$, $\varphi=(z^1,\cdots,z^m)$ が存在して $X\cap U=\{y\in U; z^1(y)\cdots z^k(y)=0\}$ $(1\leq k\leq m)$ となることと定義する. このとき, k は正則局所座標系の取り方によらずきまり, 正規交叉的解析的超曲面 X の点 $x\in X$ における**重複度** (multiplicity) と呼び, $k=\mathrm{mult}_x(X)$ と書く. $x\in M-X$ に対しては $\mathrm{mult}_x(X)=0$ とする.

(1.7.4) **系** M を複素多様体, X を M の解析的超曲面とする. 点列 $\{f_j\}_{j=1}^\infty \subset Hol(B(r),M-X)$ が $f\in Hol(B(r),M)$ に $Hol(B(r),M)$ 内で収束すれば, $f(B(r))\subset M-X$ かまたは $f(B(r))\subset X$ のどちらかである.

証明 ある点 $z\in B(r)$ があって, $f(z)\in X$ であるとする. $f(z)$ の開近傍 U とその上の正則関数 g があって $U\cap X=\{y\in U; g(y)=0\}$ となる. $\varepsilon>0$ を十分小さくとれば, ある $j_0\in \mathbf{N}$ があって $j\geq j_0$ ならば, $f_j(B(z,\varepsilon))\subset U$ となる. 仮定により $g\circ f_j\in Hol(B(z,\varepsilon),\mathbf{C}^*)$ $(j\geq j_0)$, $g\circ f\in Hol(B(z,\varepsilon),\mathbf{C})$ で, $g\circ f_j$ は $g\circ f$ に $B(z,\varepsilon)$ の任意のコンパクト集合上で一様収束する. $g\circ f(z)=0$ と, 補題 (1.7.2) より $g\circ f\equiv 0$ を得る. これは $f(B(z,\varepsilon))\subset X$ を意味する. ▮

(1.7.5) **定理** (Green-Howard) M を m 次元コンパクト複素多様体, $H: T(M)\to \mathbf{R}^+$ を Finsler 計量とする. X を M の正規交叉的解析的超曲面とする. このとき, つぎのいずれか一方が必ず成立する:

(i) $M-X$ は完備双曲的, かつ双曲的に M に埋め込まれている.

(ii) ある $0\leq k\leq m$ と, 定数でない正則写像 $f:\mathbf{C}\to M$ が存在して,
$$f(\mathbf{C})\subset X^{(k)}=\{x\in M; \mathrm{mult}_x(X)=k\},$$
$$H(f_*(z))\leq 1, \quad H(f_*(0))=1$$
が成り立つ ((i) について章末ノートを参照).

§7 射影空間への正則写像　　　25

証明 M の局所座標系 $\{(U_\alpha, \varphi_\alpha, B(1)^m)\}_{\alpha=1}^l$, $\varphi=(z_\alpha^1, \cdots, z_\alpha^m)$ をつぎのことが満たされるようにとる:

(i) $X \cap U_\alpha = \{x \in U_\alpha; z_\alpha^1(x) \cdots z_\alpha^{k(\alpha)}(x) = 0\}$,

(ii) $V_\alpha = \{x \in U_\alpha; |z_\alpha^j(x)| < 1/2\}$ とおくとき, $M = \bigcup_{\alpha=1}^l V_\alpha$ となる.

$U_\alpha - X \cong B^*(1)^{k(\alpha)} \times B(1)^{m-k(\alpha)}$ に注意すると, 例 (1.2.10) と命題 (1.2.7) から $F_{U_\alpha - X}: \boldsymbol{T}(U_\alpha - X) \to \boldsymbol{R}^+$ は Finsler 計量である. さて, 正則写像 $\psi_\alpha: U_\alpha - X \to B^*(1)$ を

$$\psi_\alpha(x) = z_\alpha^1(x) \cdots z_\alpha^{k(\alpha)}(x)$$

と定義する. このとき,

(1.7.6) $$\begin{cases} F_{U_\alpha - X} \geq F_{U_\alpha} = F_{B(1)^m}, \\ F_{U_\alpha - X} \geq \psi_\alpha^* F_{B^*(1)} \end{cases}$$

が成立し, また命題 (1.2.7), 例 (1.2.10) からつぎが分かる:

(1.7.7) $$\begin{cases} F_{B(1)^m} = \max_{1 \leq j \leq m} \dfrac{|dz^j|}{1-|z^j|^2}, \quad z = (z^1, \cdots, z^m) \in B(1)^m, \\ F_{B^*(1)} = \dfrac{|d\zeta|}{|\zeta||\log|\zeta|^2} \quad (\zeta \in B^*(1)). \end{cases}$$

さて

(1.7.8) $$\psi_\alpha^* F_{B^*(1)} = \frac{\left|\sum_{i=1}^{k(\alpha)} z_\alpha^1 \cdots z_\alpha^{k(\alpha)} dz_\alpha^i/z_\alpha^i\right|}{|z_\alpha^1| \cdots |z_\alpha^{k(\alpha)}| \left|\sum_{i=1}^{k(\alpha)} 2\log|z_\alpha^i|\right|}$$

$$= \frac{\left|\sum_{i=1}^{k(\alpha)} dz_\alpha^i/z_\alpha^i\right|}{\left|\sum_{i=1}^{k(\alpha)} 2\log|z_\alpha^i|\right|} \geq \frac{\left|\sum_{i=1}^{k(\alpha)} dz_\alpha^i/z_\alpha^i\right|}{2m|\log \min_i \{|z_\alpha^i|\}|}$$

である. 任意の $\xi_x \in \boldsymbol{T}(M-X)_x$ に対して

$$G_0(\xi_x) = \inf\{F_{U_\alpha - X}(\xi_x); x \in U_\alpha\}$$

とおく. $G_0: \boldsymbol{T}(M-X) \to \boldsymbol{R}^+$ は Finsler 計量で, (1.7.6)〜(1.7.8) より, X のある近傍上, 定数 $c_1 > 0$ が存在して, つぎの不等式が成立することが分かる:

$$G_0(\xi_x) \geq \frac{c_1}{d_H(x, X)|\log d_H(x, X)|} H(\xi_x),$$

ただし $d_H(x, X)$ は x と X の H に関する距離を表わす. したがって, G_0 によってきまる距離は完備である. $\varepsilon > 0$ を任意の $x \in M$ に対して, ある $1 \leq \alpha \leq l$ が

存在して $U_H(x,\varepsilon) \subset U_\alpha$ となるように選んでおく．ただしここで $U_H(x,\varepsilon) = \{y \in M; d_H(x,y) < \varepsilon\}$ とおいた．つぎに

$$G_\varepsilon = \max\left\{H, \frac{\varepsilon}{3}G_0\right\}: T(M-X) \longrightarrow \mathbf{R}^+$$

とおくと，G_ε は完備 Finsler 計量になる．さてもし正定数 c_2 があって，$F_{M-X} \geqq c_2 G_\varepsilon$ が成り立つとすると，これは（i）が成立する場合になる．したがって以後このような c_2 が存在しないと仮定する．よって任意の $n \in \mathbf{N}$ に対し，ある $\xi(n) \in T(M-X)$ があって，$\xi(n) \neq 0$,

$$F_{M-X}(\xi(n)) \leqq \frac{1}{4n} G_\varepsilon(\xi(n))$$

となる．$F_{M-X}(2\xi(n)/G_\varepsilon(\xi(n))) \leqq 1/(2n) < 1/n$ であるから，正則写像 $g_n: B(n) \to M-X$ が存在して，

$$g_{n*}(0) = 2\xi_n/G_\varepsilon(\xi(n))$$

となる．$G_\varepsilon(g_{n*}(0))=2$ であるから，補題 (1.5.1) より正則写像 $f_n: B(n) \to M-X$ が存在して，$G_\varepsilon(f_{n*}(0))=1$ かつ $G_\varepsilon(f_{n*}(z)) \leqq \eta_n(z) (z \in B(n))$ が成立する．よってつぎを得る：

(1.7.9) $k \geqq n$, $z \in B(n/2)$ に対し，$G_\varepsilon(f_{k*}(z)) \leqq 4/3$.

$H \leqq G_\varepsilon$ であるから，$k \geqq n, z \in B(n/2)$ に対して，$H(f_{k*}(z)) \leqq 4/3$ となり，補題 (1.5.4) での証明の論法により，$\{f_n\}_{n=1}^\infty$ の部分列 $\{f_{n(j)}\}_{j=1}^\infty$ で正則写像 $f: \mathbf{C} \to M$ に $\mathbf{C}$ の任意のコンパクト集合上で一様に収束するものがとれる．$H(f_*(0))=1$ となることを証明しよう．(1.7.9) より，$z \in B(n(j)/2)$ に対し $H(f_{n(j)*}(z)) \leqq G_\varepsilon(f_{n(j)*}(z)) \leqq 4/3$ であるから，$2\varepsilon/3 < n(j)/2$ となる j に対して，

$$f_{n(j)}\left(B\left(\frac{2}{3}\varepsilon\right)\right) \subset U_H\left(f_{n(j)}(0), \frac{8}{9}\varepsilon\right)$$

となる．$\overline{B(2\varepsilon/3)}$ 上で一様に $f_{n(j)} \to f (j \to \infty)$ と収束するから，ある $j_0 \in \mathbf{N}$ があって $j \geqq j_0$ について

$$f_{n(j)}\left(B\left(\frac{2}{3}\varepsilon\right)\right) \subset U_H(f(0), \varepsilon)$$

が成立する．ε の取り方から，$j \geqq j_0$ に対しある $1 \leqq \alpha(j) \leqq l$ があって

$$f_{n(j)}\left(B\left(\frac{2}{3}\varepsilon\right)\right) \subset U_H(f(0), \varepsilon) \subset U_{\alpha(j)}$$

§7 射影空間への正則写像

となる．したがって $f_{n(j)} \in Hol(B(2\varepsilon/3), U_{\alpha(j)}-X)$ とみることができて，$F_{U_{\alpha(j)}-X}$ の定義より $F_{U_{\alpha(j)}-X}(f_{n(j)*}(0)) \leq 3/(2\varepsilon)$ である．よってつぎを得る：

$$\frac{2\varepsilon}{3} F_{U_{\alpha(j)}-X}(f_{n(j)*}(0)) \leq 1.$$

したがって $(\varepsilon/3)G_0(f_{n(j)*}(0)) \leq 1/2$ となり，$G_\varepsilon(f_{n(j)*}(0))=1$ であったから，$j \geq j_0$ に対して

$$H(f_{n(j)*}(0)) = G_\varepsilon(f_{n(j)*}(0)) = 1$$

となる．よって $H(f_*(0))=\lim_{j\to\infty} H(f_{n(j)*}(0))=1$ となる．とくに f は定数でない．また $H(f_*(z))=\lim_{j\to\infty} H(f_{n(j)*}(z)) \leq \lim_{j\to\infty} G_\varepsilon(f_{n(j)*}(z)) \leq \lim_{j\to\infty} \eta_{n(j)}(z)=1$ となる．

さて，$k=0,1,2,\cdots$ に対して

$$Y^{(k)} = \{x \in M;\ \mathrm{mult}_x X \geq k\}$$

とおくと，$Y^{(k)}$ は M の解析的部分集合になり，

$$X^{(k)} = Y^{(k)} - Y^{(k+1)}$$

となる．つぎに $k=\sup\{\mathrm{mult}_{f(z)}(X);\ z \in \boldsymbol{C}\}$ とおく．このとき，$f(\boldsymbol{C}) \subset Y^{(k)}$ を示せば十分である．$\mathrm{mult}_{f(w)}(X)=k$ となる $w \in \boldsymbol{C}$ をとる．$k=0$ のときは，$Y^{(k)}=M$ で，系 (1.7.4) より我々の主張は自明である．$k>0$ とする．X は正規交叉的であるから，$f(w)$ のまわりの正則局所座標系 $(U, \varphi, B(1)^m)$，$\varphi(f(w))=O$，$\varphi=(z^1,\cdots,z^m)$，で

$$U \cap X = \{z=(z^1,\cdots,z^m) \in U;\ z^1 \cdots z^k = 0\}$$

と書けるものがある．$r>0$ を十分小さくとると $f(\overline{B(w,r)}) \subset U$ となり，$\{f_{n(j)}\}$ は，$\overline{B(w,r)}$ 上で f に一様収束するから，十分大きなすべての j について，$f_{n(j)}(\overline{B(w,r)}) \subset U$ となり，さらに $f_{n(j)}$ は $M-X$ への写像であったから，$z^i \circ f_{n(j)}(z)$ $(1 \leq i \leq k)$ は $z \in B(w,r)$ で 0 をとらない．補題 (1.7.2) と $z^i \circ f(w)=0$ $(1 \leq i \leq k)$ であることから，$z^i \circ f(z)=0$ $(1 \leq i \leq k)$，$z \in B(w,r)$ となる．したがって $f(B(w,r)) \subset Y^{(k)}$ となり，$Y^{(k)}$ は解析的部分集合であるから，$f(\boldsymbol{C}) \subset Y^{(k)}$ が成立する． ∎

さて元に戻って $\boldsymbol{P}^m(\boldsymbol{C})$ の中への正則写像について考えよう．

(1.7.10) **補題** (Green[1]-藤本[2])　E を $(m+1)$ 次元の複素ベクトル空間とする．$H_1,\cdots,H_{2m+1}$ を m 次元射影空間 $P(E)$ 内の一般の位置にある超平面とする．このとき正則写像 $f: \boldsymbol{C} \to P(E)-\bigcup_{j=1}^{2m+1} H_j$ は定数に限る．

証明 $\{\alpha^1, \cdots, \alpha^{2m+1}\} \subset E^* - \{O\}$ を $H_j = \rho(\{v \in E - \{O\} ; \alpha^j(v) = 0\})(1 \leq j \leq 2m+1)$ となるように選んでおく. 仮定より $\alpha^1, \cdots, \alpha^{m+1}$ は一次独立である. これを E の相対基底と考えることにより E と $\boldsymbol{C}^{m+1}$ を同一視して $P(E) = \boldsymbol{P}^m(\boldsymbol{C})$ と考える. そうすれば

$$H_j = \{[z^1; \cdots; z^{m+1}] \in \boldsymbol{P}^m(\boldsymbol{C}); z^j = 0\} \qquad (1 \leq j \leq m+1)$$

となる. さて $\boldsymbol{P}^m(\boldsymbol{C}) - \bigcup_{j=1}^{2m+1} H_j$ 上の正則関数 h^j が

$$h_j([z^1; \cdots; z^{m+1}]) = \frac{z^j}{z^1}$$

で定義できる. $f^j = h^j \circ f (1 \leq j \leq 2m+1)$ は $\boldsymbol{C}$ 上の 0 をとらない整関数である. このとき

$$f(\zeta) = [1; f^2(\zeta); \cdots; f^{m+1}(\zeta)] \qquad (\zeta \in \boldsymbol{C})$$

となることは明らかである. さて

$$\alpha^t = \sum_{j=1}^{m+1} a_{jt} \alpha^j \qquad (1 \leq t \leq 2m+1)$$

と書ける. このとき

$$H_t = \{[z^1; \cdots; z^{m+1}]; \sum_{j=1}^{m+1} a_{jt} z^j = 0\} \qquad (1 \leq t \leq 2m+1)$$

である. 正則写像 $f^t: \boldsymbol{C} \to \boldsymbol{C}^* (1 \leq t \leq 2m+1)$ を

$$f^t = \sum_{j=1}^{m+1} a_{jt} f^j$$

で定義する.

集合 $\{1, 2, \cdots, 2m+1\}$ に同値関係をつぎのように導入する. $k, l \in \{1, 2, \cdots, 2m+1\}$ が同値, $k \sim l$ とは $f^k/f^l = $ 定数 となることと定義する. これが実際同値関係であることは明らかであろう. $J_1, \cdots, J_\mu$ でこの同値類全部を表わすことにする. したがって

$$\{1, \cdots, 2m+1\} = \bigcup_{\nu=1}^{\mu} J_\nu \qquad (J_\lambda \cap J_\nu = \phi, \ \lambda \neq \nu)$$

となる. 各 J_ν は少なくとも $m+1$ 個の元を含むことを示そう. いまある J_ν が高々 m 個の元しか含まなかったとする. $\{1, \cdots, 2m+1\} - J_\nu$ は少なくとも $m+1$ 個の元を含む. それらを $i_1, \cdots, i_{m+1}$ とする. $i_0 \in J_\nu$ を一つとる. $\alpha^{i_0}, \alpha^{i_1}, \cdots, \alpha^{i_{m+1}}$ は一次従属であるが, $H_1, \cdots, H_{2m+1}$ が一般の位置にあるから, それらのどの $m+1$ 個をとっても一次独立である. したがってある $c_0, \cdots, c_{m+1} \in \boldsymbol{C}^*$ があ

って

$$\sum_{j=0}^{m+1} c_j \alpha^{i_j} = 0, \quad \sum_{j=0}^{m+1} c_j f^{i_j} = 0$$

となる．必要ならば $f^{i_1}, \cdots, f^{i_{m+1}}$ の添字をとり替えることにより，$f^{i_1}, \cdots, f^{i_l}$ は一次独立で，$f^{i_0}, f^{i_1}, \cdots, f^{i_l}$ は一次従属になるようにできる $(1 \leq l \leq m+1)$．そして l は上記の性質を満たす最小のものとする．すると $a_0, \cdots, a_l \in C^*$ が存在して $a_0 f^{i_0} + \cdots + a_l f^{i_l} = 0$ となる．ゆえにつぎの等式が成立する：

(1.7.11) $$-\frac{a_1 f^{i_1}}{a_0 f^{i_0}} - \cdots - \frac{a_l f^{i_l}}{a_0 f^{i_0}} = 1.$$

選び方から，$-a_1 f^{i_1}/(a_0 f^{i_0}), \cdots, -a_l f^{i_l}/(a_0 f^{i_0})$ は一次独立である．Borel の補題 (1.7.1) と (1.7.11) より $l=1$ を得る．すなわち $f^{i_1}/f^{i_0}=$ 定数 となり，$i_1 \sim i_0$ $(i_0 \in J_\nu)$ となる．これは $i_0 \notin J_\nu$ ととったことに矛盾する．

以上のことから $\{1, \cdots, 2m+1\}$ が唯一の同値類であることがわかり，$f^1 = 1$ (定数) であるから，他の f^j もすべて定数になる．$f = \rho((f^1, \cdots, f^{m+1}))$ であったから，f は定数である．∎

(1.7.12) **定理**(Bloch-Green-藤本) E を $(m+1)$ 次元複素ベクトル空間，$H_1, \cdots, H_{2m+1}$ を $P(E)$ 内の，一般の位置にある超平面とする．このとき，$P(E) - \bigcup_{j=1}^{2m+1} H_j$ は完備双曲的で，$P(E)$ に双曲的に埋め込まれている．

証明 m に関する帰納法で証明する．$m=1$ のときは，$X = \bigcup_{j=1}^{3} H_j$ とおくと定理 (1.7.5) で (ii) の場合が起こらないことをいえばよい．定数でない正則写像 $f: \boldsymbol{C} \to X^{(k)}$ があるとすると，$k=1$ ではない．したがって $k=0$, $X^{(0)} = P(\boldsymbol{C}^2) - X$ である．補題 (1.7.10) により $f: \boldsymbol{C} \to P(\boldsymbol{C}^2) - X$ は定数でなければならないから矛盾を得る．

$m-1$ 次元まで我々の主張が正しいとする．$X = \bigcup_{j=1}^{2m+1} H_j$ とおく．X は正規交叉的であるから，やはり定理 (1.7.5) が適用できる．この定理の (ii) が成立したとして矛盾を導こう．補題 (1.7.10) により，ある $i_1 < i_2 < \cdots < i_k$ $(k \geq 1)$ と定数でない正則写像

$$f: \boldsymbol{C} \longrightarrow H_{i_1} \cap \cdots \cap H_{i_k} - (H_{j_1} \cup \cdots \cup H_{j_l})$$

が存在する．ただし $\{i_1, \cdots, i_k, j_1, \cdots, j_l\} = \{1, 2, \cdots, 2m+1\}$ である．$H_1, \cdots, H_{2m+1}$ が一般の位置にあることから，$H_{i_1} \cap \cdots \cap H_{i_k} - (H_{j_1} \cup \cdots \cup H_{j_l})$ は $P(\boldsymbol{C}^{m-k+1})$

から $2m+1-k$ 個の一般の位置にある超平面を除いたものと双正則同相になる．$2m+1-k\geq 2(m-k)+1$ であるから，帰納法の仮定により $H_{i_1}\cap\cdots\cap H_{i_k}-(H_{j_1}\cup\cdots\cup H_{j_l})$ は完備双曲的になり，例(1.2.9)より f は定数でなければならず，これは矛盾である．∎

§8 ある回転対称 Hermite 計量の存在

この節の目的は§1の最後に述べた補題(1.1.13)の証明を与えることである．そのためにまず，Milnor[2]による，R^2 上の Riemann 計量とそのいわゆる等温座標によってきまる複素構造に関する仕事の紹介をする．一変数関数論における一意化定理によれば，単連結 Riemann 面は $P^1(C)$，C または $B(1)$ のいずれかに正則同相になることが知られている．いまの場合可能性としては C と $B(1)$ があるわけだが，これを与えられた計量の曲率等で具体的にきめようというわけである．

きわめて基礎的な補題から始める．

(1.8.1) **補題** $f(t)$ を R 上の実数値 C^∞ 級関数で，$f^{(k)}(0)=0\,(0\leq k\leq l-1)$ とする．このとき関数 $g(t)=f(t)/t^l$ は R 上 C^∞ 級で，$g(0)=f^{(l)}(0)/l!$ が成り立つ．

証明 l に関する帰納法で示す．まず $l=1$ の場合を証明しよう．

$$f(t)=\int_0^1 \frac{d}{ds}(f(ts))ds = t\int_0^1 f^{(1)}(ts)ds$$

となる．したがって

$$g(t)=\int_0^1 f^{(1)}(ts)ds$$

となる．$f^{(1)}(ts)$ は t に関して C^∞ 級であるから，$g(t)$ も C^∞ 級である．明らかに $g(0)=f^{(1)}(0)$ である．つぎに $(l-1)$ まで我々の主張が正しかったとしよう．$A(t)=f^{(1)}(t)/t^{l-1}$ とおけば，帰納法の仮定より $A(t)$ は C^∞ 級で $A(0)=f^{(l)}(0)/(l-1)!$ となる．一方，$B(t)=f(t)/t^{l-1}$ とおけば，やはり帰納法の仮定より $B(t)$ は C^∞ 級でかつ $B(0)=f^{(l-1)}(0)/(l-1)!=0$ となる．$C(t)=B(t)/t$ とおけば，やはり帰納法の仮定より $C(t)$ は C^∞ 級でかつ $C(0)=B^{(1)}(0)$ となる．さて $t\neq 0$ で

§8 ある回転対称 Hermite 計量の存在

$$B^{(1)}(t) = A(t)-(l-1)g(t)$$

となるから，$g(t)$ は C^∞ 級である．さらに $(l-1)g(0)=A(0)-B^{(1)}(0)=A(0)-C(0)=f^{(l)}(0)/(l-1)!-g(0)$ であるから $g(0)=f^{(l)}(0)/l!$ を得る．∎

(1.8.2) **補題** $f(t)$ を $\boldsymbol{R}$ 上の C^∞ 級実数値関数で $f(t)=f(-t)$，すなわち f は偶関数であるとする．このとき二変数 $(x,y)\in \boldsymbol{R}^2$ の関数 $f(\sqrt{x^2+y^2})$ は $\boldsymbol{R}^2$ の C^∞ 級関数である．

証明 $r=(x^2+y^2)^{1/2}$ とおく．$r\neq 0$ において

(1.8.3) $$\begin{cases} \dfrac{\partial}{\partial x}(f(r)) = \dfrac{f'(r)}{r}x, \\ \dfrac{\partial}{\partial y}(f(r)) = \dfrac{f'(r)}{r}y \end{cases}$$

である．$f'(t)$ は奇関数であるから $f'(0)=0$ である．補題 (1.8.1) より $f'(t)/t$ は C^∞ 級である．したがって $\partial(f(r))/\partial x$, $\partial(f(r))/\partial y$ は $\boldsymbol{R}^2$ 上で連続である．したがって $f(r)$ は $\boldsymbol{R}^2$ 上で C^1 級である．さて $f'(t)/t$ は偶関数であるから，上述のことより $f'(r)/r$ は $\boldsymbol{R}^2$ 上で C^1 級である．(1.8.3) より $f(r)$ は $\boldsymbol{R}^2$ 上で C^2 級になる．以下これをくりかえすと，$f(r)$ が $\boldsymbol{R}^2$ 上で C^∞ 級であることがわかる．∎

$k(t)$ を $\boldsymbol{R}$ 上の C^∞ 級奇関数で，$t>0$ で $k(t)>0, k(0)=0, k'(0)=1$ を満たすものとする．(r,θ) を $\boldsymbol{R}^2-\{O\}$ の通常の極座標系とする．$g=dr^2+k(r)^2d\theta^2$ と，$\boldsymbol{R}^2-\{O\}$ 上の Riemann 計量を定める．k についての仮定と補題 (1.8.1) より，$\boldsymbol{R}$ 上の C^∞ 級偶関数 $b(t)$ が存在して

(1.8.4) $$k(t) = t+t^3b(t) = t(1+t^2b(t)) \qquad (t\in \boldsymbol{R})$$

と書ける．(x,y) を $\boldsymbol{R}^2$ の自然な座標とすると，

(1.8.5) $$x = r\cos\theta, \quad y = r\sin\theta$$

であるから $\boldsymbol{R}^2-\{O\}$ 上で

$$dx^2+dy^2 = dr^2+r^2d\theta^2$$

となる．これを使って計算をすると，

$$\begin{aligned} g &= dr^2+(r+r^3b(r))^2d\theta^2 \\ &= dr^2+r^2d\theta^2+r^4(2+r^2b(r)^2)d\theta^2 \\ &= dx^2+dy^2+(2+r^2b(r)^2)(r^2dx^2+r^2dy^2-r^2dr^2) \end{aligned}$$

$$= dx^2+dy^2+(2+r^2b(r)^2)\left\{r^2dx^2+r^2dy^2-\frac{1}{4}d(r^2)\otimes d(r^2)\right\}$$

となる.補題(1.8.2)より$b(r)=b(\sqrt{x^2+y^2})$は$\boldsymbol{R}^2$上のC^∞級関数であるから,gは$\boldsymbol{R}^2$全体上のRiemann計量に拡張されるので,以後gは$\boldsymbol{R}^2$上で定義されたものとする.C^∞級曲線$\gamma: t\in[0,r]\mapsto(t,\theta)\in\boldsymbol{R}^2$は原点と$(r,\theta)$を結ぶ,Riemann計量$g$に関する最短測地線になることが,$g$の形から容易にわかる.よってつぎの補題が示された.

(1.8.6) **補題** 任意の点$(r,\theta)\in\boldsymbol{R}^2-\{O\}$について,$C^\infty$級曲線$\gamma: t\in[0,r]\mapsto(t,\theta)\in\boldsymbol{R}^2$は,原点と$(r,\theta)$を結ぶ最短測地線であり,$d_g(O,(r,\theta))=r$となる.

さて,つぎのようにおく:

$$h(t)=\int_1^t\frac{dt}{k(t)},\quad R=\int_1^\infty\frac{dt}{k(t)}\in(0,\infty].$$

(1.8.4)よりつぎを得る:

$$(1.8.7)\quad h(t)=\int_1^r\left\{\frac{1}{t}-\frac{tb(t)}{1+t^2b(t)}\right\}dt=\log r-\int_1^r\frac{tb(t)}{1+t^2b(t)}dt.$$

したがって$h(0)=-\infty$であり,$h:(0,\infty)\to(-\infty,R)$は単調増加な微分同相写像である.$B^*(e^R)$には通常の複素座標を考えることにして,微分同相写像

$$\Phi:(r,\theta)\in\boldsymbol{R}^2-\{O\}\longmapsto e^{h(r)+i\theta}\in B^*(e^R)$$

が定義される.Φの原点での可微分性を考える.(1.8.7)より

$$(1.8.8)\qquad e^{h(r)}=r\exp\left\{-\int_1^r\frac{tb(t)}{1+t^2b(t)}dt\right\}$$

となり,関係式(1.8.5)を使い,少し変形すると

(1.8.9) $\Phi(x,y)$

$$=\exp\left\{\int_0^1\frac{tb(t)}{1+t^2b(t)}dt\right\}\exp\left\{-\int_0^{\sqrt{x^2+y^2}}\frac{tb(t)}{1+t^2b(t)}dt\right\}(x+iy)$$

となる.$\int_0^t tb(t)/(1+t^2b(t))dt$は$t\in\boldsymbol{R}$に関する$C^\infty$級偶関数であるから,補題(1.8.2)と(1.8.9)よりΦは$\boldsymbol{R}^2$全体から$B(e^R)$への微分同相写像に拡張される.そこでΦはそのように拡張されているものと考える.簡単な計算により,$r>0$でつぎが成り立つ:

$$(1.8.10)\quad \Phi^*dzd\bar{z}=\left(\frac{\exp(h(r))}{k(r)}\right)^2(dr^2+k(r)^2d\theta^2)=\left(\frac{\exp(h(r))}{k(r)}\right)^2 g.$$

§8 ある回転対称 Hermite 計量の存在

つぎに $H=(\Phi^{-1})^*g$ とおくと,(1.8.10) より
$$H = a(z)dzd\bar{z}, \quad a(z) = a(|z|)$$
と書かれ, $s=e^{h(t)}(0<t<\infty)$ とおけば, $0<s<\infty$ であり, $a(s)$ はつぎのように書かれる:

(1.8.11) $\quad a(s) = \{k\circ(e^h)^{-1}(s)/s\}^2$, つまり $\quad a(e^{h(t)}) = \{k(t)e^{-h(t)}\}^2$.

$a(z)$ はもちろん $B(e^R)$ 上の C^∞ 級関数であり,H は $B(e^R)$ 上の回転対称な Hermite 計量である.

(1.8.12) **補題** $K_H(e^{h(r)+i\theta})=-k''(r)/k(r)$ である.

証明 $z=e^{h(r)+i\theta}=se^{i\theta}$ とおく. 計算によって
$$K_H(z) = -\frac{2}{a(|z|)}\frac{\partial^2}{\partial z \partial \bar{z}}\log a(z)$$
$$= -\frac{1}{2a(s)}\left(\frac{\partial^2}{\partial s^2}+\frac{1}{s}\frac{\partial}{\partial s}\right)\log a(s) = -\frac{k''(r)}{k(r)}$$
となる. ∎

さて,$K(t)$ を $\boldsymbol{R}$ 上の任意の C^∞ 級関数とする. このとき,つぎの条件を満たす C^∞ 級関数 $k(t)$ がただ一つ存在することが知られている:

(1.8.13) $\quad k''(t)+K(t)k(t) = 0, \quad k(0) = 0, \quad k'(0) = 1$.

(1.8.14) **補題** K は $\boldsymbol{R}$ 上の C^∞ 級偶関数で,かつ $K\leqq 0$ とする. このとき,(1.8.13) できまる $k(t)$ は奇関数で,$k(t)>0 (t>0)$ となる.

証明 $k(t)$ の一意性から,$k(t)$ が奇関数であることが直ちにわかる. 初期条件 $k(0)=0, k'(0)=1$ より,十分小さな t に対して $k(t)>0$ となる. もし $a>0$ で $k(a)=0$ となったとする. a をこの性質をもつ最小のものとする. すると $[0,a]$ 上で $k''(t)\geqq 0$ となる. したがって $[0,a]$ 上で $k'(t)\geqq 1$ となる. ゆえに $[0,a]$ 上で,$k(t)\geqq t$ となり,矛盾を得る. ∎

(1.8.15) **定理**(Milnor[2]) $k(t)$ を $\boldsymbol{R}$ 上の C^∞ 級奇関数で,$k(t)>0 (t>0)$. $k(0)=0, k'(0)=1$ を満たすものとする. $K(t)=-k''(t)/k(t), R=\int_1^\infty 1/k(t)dt \in (0,\infty]$ とおく.

(i) もし $K(t)\geqq -1/(t^2\log t)$ が十分大きなすべての t について成立するならば,$R=\infty$ である.

(ii) もしある $\alpha>0$ が存在して,$K(t)\leqq -(1+\alpha)/(t^2\log t)$ が十分大きなすべ

てのすべての t について成立し,$k(t)$ が非有界ならば,$R<\infty$ である.

注意 Riemann 多様体 (R^2, g) と $(B(e^R), dzd\bar{z})$ を考える.ただし z は $B(e^R)$ の通常の複素座標である.(1.8.10)は,微分同相写像 $\Phi: R^2 \to B(e^R)$ が等角写像であることを主張している.すなわち (R^2, g) に等温座標(Chern[1]を参照)による複素構造を入れ,(R^2, g) を Riemann 面とみるとき,Φ は等角であるから,正則同型になる.上記の Milnor の定理は,この単連結 Riemann 面 (R^2, g) が C か $B(1)$ かの一つの判定を与えていることになる.

証明 我々の目的である補題(1.1.13)の証明に必要なのは(ii)の場合なので,(ii)についてだけ証明する.(i)については論文 Milnor[2]を参照されたい.$\varepsilon > 0$ に対しつぎのようにおく:

$$k_\varepsilon(t) = t(\log t)^{1+\varepsilon} \qquad (t \geq 2),$$

$$K_\varepsilon(t) = -\frac{k_\varepsilon''(t)}{k_\varepsilon(t)} \qquad (t \geq 2).$$

すると

$$(1.8.16) \qquad K_\varepsilon(t) = -(1+\varepsilon)\left(1 + \frac{\varepsilon}{\log t}\right)\frac{1}{t^2 \log t} \qquad (t \geq 2)$$

となる.簡単な計算により

$$(1.8.17) \qquad \int_2^\infty \frac{dt}{k_\varepsilon(t)} < \infty$$

がわかる.条件と(1.8.16)より,ある $a \geq 2$ があって,$\varepsilon > 0$ を十分小さくとれば,$t \geq a$ に対して $K(t) \leq K_\varepsilon(t)$ が成り立つ.$k(t)$ は非有界だから,ある $\tilde{a} > a$ が存在して $k'(\tilde{a}) > 0$ となる.正数 c を

$$(1.8.18) \qquad k_\varepsilon(\tilde{a}) < ck(\tilde{a}), \qquad k_\varepsilon'(\tilde{a}) < ck'(\tilde{a})$$

となるようにとる.$t \geq \tilde{a}$ に対して,

$$k_\varepsilon(t) < ck(t)$$

を示す.いま $b > \tilde{a}, k_\varepsilon(b) = ck(b)$ となる b が存在したと仮定する.b をそのような性質をもつ最小のものとする.任意の $t \in [\tilde{a}, b]$ に対して

$$(1.8.19) \qquad k_\varepsilon''(t) = -K_\varepsilon(t)k_\varepsilon(t)$$
$$\leq -K(t)ck(t) = ck''(t)$$

となる.(1.8.18)と(1.8.19)より,$k_\varepsilon(t) < ck(t) (\tilde{a} \leq t \leq b)$ となり,これは矛盾である.ゆえに

$$\int_{\tilde{a}}^{\infty} \frac{dt}{k(t)} \leq c \int_{a}^{\infty} \frac{dt}{k_{\varepsilon}(t)} < \infty$$

となる.∎

最後にこの節の目的である, 補題(1.1.13)の証明をしよう.

補題(1.1.13)の証明 k を与えられた関数とする. $K(t)=-k(t^2)$ とおくと $K(t)$ は $\boldsymbol{R}$ 上の C^∞ 級偶関数で, $K\leq 0$ となる. $\boldsymbol{R}$ 上の C^∞ 級奇関数 $\tilde{k}(r)$ を
$$\tilde{k}''(t)+K(t)\tilde{k}(t) = 0, \quad \tilde{k}(0) = 0, \quad \tilde{k}'(0) = 1$$
できめる. 補題(1.8.14)により, $t>0$ で $\tilde{k}(t)>0$ となる. したがって $\boldsymbol{R}^2$ 上に Riemann 計量 g が存在して, 極座標 $(r,\theta)(r>0)$ を使って書くと, $g=dr^2+\tilde{k}(r)^2d\theta^2$ となる. $K(t)<0(t\geq 0)$ より $\tilde{k}''(t)>0(t>0)$ となる. よって $\tilde{k}(t)$ は非有界である. 一方, k についての仮定から, $t>1$ に対し $K(t)=-k(t^2)<-k(1)t^{-2}$ であるから, 十分大きなすべての t について
$$K(t) < -\frac{2}{t^2\log t}$$
が成り立つ. ゆえに定理(1.8.15), (ii)により
$$R = \int_1^{\infty} \frac{dt}{\tilde{k}(t)} < \infty$$
となる. (1.8.4)および(1.8.9)で考えた微分同相写像 $\Phi : \boldsymbol{R}^2 \to B(e^R)$ を考える. (1.8.10)でみたように $H=(\Phi^{-1})^*g=a(z)dzd\bar{z}$ は $B(e^R)$ 上の回転対称な Hermite 計量になる. 定義より $\Phi^*H=dr^2+\tilde{k}(r)^2d\theta^2 (r>0)$ であるから, 補題(1.8.6)と補題(1.8.12)より
$$K_H(z) = K(d_H(0,z)) = -k((d_H(0,z))^2)$$
が成立する.∎

ノート

この章の双曲的多様体の理論は一変数の場合 Ahlfors 等により手懸けられてきたものであるが, 一般の複素多様体に対しこのような統一的観点から理論を展開したのは小林[2]である. 小林の本[1]と論文[2]にはこの章の§1〜§8の内容以前の結果がよくまとめられており, ぜひ参照されたい. 特に論文[2]の最後には数多くの興味ある問題が提示されている.

双曲性と有界な多重劣調和関数の存在の間には関係がある（ここでも有界領域がモデルとして念頭にあることに注意）．例えば Sibony[1] は，開複素多様体 M が強多重劣調和な有界 exhaustion 関数をもてば，M は双曲的であることを示している．Wu[3] は，実はこのとき M は完備双曲的になることを予想している．（ちなみに Sibony[1] の Cor.5 はこのままでは Barth による反例がある．）

また以前小林[2]により，単連結コンパクトな双曲的多様体の存在が問題とされた．Brody と Green[1] は，定理(1.5.5)の判定法を用いることによりつぎの例がそうなっていることを示した：$P^3(C)$ 内のつぎの方程式で与えられる曲面 M_ε を考える．

$$(z^0)^d+(z^1)^d+(z^2)^d+(z^3)^d+(\varepsilon z^0 z^1)^{d/2}+(\varepsilon z^0 z^2)^{d/2}=0,$$

ここで $d\geqq 50$ で偶数とする．ε が小さければ M_ε は非特異かつ単連結で，$\varepsilon\neq 0$ のとき M_ε は双曲的である．$\varepsilon=0$ では M_0 はいくつかの $P^1(C)$ を含むから双曲的でない．したがって双曲的多様体の変形族 $\{M_\varepsilon\}(\varepsilon\neq 0)$ でその極限 M_0 が双曲的にならない例を与えていることにもなる．

最後に，定理(1.7.5)ででてきた双曲的埋込みについて少し解説する．N と M を複素多様体とし，$N\hookrightarrow M$ を埋込みとする．このとき N が M に双曲的に埋め込まれているとは，つぎの条件の成立することを言う：

(i) N は双曲的で，M 内で相対コンパクトである．

(ii) 任意の2点，$x, y\in\bar{N}-N(x\neq y)$ に対し，それぞれに M における近傍 U, V が存在して，$d_N(U\cap N, V\cap N)>0$ となる．

これの最も重要な性質は，Picard の大定理の成立することである．すなわち，N が M に双曲的に埋ゆ込まれているとき，任意の正則写像 $f: B(1)^*\to N$ は，正則写像 $\tilde{f}: B(1)\to M$ に拡張される．証明は，小林[1]を参照されたい．

第2章 測度双曲的多様体

§1 正則直線束と Chern 型式

M を m 次元複素多様体とする.(L, π, M) が M 上の**正則直線束**(holomorphic line bundle)であるとは,つぎの条件が満たされることを意味する:

(2.1.1)
- (i) L は $(m+1)$ 次元複素多様体である.
- (ii) $\pi: L \to M$ は上への正則写像である.
- (iii) 任意の点 $x \in M$ に対して,$\pi^{-1}(x)$ は複素 1 次元ベクトル空間になっている.
- (iv) 任意の点 $x \in M$ に対して,x の開近傍 U と双正則写像 $\Phi: \pi^{-1}(U) \cong U \times C$ が存在して,$p: U \times C \to U$, $q: U \times C \to C$ を,それぞれ自然な射影とするとき,$p \circ \Phi = \pi$ であり,かつ $y \in U$ に対して $q \circ \Phi|\pi^{-1}(y): \pi^{-1}(y) \to C$ は線型同型となる.

混乱の恐れがないとき,(L, π, M) を単に $\pi: L \to M$ あるいは L と書くこともある.また $x \in M$ に対して,$\pi^{-1}(x)$ を L_x と表わすこともある.

$(L_j, \pi_j, M)(j=1,2)$ を M 上の正則直線束とする.正則写像 $\Psi: L_1 \to L_2$ が**正則束準同型写像**(holomorphic bundle homomorphism)であるとは,$\pi_2 \circ \Psi = \pi_1$ でありかつ任意の $x \in M$ に対して $\Psi|L_{1x}: L_{1x} \to L_{2x}$ が線型写像になることとする((2.1.1)の(iii)と(iv)に注意).さらに Ψ が双正則同相写像のとき,とくに**正則束同型写像**(holomorphic bundle isomorphism)と呼ぶ.このとき L_1 と L_2 は**同型**(isomorphic)という.

(L, π, M) を M 上の正則直線束とし,U を M の開集合とする.正則写像 $s: U \to L$ は,$\pi \circ s(x) = x (x \in U)$ を満たすとき,U 上の**正則切断**(holomorphic cross section)と呼ばれる.U 上の正則切断の全体を $\Gamma(U, L)$ で表わす.$x \in U$ に対して L_x の零元 0 を対応させる写像は(2.1.1)の(iv)により $\Gamma(U, L)$ の元である.

これを U 上の**零切断** (zero section) と呼び O_U または O で表わす. $s, t \in \Gamma(U, \boldsymbol{L})$, $a, b \in \boldsymbol{C}$ に対して
$$as+bt: x \in U \longmapsto as(x)+bt(x) \in \boldsymbol{L}_x$$
とおくと, $as+bt \in \Gamma(U, \boldsymbol{L})$ となる. この演算により, $\Gamma(U, \boldsymbol{L})$ は O_U を零元とする複素ベクトル空間になる. $s \in \Gamma(U, \boldsymbol{L})$ は, 任意の $x \in U$ について $s(x) \neq 0$ を満たすとき, U 上の**正則局所枠** (holomorphic local frame) と呼ばれる. いま U 上の正則関数全体のなす複素ベクトル空間を $\mathcal{O}(U)$ で表わす. $f \in \mathcal{O}(U)$ に対して $fs \in \Gamma(U, \boldsymbol{L})$ が $(fs)(x)=f(x)s(x)$ で定義される. 明らかに対応
$$f \in \mathcal{O}(U) \longmapsto fs \in \Gamma(U, \boldsymbol{L})$$
は線型同型である.

さて $\{U_\lambda\}$ を M の開被覆, $s_\lambda \in \Gamma(U_\lambda, \boldsymbol{L})$ を正則局所枠とするとき, $(\{U_\lambda\}, \{s_\lambda\})$ を $\boldsymbol{L}$ の**局所自明化被覆**と呼ぶ. このとき $U_\lambda \cap U_\mu \neq \phi$ であれば, 正則関数
$$T_{\lambda\mu}: U_\lambda \cap U_\mu \longrightarrow \boldsymbol{C}^*$$
が存在して,

(2.1.2) $\qquad s_\mu(x) = T_{\lambda\mu}(x) s_\lambda(x) \qquad (x \in U_\lambda \cap U_\mu)$

が成り立つ. $\{T_{\lambda\mu}\}$ はつぎのコサイクル条件と呼ばれる関係式を満たす:

(2.1.3) $\qquad \begin{cases} U_\lambda \cap U_\mu \neq \phi & \text{ならば} \quad T_{\lambda\mu} T_{\mu\lambda} = 1, \\ U_\lambda \cap U_\mu \cap U_\nu \neq \phi & \text{ならば} \quad T_{\lambda\mu} T_{\mu\nu} T_{\nu\lambda} = 1. \end{cases}$

この $(\{U_\lambda\}, \{T_{\lambda\mu}\})$ を, $\boldsymbol{L}$ の局所自明化被覆 $(\{U_\lambda\}, \{s_\lambda\})$ に従属した**正則変換関数系** (system of holomorphic transition functions) と呼ぶ. 条件 (2.1.1) の (iv) によって局所自明化被覆はいつも存在することを念のため注意しておこう.

正則直線束 $(\boldsymbol{L}, \pi, M)$ の**双対正則直線束** (dual holomorphic line bundle) $(\boldsymbol{L}^*, \pi^*, M)$ をつぎのように定義する:任意の $x \in M$ に対して
$$\boldsymbol{L}^*_x = (\boldsymbol{L}_x)^* \quad (= \text{複素ベクトル空間} \boldsymbol{L}_x \text{の双対空間})$$
とおく. $\boldsymbol{L}^* = \bigcup_{x \in M} \boldsymbol{L}^*_x$ (疎な和集合) とおく. 写像 $\pi^*: \boldsymbol{L}^* \to M$ を $\pi^*(\boldsymbol{L}^*_x)=x$ なる条件で定義する. つぎに $\boldsymbol{L}^*$ は自然に $(m+1)$ 次元複素多様体になることをみよう $(m=\dim M)$. $(\{U_\lambda\}, \{s_\lambda\})$ を $\boldsymbol{L}$ の任意の局所自明化被覆とし, $(\{U_\lambda\}, \{T_{\lambda\mu}\})$ をそれに従属した正則変換関数系とする. 任意の $x \in U_\lambda$ について $t_\lambda(x) \in \boldsymbol{L}^*_x$ を双対関係 $\langle t_\lambda(x), s_\lambda(x) \rangle = 1$ なる条件で一意的に定める. そうすれば $t_\lambda(x)$ は $\boldsymbol{L}^*_x$ の基底になる. 写像

§1 正則直線束と Chern 型式　　　　　　　　　　　　39

$$F_\lambda: (\pi^*)^{-1}(U_\lambda) \longrightarrow U_\lambda \times C$$

を $F_\lambda(at_\lambda(x))=\langle x,a\rangle (a\in C)$ なる条件で一意的に定める．明らかに F_λ は全単射で，可換な図式

$$\begin{array}{ccc} (\pi^*)^{-1}(U_\lambda) & \xrightarrow{F_\lambda} & U_\lambda \times C \\ \downarrow{\pi^*} & & \downarrow{\mathrm{pr}} \\ U_\lambda & =\!=\!= & U_\lambda \end{array}$$

が成り立つ．$U_\lambda \cap U_\mu \neq \phi$ ならば，$t_\lambda(x)=T_\mu(x)^{-1}t_\mu(x)(x\in U_\lambda\cap U_\mu)$ であるから，写像

$$F_\mu \circ F_\lambda^{-1}: (U_\lambda \cap U_\mu) \times C \longrightarrow (U_\mu \cap U_\lambda) \times C$$

は $F_\mu \circ F_\lambda^{-1}((x,\xi))=(x,T_{\mu\lambda}(x)^{-1}\xi)$ で与えられる．これより (L^*,π^*,M) は一意的に正則直線束になり，F_λ は正則束同型になる．以上の考察は最初に選んだ局所自明化被覆 $(\{U_\lambda\},\{s_\lambda\})$ の取り方によらずきまることが容易にわかる．結局 $(\{U_\lambda\},\{t_\lambda\})$ は (L^*,π^*,M) の局所自明化被覆であり $(\{U_\lambda\},\{T_{\lambda\mu}^{-1}\})$ がそれに従属した正則変換関数系になる．さて $\sigma \in \Gamma(M,L^*)$ を任意にとる．L 上の関数 σ^* を $\sigma^*(u)=(\sigma(\pi(u)),u)$ で定義すると，これが正則になることは容易にわかる．さらに $\sigma^*(au)=a\sigma^*(u)$ が成り立つ．対応

(2.1.4)
$$\sigma \in \Gamma(M,L^*) \longmapsto \sigma^* \in \{f: L \to C; 正則で f(au)=af(u), a\in C\}$$

は線型同型であることがわかる．

さて $(L_j,\pi_j,M)(j=1,2)$ を正則直線束とする．以下に述べる方法で正則直線束 $(L_1\otimes L_2,\pi_1\otimes\pi_2,M)$ を定義しよう．L_1 と L_2 の局所自明化被覆を，それぞれ $(\{U_\lambda\},\{s_\lambda\})$, $(\{U_\lambda\},\{t_\lambda\})$ となるように勝手にとる．このようにとれることは明らかである．さらに $(\{U_\lambda\},\{S_{\lambda\mu}\})$, $(\{U_\lambda\},\{T_{\lambda\mu}\})$ をそれぞれに従属した正則変換関数系とする．$U_\lambda \cap U_\mu \neq \phi$ のとき，正則同相写像

(2.1.5) $$F_{\lambda\mu}: (U_\mu \cap U_\lambda) \times C \longrightarrow (U_\lambda \cap U_\mu) \times C$$

を $F_{\lambda\mu}((x,\xi))=(x,S_{\lambda\mu}(x)T_{\lambda\mu}(x)\xi)$ で定義する．そうすれば，つぎが成り立つ：

(2.1.6) $$\begin{cases} U_\lambda \cap U_\mu \neq \phi \text{ ならば } F_{\lambda\mu}\circ F_{\mu\lambda}=id, \\ U_\lambda \cap U_\mu \cap U_\nu \neq \phi \text{ ならば } F_{\lambda\mu}\circ F_{\mu\nu}\circ F_{\nu\lambda}=id \\ \text{が } (U_\lambda \cap U_\mu \cap U_\nu)\times C \text{ 上で成り立つ．} \end{cases}$$

したがって $U_\lambda \times C$ の点 (x_λ,ξ_λ) と $U_\mu \times C$ の点 (x_μ,ξ_μ) を

$$x_\lambda = x_\mu, \quad \xi_\lambda = S_{\lambda\mu}(x_\mu)T_{\lambda\mu}(x_\mu)\xi_\mu$$

が成り立つとき同じ点であるとして $U_\lambda \times \boldsymbol{C}$ と $U_\mu \times \boldsymbol{C}$ を張り合わせることにより $(m+1)$ 次元複素多様体 X を得る．このとき X の開被覆 $\{W_\lambda\}$ と正則同相写像 $\varphi_\lambda: W_\lambda \to U_\lambda \times \boldsymbol{C}$ が存在して，

$$W_\lambda \cap W_\mu \neq \phi \iff U_\lambda \cap U_\mu \neq \phi$$

であり，このとき $\varphi_\lambda(W_\lambda \cap W_\mu) = (U_\lambda \cap U_\mu) \times \boldsymbol{C}$ となり $\varphi_\mu \circ \varphi_\lambda^{-1} = F_{\mu\lambda}$ が成り立つ．写像 $\alpha: X \to M$ を

$$\alpha(\varphi_\lambda^{-1}((x_\lambda, \xi_\lambda))) = x_\lambda$$

なる条件で一意的に定義できる．φ_λ は正則同相写像であるから α は正則写像である．$\alpha^{-1}(U_\lambda) = W_\lambda$ であり，可換図式

$$\begin{array}{ccc} \alpha^{-1}(U_\lambda) & \xrightarrow{\varphi_\lambda} & U_\lambda \times \boldsymbol{C} \\ \downarrow{\alpha} & & \downarrow{\mathrm{pr}} \\ U_\lambda & = & U_\lambda \end{array}$$

を得る．これより $\alpha: X \to M$ は一意的に正則直線束になり，φ_λ は正則束同型になる．最初に選んだ $(\{U_\lambda\}, \{s_\lambda\})$, $(\{U_\lambda\}, \{t_\lambda\})$ と違った局所自明化被覆 $(\{V_\mu\}, \{f_\mu\})$, $(\{V_\mu\}, \{g_\mu\})$ から出発して，正則直線束 $\alpha': X' \to M$ を得るが，これは $\alpha: X \to M$ と正則束同型であることが容易に証明できる．したがって以後 $\boldsymbol{L}_1 \otimes \boldsymbol{L}_2 = X$, $\pi_1 \otimes \pi_2 = \alpha$ とおく．正則直線束 $(\boldsymbol{L}_1 \otimes \boldsymbol{L}_2, \pi_1 \otimes \pi_2, M)$ を $\boldsymbol{L}_1$ と $\boldsymbol{L}_2$ の**テンソル積**と呼ぶ．ここで

$$s_\lambda \circ t_\lambda : x \in U_\lambda \longmapsto \varphi_\lambda^{-1}((x, 1))$$

とおけば，$s_\lambda t_\lambda \in \Gamma(U_\lambda, \boldsymbol{L}_1 \otimes \boldsymbol{L}_2)$ で正則局所枠である．したがって $(\{U_\lambda\}, \{s_\lambda t_\lambda\})$ は $\boldsymbol{L}_1 \otimes \boldsymbol{L}_2$ の局所自明化被覆であり，それに従属した正則変換関数系は $(\{U_\lambda\}, \{S_{\lambda\mu}T_{\lambda\mu}\})$ となる．k を任意の正数とする．正則直線束 (L, π, M) に対して $L^k = L \otimes \cdots \otimes L$, $\pi^k = \pi \otimes \cdots \otimes \pi$ (k 回) とおく．$L^{-k} = L^* \otimes \cdots \otimes L^*$, $\pi^{-k} = \pi^* \otimes \cdots \otimes \pi^*$ (k 回) とおく．

$H = \{H_x\}$ $(x \in M)$ が正則直線束 (L, π, M) の **Hermite 内積**であるとは，つぎの性質を満たすこととする：

(i) H_x は 1 次元複素ベクトル空間 L_x 上の Hermite 内積である．

(ii) 任意の開集合 $U \subset M$ と，任意の $s \in \Gamma(U, L)$ に対して関数 $x \in U \mapsto$

§1 正則直線束と Chern 型式   41

$H_x(s(x),s(x))\in \mathbf{R}$ は C^∞ 級である.

以後 $u,v\in L_x$ に対し $H_x(u,v)$ を単に $H(u,v)$ と書く. さて $(\{U_\lambda\},\{s_\lambda\})$ を L の局所自明化被覆とし $(\{U_\lambda\},\{T_{\lambda\mu}\})$ をそれに従属した正則変換関数系とする. $H_\lambda(x)=H(s_\lambda(x),s_\lambda(x))(x\in U_\lambda)$ とおくと, H_λ は U_λ 上の C^∞ 級関数でつぎの性質をもつ:

(2.1.7) $\begin{cases} \text{(i)} & H_\lambda(x)>0 \quad (x\in U_\lambda), \\ \text{(ii)} & U_\lambda\cap U_\mu\neq\emptyset \text{ のとき } H_\lambda|T_{\lambda\mu}|^2=H_\mu. \end{cases}$

逆につぎが成り立つことが容易にわかる.

(2.1.8) **補題** 記号は上述の通りとする. $\{H_\lambda\}$ を (2.1.7) を満たす C^∞ 級関数系とする. このとき L 上の Hermite 内積 $H=\{H_x\}$ が一意的に存在して, 任意の s_λ に対して $H_\lambda(x)=H(s_\lambda(x),s_\lambda(x))$ となる.

たとえば, $\{H_\lambda\}$ が L 上の Hermite 計量 H より導かれたとする. $k\in\mathbf{Z}$ に対し $\{(H_\lambda)^k\}$ は $\{(T_{\lambda\mu})^k\}$ に関して (2.1.7) を満たしている. したがって補題 (2.1.8) により $\{(H_\lambda)^k\}$ は L^k に Hermite 内積 $H^{(k)}$ を定める.

以後, 正則直線束 L と, その上の Hermite 内積 H の組 (L,H) を **Hermite 直線束** と呼ぶことにする.

(2.1.9) **補題** (L,H) を M 上の Hermite 直線束とする. M 上の $(1,1)$ 型の実閉微分型式 ω が一意的に存在して, 任意の開集合 U 上の L の正則枠 s に対して

$$\omega = -\frac{i}{2\pi}\partial\bar{\partial}\log H(s,s)$$

となる.

証明 $(\{U_\lambda\},\{s_\lambda\})$ を L の局所自明化被覆とし $(\{U_\lambda\},\{T_{\lambda\mu}\})$ をそれに従属した正則変換関数系とする. $H_\lambda=H(s_\lambda,s_\lambda)$ とおくと, これらは (2.1.7) を満たす. 各 U_λ 上で

$$\omega_\lambda = -\frac{i}{2\pi}\partial\bar{\partial}\log H_\lambda$$

とおく. $U_\lambda\cap U_\mu\neq\emptyset$ のとき (2.1.7) より $\omega_\lambda|U_\lambda\cap U_\mu=\omega_\mu|U_\lambda\cap U_\mu$ となる. M 上の微分型式 ω が各 U_λ 上で $\omega=\omega_\lambda$ とおくことにより定義され, この ω が求めるものであることが容易にわかる. ∎

$H_j(j=1,2)$ を (L,π,M) 上の Hermite 内積とする．(L,H_j) に補題(2.1.9)を適用すると M 上の実(1,1)型微分型式 ω_j を得る．このとき M 上の C^∞ 級関数 a が存在して

(2.1.10) $$\omega_1 - \omega_2 = \partial\bar{\partial}a = d(\bar{\partial}a)$$

が成立する．実際 M 上の C^∞ 級関数 f があって，$f>0$ で $H_{1x}=f(x)H_{2x}$ となる．$a=(-i/2\pi)\log f$ とおけばよい．したがって ω_j の定める de Rham コホモロジー類 $[\omega_j] \in H^2(M,\boldsymbol{R})$[*] は結局 Hermite 内積 H_j の取り方によらず $\boldsymbol{L}$ にのみ依存してきまることがわかる．

(2.1.11) **定義** (L,π,M) を正則直線束，H を $\boldsymbol{L}$ の Hermite 内積とする．このとき補題(2.1.9)により (L,H) の定める M 上の実(1,1)型閉微分型式を (L,H) の **Chern** 型式と呼び $\omega_{(L,H)}$ と書く．それによって定まる $H^2(M,\boldsymbol{R})$ のコホモロジー類を $c(\boldsymbol{L})$ と書き $\boldsymbol{L}$ の **Chern** 類と呼ぶ．

(2.1.12) **注意** M がコンパクトな Kähler 多様体の場合には，$c(\boldsymbol{L})$ を表わす任意の実(1,1)型閉微分型式 φ に対して，$\boldsymbol{L}$ 上の Hermite 内積 H が存在して $\varphi=\omega_{(L,H)}$ となる（Weil[1]を参照されたい）．

つぎの補題は容易に証明できる．

(2.1.13) **補題** Hermite 直線束 (L,H) と $k \in \boldsymbol{Z}$ に対し
$$\omega_{(L^k, H^k)} = k\omega_{(L,H)}, \qquad c(\boldsymbol{L}^k) = kc(\boldsymbol{L})$$
が成立する．

いままで述べたことの重要な例として複素射影空間の上の超平面束について解説する．E を $(N+1)$ 次元複素ベクトル空間とし，$P(E)$ を E に付随した射影空間とする（第1章§7参照）．$P(E)$ が E 内の1次元部分空間の全体であることを念のため注意して，
$$L(E) = \{(V,v) \in P(E) \times E;\ v \in V\}$$
とおく．そうすれば $L(E)$ は $P(E) \times E$ 内の $(N+1)$ 次元閉複素部分多様体になる．正則写像 $\pi_E: L(E) \to P(E)$ を $\pi_E(V,v)=V$ で定義する．すると任意の $V \in P(E)$ に対して $\pi_E^{-1}(V)=\{(V,v);\ v \in V\}$ であるから，$\pi_E^{-1}(V)$ は自然に V と同一視できる．これによって $\pi_E^{-1}(V)$ は複素1次元ベクトル空間になる．下記

---

[*] この節末のノートを参照されたい．

§1 正則直線束と Chern 型式

で示すが，$(L(E), \pi_E, P(E))$ は正則直線束になる．いま h を E 上の Hermite 内積とする．$L(E)$ 上に Hermite 内積 $H_E = \{H_{Ex}\}$ がつぎのようにして定義される：

$$H_{Ex}((x,v),(x,w)) = h(v,w) \quad ((x,v),(x,w) \in \pi_E^{-1}(x)).$$

さて $(v_0, \cdots, v_N)$ は E の基底で $h(v_j, v_k) = \delta_{jk}$ を満たすとする．この基底によって $E = C^{N+1}$ となる．そうすれば $h((z^0, \cdots, z^N), (w^0, \cdots, w^N)) = \sum_{j=0}^{N} z^j \overline{w}^j$ である．$U_\lambda = \{z^\lambda \neq 0\} \subset P(E)$ $(\lambda = 0, \cdots, N)$ として，正則写像 $s_\lambda : U_\lambda \to L(C^{N+1})$ を

$$s_\lambda([z^0 : \cdots : z^N]) = ([z^0 : \cdots : z^N], (z^0/z^\lambda, \cdots, z^N/z^\lambda))$$

で定義する．このとき $\Psi_\lambda : U_\lambda \times C \to \pi_E^{-1}(U_\lambda)$ を $\Psi_\lambda(x,a) = as_\lambda(x)$ で定義すれば，$\Phi_\lambda = \Psi_\lambda^{-1} : \pi_E^{-1}(U_\lambda) \to U_\lambda \times C$ は条件 $(2.1.1)$ の (iv) を満たす．したがって $(L(E), \pi_E, P(E))$ は正則直線束となる．しかもつぎがすぐわかる：

$(2.1.14)$ $\begin{cases} (\{U_\lambda\}, \{s_\lambda\}) \text{ は } L(E) \text{ の局所自明化被覆である．} U_\lambda \cap U_\mu \text{ 上の正則関数 } T_{\lambda\mu} \text{ を } T_{\lambda\mu}([z^0 : \cdots : z^N]) = z^\lambda/z^\mu \text{ で定義すれば，} (\{U_\lambda\}, \\ \{T_{\lambda\mu}\}) \text{ は } (\{U_\lambda\}, \{s_\lambda\}) \text{ に付随した正則変換関数系である．} \end{cases}$

また Hopf 写像 $\rho : E - \{O\} \to P(E)$ に関して

$(2.1.15)$ $\quad \rho^* \omega_{(L(E), H_E)} = -\dfrac{i}{2\pi} \partial \bar{\partial} \log h(z,z) \quad (z \in E - \{O\})$

が成り立つ．実際 $\rho^{-1}(U_\lambda)$ 上で考えると，

$$\rho^* \omega_{(L(E), H_E)} | \rho^{-1}(U_\lambda) = \rho^* \left(-\frac{i}{2\pi} \partial \bar{\partial} \log H_E(s_\lambda, s_\lambda) \right)$$

$$= -\frac{i}{2\pi} \partial \bar{\partial} \log H_E(s_\lambda \circ \rho, s_\lambda \circ \rho)$$

である．一方，$z = (z^0, \cdots, z^N) \in \rho^{-1}(U_\lambda)$ に対して $s_\lambda \circ \rho(z) = (\rho(z), (z^0/z^\lambda, \cdots, z^N/z^\lambda))$ であるから $H_E(s_\lambda \circ \rho(z), s_\lambda \circ \rho(z)) = h(z,z)/|z^\lambda|^2$ となる．$\rho^{-1}(U_\lambda)$ 上で $\partial \bar{\partial} \log |z^\lambda|^2 = 0$ であるから，等式 $(2.1.15)$ が $\rho^{-1}(U_\lambda)$ 上で（したがって $P(E)$ 上で）成り立つ．

つぎに $L(E)^{-1}$ について考える．まず $\Gamma(P(E), L(E)^{-1})$ を求めてみよう．$(2.1.4)$ により

$$\Gamma(P(E), L(E)^{-1}) = \{f : L(E) \to C; \text{ 正則で } f(au) = af(u), a \in C\}$$

であった．ここで写像 $\alpha : v \in E - \{O\} \mapsto (\rho(v), v) \in L(E) - \{O\}$ を考えると，これは双正則同相写像になる．ただし後者の O は $L(E)$ の零切断を表わし，$\{O\} = \{O(x); x \in P(E)\}$ である．さて $f \circ \alpha : E - \{O\} \to C$ は正則関数である．$\{O\}$ はコ

ンパクトであるから f は $\{O\}$ の近傍で有界である．したがって $f\circ\alpha$ は原点の近傍で有界であるから，$f\circ\alpha$ は E 上の正則関数に拡張できる．任意の $a\in C$ について $(f\circ\alpha)(av)=a(f\circ\alpha)(v)$ が成り立つから，$f\circ\alpha\in E^*$ となる．すなわちベクトル空間として，$\Gamma(P(E),L(E)^{-1})=E^*$ となり，とくに $\dim \Gamma(P(E),L(E)^{-1})=N+1$ である．また $\sigma\in\Gamma(P(E),L(E)^{-1})=E^*$，$\sigma\neq O$ に対して $\mathrm{Zero}(\sigma)=\{x\in P(E);\sigma(x)=0\}$ とおくと $\mathrm{Zero}(\sigma)=\{\rho(v);v\in E-\{O\},\sigma(v)=0\}$ となる．すなわち $\mathrm{Zero}(\sigma)$ は超平面である．$(L(E)^{-1},\pi_E^{-1},P(E))$ を $P(E)$ 上の**超平面束**(hyperplane bundle)と呼ぶ．だいぶん記号が繁雑になってきたので，つぎのように約束する．混乱の恐れのない限り $L(C^{N+1})$ は L_0 で表わし，L_0^{-1} は H_0 で表わすことにする．h を C^{N+1} 上の通常の Hermite 内積とする．$\omega_0=-\omega_{(L_0,H_{C^{N+1}})}$ とおく．もちろん $\omega_0=\omega_{(H_0,H_{C^{N+1}}^{(-1)})}$ である．この ω_0 を $P^m(C)$ の **Fubini–Study Kähler 型式**という．

さて一般の正則直線束に話を戻そう．ここでつぎのことを注意しておく．$s\in\Gamma(M,L)(s\neq O)$ に対して
$$\mathrm{Zero}(s)=\{x\in M;s(x)=0\}$$
とおくと，これが空集合でなければ(2.1.1)の(iv)により M の解析的超曲面になる．つぎに $E\subset\Gamma(M,L)$ を有限次元複素ベクトル部分空間とする．$\dim E\geq 2$ と仮定する．$B(E)=\bigcap_{s\in E}\mathrm{Zero}(s)$ とおく．$B(E)\subsetneq M$ で，$B(E)$ は M の解析的部分集合になる(空集合の場合もある)．$B(E)$ の点を E の**基点**(base point)と呼ぶ．$x\in M$ に対し
$$E_x=\{s\in E;s(x)=0\}$$
とおくと，$\dim E_x\geq\dim E-1$ であり，
$$x\notin B(E)\iff \dim E_x=\dim E-1$$
となる．$x\in M-B(E)$ に対して E_x は E の $(\dim E-1)$ 次元のベクトル部分空間であるから，$P(E^*)$ の点 $\{E_x\}$ が $\{E_x\}=\{\sigma\in E^*;\sigma(E_x)=0\}$ で定まる．そこで写像
$$\Phi_E:M-B(E)\longrightarrow P(E^*)$$
を $\Phi_E(x)=\{E_x\}$ で定義する．Φ_E が正則写像になることを以下に示そう．そのために E の基底 $\{t_0,\cdots,t_N\}$ をひとつ選んでおく $(\dim E=N+1)$．$(\{U_\lambda\},\{s_\lambda\})$ を L の局所自明化被覆とし $(\{U_\lambda\},\{T_{\lambda\mu}\})$ をそれに従属した正則変換関数系と

§1 正則直線束と Chern 型式　　　45

する．ここで U_λ 上の正則関数 $\varphi_{j\lambda}$ を $t_j|U_\lambda=\varphi_{j\lambda}s_\lambda(0\leq j\leq N)$ で定義する．そうすれば $U_\lambda\cap U_\mu\neq\phi$ なるとき，

(2.1.16) $$\varphi_{j\lambda}=T_{\lambda\mu}\varphi_{j\mu}$$

が成り立つ．任意の点 $x\in M-B(E)$ に対し x を含む U_λ をとり $\Phi(x)=[\varphi_{0\lambda}(x):\cdots:\varphi_{N\lambda}(x)]\in P(C^{N+1})$ とおく．ここで $x\notin B(E)$ より $(\varphi_{0\lambda}(x),\cdots,\varphi_{N\lambda}(x))\neq O$ に注意しておく．関係式 (2.1.16) により $\Phi(x)$ は，$x\in U_\lambda$ なる U_λ の取り方に依存しないことがわかり，正則写像

$$\Phi: M-B(E)\longrightarrow P(C^{N+1})$$

を定める．基底 $\{t_0,\cdots,t_N\}$ により $E=C^{N+1}$ となり，$\{t_0,\cdots,t_N\}$ の双対基底で $E^*=C^{N+1}$ となる．このとき $z=(z^0,\cdots,z^N)\in E$, $w=(w^0,\cdots,w^N)\in E^*$ に対して $w(z)=\sum_{j=0}^N w^j z^j$ となる．したがって可換図式

$$\begin{array}{ccc} M-B(E) & \xrightarrow{\Phi_E} & P(E^*) \\ & {}_{\Phi}\searrow & \Vert \\ & & P(C^{N+1}) \end{array}$$

が成立する．したがって Φ_E が正則であることがわかる．

さて M がコンパクトな場合を考えよう．このとき $\Gamma(M,L)$ は有限次元である (Wells[1] を参照)．$\dim \Gamma(M,L)\geq 2$, $B(\Gamma(M,L))=\phi$ で，正則写像

$$\Phi_{\Gamma(M,L)}: M\longrightarrow P(\Gamma(M,L)^*)$$

が正則埋込みになるとき，L は**十分豊富**（very ample）であるという．ある $k\in N$ が存在して L^k が十分豊富になるとき，L は**豊富**（ample）であるという．一般に M 上の実 $(1,1)$ 型微分型式 ω が正（非負）($\omega>0$ ($\omega\geq 0$) と書く) とは，M の任意の正則局所座標系 $(z^1,\cdots,z^m)$ ($m=\dim M$) について，

$$\omega=i\sum_{j,k}a_{j\bar{k}}dz^j\wedge d\bar{z}^k$$

と書いたとき，各点で $(a_{j\bar{k}})$ が正定値（半正定値）Hermite 行列であることを意味する．M 上の正則直線束 L が正（$L>0$ と書く）とは，L にある Hermite 内積 H が存在して，それによって定まる Chern 型式 $\omega_{(L,H)}$ が正になることとする．ひとつ重要な例を与えよう．

(2.1.17) **定理** E を $(N+1)$ 次元複素ベクトル空間，h をその上の Hermite 内積とする．$L(E)^{-1}\to P(E)$ を超平面束とし，$H_E^{(-1)}$ をその上の自然な

Hermite 内積とする．このときつぎが成立する：
(i) $\Gamma(P(E), L(E)^{-1}) = E^*$ であり $B(E^*) = \phi$ となる．
(ii) $\Phi_{E^*}: P(E) \to P((E^*)^*) = P(E)$ は恒等写像である．
(iii) $\omega_{(L(E)^{-1}, H_E^{(-1)})} = -\omega_{(L(E), H_E)} > 0$ で，つぎが成り立つ

$$\int_{P(E)} (\omega_{(L(E)^{-1}, H_E^{(-1)})})^N = 1.$$

さて上記の定義のもとに，つぎの小平の定理は非常に重要である．

(2.1.18) 定理(小平) コンパクト複素多様体 M 上の正則直線束 L が豊富であるための必要十分条件は $L > 0$ である．

証明は，Wells[1]を参照されたい．のちに使うのは必要性の部分で，これは容易につぎのようにして証明できる．$k \in N$ を L^k が十分豊富になるようにとる．$E = \Gamma(M, L^k)$ とおく．そうすれば $\Phi_E: M \to P(E^*)$ は正則埋込みである．E^* に Hermite 内積 h をひとつ固定する．$\omega = \omega_{(L(E^*)^{-1}, H_{E^*}^{(-1)})}$ とおくと，定理(2.1.17)の(iii)より $\omega > 0$ である．ω と Φ_E の定義より，$\Phi_E^* \omega > 0$ であり，L^k のある Hermite 内積による Chern 型式であることが簡単にわかる．したがって $L^k > 0$ である．$L^k > 0 \Leftrightarrow L > 0$ が容易に証明できるから，$L > 0$ を得る．∎

つぎに複素多様体 M 上の**標準直線束**(canonical line bundle)と呼ばれる正則直線束 $K(M) \to M$ を定義しよう．$T(M) = \bigcup_{x \in M} T(M)_x$ を M の正則接バンドルとする．$T(M)_x$ は x における正則接空間で m 次元複素ベクトル空間になっていた ($m = \dim M$). $T(M)_x^*$ を $T(M)_x$ の双対空間とする．そこで $K(M)_x = \bigwedge^m T(M)_x^*$ とおく．もちろん $K(M)_x$ は複素1次元ベクトル空間であり，$T(M)_x$ 上の m 次交代多重線型写像の全体である．$K(M) = \bigcup_{x \in M} K(M)_x$ (疎な和集合)とおき，写像 $\pi: K(M) \to M$ を $\pi(K(M)_x) = x$ で定義する．さて $\{(U_\lambda, \varphi_\lambda, B(1)^m)\}$ を M の正則局所座標近傍系による M の開被覆とする．$\varphi_\lambda = (z_\lambda^1, \cdots, z_\lambda^m)$, $s_\lambda = dz_\lambda^1 \wedge \cdots \wedge dz_\lambda^m$ とおく．$U_\lambda \cap U_\mu \neq \phi$ のとき

$$K_{\lambda\mu} = \det\left(\frac{\partial z_\mu^{\ k}}{\partial z_\lambda^{\ j}}\right)_{j,k}$$

とおくと，これは零をとらない正則関数でコサイクル条件(2.1.3)を満たす．さらに関係式

$$s_\mu = K_{\lambda\mu} s_\lambda$$

§1 正則直線束と Chern 型式　　　47

が成り立っている．写像 $F_\lambda: \pi^{-1}(U_\lambda) \to U_\lambda \times C$ を条件 $F_\lambda(as_\lambda(x)) = (x, a)$ で一意的に定める．F_λ は全単射であり，$U_\lambda \cap U_\mu \neq \phi$ ならば

$$F_\lambda \circ F_\mu^{-1}(x, \xi) = (x, K_{\lambda\mu}(x)\xi)$$

が成り立つ．したがって F_λ が正則同相写像になるという条件で，$K(M)$ は一意的に $(m+1)$ 次元複素多様体になる．このとき $(K(M), \pi, M)$ は正則直線束になり，F_λ は図式

$$\begin{array}{ccc} \pi^{-1}(U_\lambda) & \xrightarrow{F_\lambda} & U_\lambda \times C \\ \downarrow \pi & & \downarrow \mathrm{pr} \\ U_\lambda & =\!=\!= & U_\lambda \end{array}$$

を可換にする正則束同型になる．このとき $s_\lambda \in \Gamma(U_\lambda, K(M))$ は明らかである．$(\{U_\lambda\}, \{s_\lambda\})$ は $K(M)$ の局所自明化被覆であり $(\{U_\lambda\}, \{K_{\lambda\mu}\})$ はそれに従属した正則変換関数系となる．容易にわかるように

$$\Gamma(M, K(M)) = \{M \text{ 上の正則 } m \text{ 次微分型式}\}$$

となる．さて H を $K(M)$ 上の Hermite 内積とする．$H_\lambda = H(s_\lambda, s_\lambda)$ とおき，U_λ 上の $2m$ 次実微分型式 Ω_λ を

$$\Omega_\lambda = H_\lambda \left(\frac{i}{2} dz_\lambda^1 \wedge d\bar{z}_\lambda^1\right) \wedge \cdots \wedge \left(\frac{i}{2} dz_\lambda^m \wedge d\bar{z}_\lambda^m\right)$$

で定義する．$U_\lambda \cap U_\mu \neq \phi$ ならば，(2.1.7) より $H_\lambda |K_{\lambda\mu}|^2 = H_\mu$ が成り立つから，$\Omega_\lambda = \Omega_\mu$ となる．よって M 上の体積要素 Ω_H が一意的に存在して $\Omega_H|U_\lambda = \Omega_\lambda$ となる．逆に M 上の体積要素 Ω が与えられれば，$K(M)$ の Hermite 内積 H が一意的に存在して，$\Omega = \Omega_H$ となる．さて M 上の体積要素 Ω に対して，各 U_λ 上

$$\Omega|U_\lambda = a_\lambda \left(\frac{i}{2} dz_\lambda^1 \wedge d\bar{z}_\lambda^1\right) \wedge \cdots \wedge \left(\frac{i}{2} dz_\lambda^m \wedge d\bar{z}_\lambda^m\right)$$

と書くと，$a_\lambda |K_{\lambda\mu}|^2 = a_\mu$ となる．よって $\omega_\lambda = -i\partial\bar{\partial} \log a_\lambda$ とおけば，$U_\lambda \cap U_\mu \neq \phi$ 上 $\omega_\lambda = \omega_\mu$ となる．したがって M 上の実 $(1,1)$ 型閉微分型式 ω が一意的に存在して $\omega|U_\lambda = \omega_\lambda$ となる．以後この ω を $\mathrm{Ric}\,\Omega$ と書いて，Ω の **Ricci 型式**と呼ぶ．上述したように Ω は $K(M)$ 上の Hermite 内積 H を定める．Hermite 直線束 $(K(M), H)$ の Chern 型式を $\omega_{(K(M), H)}$ とすると，

(2.1.19) $$\frac{1}{2\pi} \text{Ric}\, \Omega = \omega_{(K(M), H)}$$

という関係があることがわかる.

さて $F(z^0, \cdots, z^N)$ を k 次の斉次多項式とする. $P(C^{N+1})$ の閉部分集合 V が
$$\rho^{-1}(V) = \{(z^0, \cdots, z^N) \in C^{N+1} - \{O\}\,;\, F(z^0, \cdots, z^N) = 0\}$$
で一意的に定まる. もちろん V は解析的超曲面であるが, とくに特異点がないとき, すなわち複素部分多様体になっているとき, V を $P(C^{N+1})$ の k 次非特異超曲面と呼ぶ. このとき $\dim V = N-1$ である. (2.1.17) の (iii) より $\omega_0 > 0$ であったから, その V への制限 $\omega_0|V$, つまり $\iota_V : V \to P(C^{N+1})$ を包含写像として $\omega_0|V = \iota_V^* \omega_0$ も正になる. したがって $(\omega_0|V)^{N-1} = (\omega_0|V) \wedge \cdots \wedge (\omega_0|V)$ $((N-1)$ 回$)$ は V の体積要素になる. このときつぎのことがよく知られている:

(2.1.20) **補題** (i) $\displaystyle\int_V (\omega_0|V)^{N-1} = k,$

(ii) V 上に C^∞ 級関数 $a > 0$ が存在して,
$$\frac{1}{2\pi} \text{Ric}\, (a(\omega_0|V)^{N-1}) = (N+1-k)(\omega_0|V)$$
が成り立つ.

ノート

de Rham コホモロジーの定義をここで述べておこう. 以下しばらく M を可微分多様体とする. $\mathcal{A}^p(M, \boldsymbol{R})$ で M 上の C^∞ 級実 p 次微分型式の全体を表わす. $\alpha \in \mathcal{A}^p(M, \boldsymbol{R})$ とし, $(x^1, \cdots, x^m)$ $(m = \dim_R M)$ を M の局所座標近傍 U 上の座標とすると, α は U 上
$$\alpha = \sum_{1 \leq i_1 < \cdots < i_p \leq m} \alpha_{i_1 \cdots i_m} dx^{i_1} \wedge \cdots \wedge dx^{i_m}$$
と一意的に書かれる. よく知られているように外微分作用素 $d: \mathcal{A}^p(M, \boldsymbol{R}) \to \mathcal{A}^{p+1}(M, \boldsymbol{R})$ はつぎのように定義される:
$$d\alpha = \sum_{1 \leq i_1 < \cdots < i_p \leq m} \sum_{k=1}^m \frac{\partial \alpha_{i_1 \cdots i_m}}{\partial x^k} dx^k \wedge dx^{i_1} \wedge \cdots \wedge dx^{i_p}.$$
これが局所座標表示によらず定義されていることが容易にわかる. この定義より, $d^2\alpha = d(d\alpha) = 0$ が成立しつぎの列を得る:
$$0 \longrightarrow \boldsymbol{R} \longrightarrow \mathcal{A}^0(M, \boldsymbol{R}) \xrightarrow{d} \mathcal{A}^1(M, \boldsymbol{R}) \xrightarrow{d} \cdots \xrightarrow{d} \mathcal{A}^m(M, \boldsymbol{R}) \longrightarrow 0,$$
$$Z^p(M, \boldsymbol{R}) = \{\alpha \in \mathcal{A}^p(M, \boldsymbol{R})\,;\, d\alpha = 0\},$$

$$B^p(M, \boldsymbol{R}) = d\mathcal{A}^{p-1}(M, \boldsymbol{R})$$

とおくと $B^p(M,\boldsymbol{R})$ は $Z^p(M,\boldsymbol{R})$ の実ベクトル部分空間となりそれによる商

$$H^p(M, \boldsymbol{R}) = Z^p(M, \boldsymbol{R})/B^p(M, \boldsymbol{R})$$

を M の実係数 p 次 de Rham コホモロジー群と呼ぶ.

M を複素次元 $\dim_C M=m$ の複素多様体とする.これを実 $2m$ 次元可微分多様体とみて M の実係数 p 次 de Rham コホモロジー群 $H^p(M,\boldsymbol{R})$ を得る.また複素数値関数を係数とする p 次微分型式 $\mathcal{A}^p(M,\boldsymbol{C})$ を考え,線型的に拡張して外微分作用素 $d:\mathcal{A}^p(M,\boldsymbol{C})\to\mathcal{A}^{p+1}(M,\boldsymbol{C})$ が定義される.すると前と同様に複素係数 p 次 de Rham コホモロジー群 $H^p(M,\boldsymbol{C})$ が定義される.

§2 擬体積要素と Ricci 型式

M を m 次元複素多様体とする.Ω を M 上の実 $2m$ 型式とする.x を M の任意の点とし,$\{U,(z^1,\cdots,z^m)\}$ を x の正則局所座標系とする.このとき

$$(2.2.1) \qquad \Omega|U = a_U\left(\frac{i}{2}dz^1\wedge d\bar{z}^1\right)\wedge\cdots\wedge\left(\frac{i}{2}dz^m\wedge d\bar{z}^m\right)$$

と書ける.a_U は U 上の連続関数である.$a_U(x)>0(\geqq 0)$ となるとき,$\Omega(x)>0$ ($\Omega(x)\geqq 0$) と定義する.これは正則局所座標系の取り方によらないことが容易にわかる.すべての $x\in M$ で $\Omega(x)>0(\Omega(x)\geqq 0)$ のとき,$\Omega>0(\Omega\geqq 0)$ と書く.Ω_1,Ω_2 を実 $2m$ 型式とする.$\Omega_1(x)>\Omega_2(x)(\Omega_1(x)\geqq\Omega_2(x))$ とは,$\Omega_1(x)-\Omega_2(x)>0$ ($\Omega_1(x)-\Omega_2(x)\geqq 0$) となることと定義する.これがすべての点で成り立つとき $\Omega_1>\Omega_2(\Omega_1\geqq\Omega_2)$ と書く.一般の実 $2m$ 型式 Ω に対して $\mathrm{Zero}(\Omega)=\{x\in M;\Omega(x)=0\}$ とおく.$\Omega\geqq 0$ となる実 $2m$ 型式を**擬体積型式**(pseudovolume form)と呼ぶ.さらに Ω が $M-\mathrm{Zero}(\Omega)$ で C^∞ 級のとき,とくに**擬体積要素**(pseudovolume element)と呼ぶ.いたるところで $\Omega(x)>0$ となるとき,Ω を**体積要素**(volume element)と呼ぶ.

さて Ω を M 上の擬体積要素とする.$M-\mathrm{Zero}(\Omega)$ 上の実 $(1,1)$ 型閉微分型式 $\mathrm{Ric}\,\Omega$ が,局所的に $(2.2.1)$ の記号を使って,

$$\mathrm{Ric}\,\Omega = -i\partial\bar{\partial}\log(a_U|U-\mathrm{Zero}(\Omega))$$

で定義され(§1 参照),Ω の **Ricci 型式**と呼ぶことにする.つぎに Ω の曲率関数 $K_\Omega:M\to[-\infty,\infty)$ を以下のように定義する:

$$K_\Omega(x) = \begin{cases} -\infty, & x \in \mathrm{Zero}(\Omega), \\ -\dfrac{(-\mathrm{Ric}\,\Omega)^m}{m!\Omega}, & x \in M-\mathrm{Zero}(\Omega). \end{cases}$$

(2.2.2) **例** $r_j>0(1\leq j\leq m)$ とし, $\prod_{j=1}^{m} B(r_j) = \{(z^1,\cdots,z^m)\in \boldsymbol{C}^m;|z^j|<r_j, j=1,\cdots,m\}$ とおく. $\prod B(r_j)$ 上の **Poincaré 体積要素** $\Omega(r_1,\cdots,r_m)$ をつぎで定義する.

$$\Omega(r_1,\cdots,r_m) = \bigwedge_{j=1}^{m}\left(\frac{4r_j^2}{(r_j^2-|z^j|^2)^2}\frac{i}{2}dz^j\wedge d\bar{z}^j\right).$$

まず基本的な事実としてつぎがある. $r_j'>0(1\leq j\leq m)$ として, 双正則同相写像 $T:(z^1,\cdots,z^m)\in\prod B(r_j)\mapsto(r_1'z^1/r^1,\cdots,r_m'z^m/r^m)\in\prod B(r_j')$ を考える. このときつぎが成り立つことが簡単にわかる:

(2.2.3) $\qquad T^*\Omega(r_1',\cdots,r_m') = \Omega(r_1,\cdots,r_m).$

さて $\Omega(r_1,\cdots,r_m)$ の Ricci 型式を計算しよう:

$$\mathrm{Ric}\,\Omega(r_1,\cdots,r_m) = -i\partial\bar{\partial}\log\prod_{j=1}^{m}\frac{4r_j^2}{(r_j^2-|z^j|^2)^2}$$

$$= -\sum_{j=1}^{m}\frac{4r_j^2}{(r_j^2-|z^j|^2)^2}\frac{i}{2}dz^j\wedge d\bar{z}^j.$$

したがってつぎのことがわかった:

(2.2.4) $\begin{cases} -\mathrm{Ric}\,\Omega(r_1,\cdots,r_m)>0, \\ (-\mathrm{Ric}\,\Omega(r_1,\cdots,r_m))^m = m!\Omega(r_1,\cdots,r_m), \\ K_{\Omega(r_1,\cdots,r_m)} \equiv -1. \end{cases}$

つぎに $T_j:B(r_j)\to B(r_j)$ を一次分数変換とする. $T=(T_1,\cdots,T_m):\prod B(r_j)\to\prod B(r_j)$ は双正則同相写像で, 補題(1.1.7)によりつぎが成り立つ:

(2.2.5) $\qquad T^*\Omega(r_1,\cdots,r_m) = \Omega(r_1,\cdots,r_m).$

(2.2.6) **例** $r_j>0(1\leq j\leq m)$ とし, $B(r_1)^*\times\prod_{j=2}^{m}B(r_j) = \{(z^1,\cdots,z^m)\in\boldsymbol{C}^m;0<|z^1|<r_1,|z^j|<r_j,2\leq j\leq m\}$ 上の **Poincaré 体積要素** $\Omega^*(r_1,\cdots,r_m)$ をつぎで定義する:

$$\Omega^*(r_1,\cdots,r_m) = \frac{4}{|z^1|^2(\log|z^1/r_1|)^2}\frac{i}{2}dz^1\wedge d\bar{z}^1\wedge\left(\bigwedge_{j=2}^{m}\frac{4r_j^2}{(r_j^2-|z^j|^2)^2}\frac{i}{2}dz^j\wedge d\bar{z}^j\right).$$

$r_j'>0(1\leq j\leq m)$ に対して $T:\prod B(r_j)\to\prod B(r_j')$ を上記の通りとしておく. つぎが成り立つことは, 簡単にわかる:

§2 擬体積要素と Ricci 型式

(2.2.7) $\begin{cases} T^*\Omega^*(r_1', \cdots, r_m') = \Omega^*(r_1, \cdots, r_m), \\ -\mathrm{Ric}\,\Omega^*(r_1, \cdots, r_m) > 0, \\ (-\mathrm{Ric}\,\Omega(r_1, \cdots, r_m))^m = m!\,\Omega^*(r_1, \cdots, r_m), \\ K_{\Omega^*(r_1, \cdots, r_m)} \equiv -1. \end{cases}$

つぎの補題は，この章で基本となる重要なものである．

(2.2.8) **補題** Ω を $\prod B(r_j)$ $(0 < r_j < \infty)$ 上の擬体積要素で，$\prod B(r_j)-$Zero(Ω) 上で $-\mathrm{Ric}\,\Omega \geq 0$ でありかつ定数 $A > 0$ が存在して，いたるところ $K_\Omega \leq -A$ であるとする．このとき $\prod B(r_j)$ 上の Poincaré 体積要素 $\Omega(r_1, \cdots, r_m)$ に対して

$$\Omega \leq \frac{1}{A}\Omega(r_1, \cdots, r_m)$$

が成立する．

証明 $A\Omega$ も擬体積要素であり，$K_{A\Omega} = A^{-1}K_\Omega$ であるから，$A = 1$ として証明すれば十分である．関数 $u: \prod B(r_j) \to \mathbf{R}$ を $\Omega(z) = u(z)\Omega(r_1, \cdots, r_m)(z)$ で定義する．$u \leq 1$ を示せばよい．任意の $0 < t < 1$ に対し，関数 $u_t: \prod B(tr_j) \to \mathbf{R}$ を $\Omega(z) = u_t(z)\Omega(tr_1, \cdots, tr_m)$ で定義する．すると $z \in \prod B(tr_j)$ に対して，

$$u_t(z) = \frac{u(z)}{t^{2m}} \prod_{j=1}^{m} \frac{((tr_j)^2 - |z^j|^2)^2}{(r_j^2 - |z^j|^2)^2}$$

となる．したがって $\prod B(r_j)$ のコンパクト集合上で一様に $\lim_{t \to 1} u_t(z) = u(z)$ となる．したがって $u_t \leq 1$ が証明されればよい．関数 u_t はつぎの性質をもっている：

(2.2.9) $\begin{cases} u_t \geq 0 \text{ で連続関数である}, \\ u_t \text{ は } \prod B(tr_j) - \mathrm{Zero}(\Omega) \text{ 上 } C^\infty \text{ 級である}, \\ z \to \partial \prod B(tr_j) \text{ のとき一様に } u_t(z) \to 0 \text{ となる}. \end{cases}$

さて $u_t \equiv 0$ ならば何も示すべきことはない．$u_t \not\equiv 0$ とする．(2.2.9) よりある点 $w \in \prod B(tr_j) - \mathrm{Zero}(\Omega)$ で u_t は最大値をとる．点 w において

$$0 \leq -i\partial\bar{\partial}\log u_t = \mathrm{Ric}\,\Omega - \mathrm{Ric}\,\Omega(tr_1, \cdots, tr_m)$$

となる．したがって点 w において

$$0 \leq -\mathrm{Ric}\,\Omega \leq -\mathrm{Ric}\,\Omega(tr_1, \cdots, tr_m)$$

となる．したがって点 w で計算してつぎを得る：

$$0 \leq (-\mathrm{Ric}\,\Omega)^m \leq (-\mathrm{Ric}\,\Omega(tr_1, \cdots, tr_m))^m,$$

$$0 \leq \frac{(-\mathrm{Ric}\,\Omega)^m}{m!\Omega} \leq \frac{(-\mathrm{Ric}\,\Omega(tr_1,\cdots,tr_m))^m}{u_t(w)m!\Omega(tr_1,\cdots,tr_m)},$$

$$0 \leq -K_\Omega(w) \leq \frac{1}{u_t(w)}(-K_{\Omega(tr_1,\cdots,tr_m)}(w))$$

$$= \frac{1}{u_t(w)} \quad ((2.2.4)\text{より}).$$

ここで仮定より $-K_\Omega(w) \geq -1$ であるから,$u_t(w) \leq 1$ となる.$u_t(w)$ は最大値であったから,$u_t \leq 1$ を得る.∎

(2.2.10) 系 Ω を $B(1)^* \times B(1)^{m-1}$ 上の擬体積要素とし,$B(1)^* \times B(1)^{m-1}-$Zero$(\Omega)$ 上で $-\mathrm{Ric}\,\Omega \geq 0$ であり,ある定数 $A>0$ が存在して $K_\Omega \leq -A$ ならば,$\Omega \leq (1/A)\Omega^*(1,\cdots,1)$ となる.

証明 正則写像 $\pi: B(1) \to B(1)^*$ を $\pi(z) = \exp\{-2\pi(z+i)/(z-1)\}$ で定義すると,π は不分枝被覆写像であり

$$\pi^*\left(\frac{4}{|z|^2(\log|z|^2)^2}\frac{i}{2}dz\wedge d\bar{z}\right) = \frac{4}{(1-|z|^2)^2}\frac{i}{2}dz\wedge d\bar{z}$$

が成り立つ.$\alpha = \pi \times id: B(1) \times B(1)^{m-1} \to B(1)^* \times B(1)^{m-1}$ とおけば,α は不分枝被覆写像であり $\alpha^*\Omega^*(1,\cdots,1) = \Omega(1,\cdots,1)$ が成り立つ.補題(2.2.8)を $\alpha^*\Omega$ に適用して $A\alpha^*\Omega \leq \Omega(1,\cdots,1)$ を得る.したがって $A\Omega \leq \Omega^*(1,\cdots,1)$ である.∎

§3 小林擬体積型式

M を m 次元複素多様体とする.正則写像 $f: B(1)^m \to M$ が $z \in B(1)^m$ で非退化(non degenerate)であるとは,$f_*: \boldsymbol{T}(B(1)^m)_z \to \boldsymbol{T}(M)_{f(z)}$ が同型写像になっていることとする.そうでないとき,f は z で退化(degenerate)しているという.たとえば f が原点で非退化のとき,逆関数の定理より $0<r<1$ と $f(O)$ の近傍 U が存在して $f|B(r)^m: B(r)^m \to U$ が双正則同相写像になる.例(2.2.2)で定義した $B(1)^m$ 上の Poincaré 体積要素 $\Omega(1,\cdots,1)$ を簡単のため Ω_0 で表わす.そうすれば $((f|B(r)^m)^{-1})^*\Omega_0$ は U 上の体積要素になる.$x = f(O)$ として,

$$\Psi_{M,f}(x) = ((f|B(r)^m)^{-1})^*(\Omega_0(0)) \in \bigwedge^{2m} T(M)_x^*$$

とおく.また任意の点 $x \in M$ に対して

$$\Psi_M(x) = \inf\{\Psi_{M,f}(x);\ f: B(1)^m \to M\text{ は原点で非退化な正則写像で }f(O)=x\}$$

§3 小林擬体積型式

とおく．Ψ_M は M 上の擬体積型式になる．これを M の**小林擬体積型式**と呼ぶ．
まず基本的な事実としてつぎの定理を証明しよう．

(2.3.1) **定理** Ψ_M は上半連続な $2m$ 型式である．

証明 $x \in M$ を任意にとる．$(z^1, \cdots, z^m)$ を x の近傍 U 上で定義された正則局所座標系とする．

$$\Psi_M | U = a \bigwedge_{j=1}^{m} \left(\frac{i}{2} dz^j \wedge d\bar{z}^j \right)$$

とおくとき，a が x で上半連続となることをいえばよい．任意に $\varepsilon > 0$ をとる．定義より，原点で非退化な正則写像 $f: B(1)^m \to M$, $f(O) = x$ が存在して

$$\Psi_{M, f}(x) < \Psi_M + \varepsilon \bigwedge_{j=1}^{m} \frac{i}{2} dz^j \wedge d\bar{z}^j$$

が成立する．f は原点で非退化であるから，$0 < r < 1$ と x の近傍 $W \subset U$ が存在して $f | B(r)^m : B(r)^m \to W$ が双正則同相写像になる．ここで

$$((f|B(r)^m)^{-1})^* \Omega_0 = b \bigwedge_{j=1}^{m} \frac{i}{2} dz^j \wedge d\bar{z}^j$$

とおく．$b(x) \bigwedge_{j=1}^{m} (i/2)(dz^j \wedge d\bar{z}^j)_x = \Psi_{M, f}(x)$ であるから $b(x) < a(x) + \varepsilon$ となる．b は W 上で C^∞ 級関数であるから，必要ならば W をより小さくとることにより，任意の $y \in W$ について

$$b(y) < a(x) + \varepsilon$$

となっているとしてよい．さて任意の $y \in W$ に対して，$z \in B(r)^m$ を $f(z) = y$ となるようにとる．補題(1.1.7)により双正則同相写像 $T: B(1)^m \to B(1)^m$ で $T(O) = z$ となるものが存在する．$g = f \circ T: B(1)^m \to M$ とおくと，$g(O) = y$ で g は原点で非退化である．(2.2.5)より $T^* \Omega_0 = \Omega_0$ に注意して計算すると，

$$\begin{aligned}
\Psi_{M, g}(y) &= ((g|g^{-1}(W))^{-1})^*(\Omega_0(0)) \\
&= ((f|B(r)^m)^{-1})^*(\Omega_0(z)) \\
&= b(y) \bigwedge_{j=1}^{m} \frac{i}{2} (dz^j \wedge d\bar{z}^j)_y
\end{aligned}$$

となる．ゆえに $a(y) \leq b(y) < a(x) + \varepsilon$ となり，a は x で上半連続である．∎

小林擬体積型式 Ψ_M の最も重要な性質はつぎの定理で与えられる．

(2.3.2) **定理** M, N を m 次元複素多様体とし，$F: M \to N$ を正則写像とする．このとき $F^* \Psi_N \leq \Psi_M$ が成立する．とくに F が双正則同相写像ならば

$F^*\Psi_N=\Psi_M$ となる.

証明 M の任意の点 x をとる.もし $F_*: T(M)_x \to T(N)_{f(x)}$ が同型でなければ $F^*\Psi_N(x)=0$ であるから,$F^*\Psi_N(x)\leq\Psi_M(x)$ が成立する.したがって F_* が x で同型の場合を考える.原点で非退化な正則写像 $f_*: B(1)^m \to M, f(O)=x$ をとる.すると $F\circ f: B(1)^m \to N$ は原点において非退化で $F\circ f(O)=F(x)$ となる. ゆえに $F^*\Psi_{N,F\circ f}(F(x))=\Psi_{M,f}(x)$ となるから,$F^*\Psi_N(x)\leq\Psi_M(x)$ を得る.F が双正則同相写像ならば,明らかに $F^*\Psi_N=\Psi_M$ を得る.∎

(2.3.3) **例** $r_j>0 \ (1\leq j\leq m)$ とし,$\Omega(r_1,\cdots,r_m)$ を例 (2.2.2) で定義した Poincaré 体積要素とする.このとき

(2.3.4) $$\Psi_{\Pi B(r_j)}=\Omega(r_1,\cdots,r_m)$$

が成り立つ.したがって $\Psi_{\Pi B(r_j)}=\Psi_{B(1)}\wedge\cdots\wedge\Psi_{B(r_m)}$ となる.

上の (2.3.3) を示すのに,(2.2.5) と定理 (2.3.2) により,$r_j=1 \ (1\leq j\leq m)$ の場合を示せばよい.任意の点 $z\in B(1)^m$ に対し,補題 (1.1.7) により双正則同相写像 $T: B(1)^m \to B(1)^m$ で $T(O)=z$ となるものが存在する.簡単のため $\Omega_0=\Omega(1,\cdots,1)$ とおく.$T^*\Omega_0=\Omega_0$ であるから,$\Psi_{B(1)^m}(z)\leq(T^{-1})^*\Omega_0(O)=\Omega_0(z)$ である.一方,原点において非退化な任意の正則写像 $f: B(1)^m \to B(1)^m, f(O)=z$ に対し,$\Lambda=f^*\Omega_0$ とおくと,これは $B(1)^m$ 上の擬体積要素になり,つぎの性質をもつ:

(i) $\text{Zero}(\Lambda)=\{x\in B(1)^m; f_{*x}$ が退化している$\}$.

(ii) $-\text{Ric}\,\Lambda=-f^*\text{Ric}\,\Omega_0>0$ が $B(1)^m-\text{Zero}(\Lambda)$ 上で成り立つ.

(iii) $K_\Lambda=-(-\text{Ric}\,\Lambda)^m/(m!\Lambda^m)=-1$.

ここで補題 (2.2.8) を Λ に適用して,$\Lambda\leq\Omega_0$ を得る.したがって $\Psi_{B(1)^m,f}(z)\geq\Omega_0(z)$ となるので,$\Psi_{B(1)^m}(z)\geq\Omega_0(z)$ がわかる.以上で $\Psi_{B(1)^m}=\Omega_0$ となった.∎

(2.3.5) **命題** M を m 次元複素多様体とし,Λ をその上の擬体積型式とする.もし任意の正則写像 $f: B(1)^m\to M$ に対し,$f^*\Lambda\leq\Psi_{B(1)^m}(=\Omega_0)$ が成り立てば,$\Lambda\leq\Psi_M$ である.

証明 $x\in M$ を任意の点とし,$f: B(1)^m\to M$ は原点において非退化な正則写像で $f(O)=x$ とする.$f^*\Lambda\leq\Omega_0$ より,$\Lambda(x)\leq\Psi_{M,f}(x)$ となる.したがって $\Lambda(x)\leq\Psi_M(x)$ が成立する.∎

§4 測度双曲的多様体

M を m 次元複素多様体とする(第二可算公理を満たすとする). 定理(2.3.1)により,任意の Borel 集合 $B \subset M$ に対し,積分

$$\mu_M(B) = \int_B \Psi_M$$

が常に意味をもつ. この μ_M は,Borel 集合族の上に測度を定義する. この測度を M の**小林測度**と呼ぶ. 小林測度の重要な性質は,つぎの定理で述べられる.

(2.4.1) **定理** M と N を m 次元複素多様体とし,$F: M \to N$ を正則写像とする. B を M の Borel 集合とする. このときつぎが成立する:

(i) $F(B)$ は N の Borel 集合である.

(ii) $\mu_N(F(B)) \leq \mu_M(B)$ となる.

証明 (i) この主張は F が正則写像であることと,M が第二可算公理を満たすことより明らかである.

(ii) これは定理(2.3.2)と上述の(i)より直ちにわかる. ∎

M の部分集合 B に対して,正則写像 $f_j: B(1)^m \to M$ と,Borel 集合 $E_j \subset B(1)^m$ $(j=1,2,\cdots)$ を $B \subset \bigcup_{j=1}^{\infty} f(E_j)$ となるようにとれたとする. Ω_0 を $B(1)^m$ 上の Poincaré 体積要素とし

$$\tilde{\mu}_M(B) = \inf \left\{ \sum_{j=1}^{\infty} \int_{E_j} \Omega_0 \right\}$$

とおく. ただし右辺の "inf" は上述のような $\{(f_j, E_j)\}$ $(j=1, 2, \cdots)$ 全体にわたってとるものとする. $\tilde{\mu}_M$ は M 上に一つの外測度を定義し,$\tilde{\mu}_M$ 加測集合族は Borel 集合族を含む.

(2.4.2) **定理** M の Borel 集合 B に対して $\mu_M(B) = \tilde{\mu}_M(B)$ となる.

証明 M 上に体積要素 Ω を一つとる. Ω による積分によって得られる M 上の測度を λ と書く. まず $\tilde{\mu}_M$ が λ 絶対連続であることを示そう. すなわち $\lambda(B) = 0$ となる Borel 集合に対して $\tilde{\mu}_M(B) = 0$ となることを示す. M の正則局所座標系の族 $\{(U_\alpha, \varphi_\alpha, B(1)^m)\}$ $(\alpha = 1, 2, \cdots)$ で,$U_\alpha' = \{x \in U_\alpha ; \varphi_\alpha(x) \in B(1/2)^m\}$ とおくとき,$M = \bigcup_\alpha U_\alpha'$ が成り立つものをとる. $B_\alpha = B \cap U_\alpha'$ とおくと,B_α も Borel

集合で $\lambda(B_\alpha)=0$ となる. $E_\alpha=\varphi_\alpha(B_\alpha)$ とおけば, E_α は $B(1)^m$ の Borel 集合である. $B(1/2)^m$ 上で体積要素 $(\varphi_\alpha^{-1})^*\Omega$ と Ω_0 は同値*)だから, $\lambda(B_\alpha)=0$ より $\int_{E_\alpha}\Omega_0=0$ となる. したがって,

$$\tilde{\mu}_M(B) \leq \sum_\alpha \tilde{\mu}_M(B_\alpha) \leq \sum_\alpha \int_{E_\alpha}\Omega_0 = 0$$

となる. さて測度論でよく知られた Radon-Nikodym の定理より, M 上に Borel 可測関数 a が存在して, Borel 集合 B について $\tilde{\mu}_M(B)=\int_B a\Omega$ となる. さて $f: B(1)^m \to M$ を正則写像で, $z\in B(1)^m$ で非退化とし, $f^*(a\Omega)=b\Omega_0$ とおく. すると

$$b(z) = \lim_{\varepsilon\to 0}\int_{B(z,\varepsilon)}f^*(a\Omega)\Big/\int_{B(z,\varepsilon)}\Omega_0$$
$$= \lim_{\varepsilon\to 0}\tilde{\mu}_M(f(B(z,\varepsilon)))\Big/\int_{B(z,\varepsilon)}\Omega_0$$
$$\leq \lim_{\varepsilon\to 0}\int_{B(z,\varepsilon)}\Omega_0\Big/\int_{B(z,\varepsilon)}\Omega_0 = 1$$

となる. したがって $f^*(a\Omega)\leq\Omega_0$ が成立し, 命題(2.3.5)より $a\Omega\leq\Psi_M$ を得る. すなわち $\tilde{\mu}_M(B)\leq\mu_M(B)$ である. 逆の不等式を導くために $\tilde{\mu}_M(B)<+\infty$ なる Borel 集合 B をとる. 任意の $\varepsilon>0$ に対して, 定義より正則写像 $f_j: B(1)^m\to M$ と, Borel 集合 $E_j\subset B(1)^m (j=1,2,\cdots)$ が存在して, $B\subset\bigcup_{j=1}^\infty f_j(E_j)$ かつ

$$\sum_{j=1}^\infty\int_{E_j}\Omega_0 < \tilde{\mu}_M(B)+\varepsilon$$

となる. 定理(2.3.2)と(2.3.4)により $f_j^*\Psi_M\leq\Psi_{B(1)^m}=\Omega_0$ であるから

$$\sum_{j=1}^\infty\int_{E_j}\Omega_0 \geq \sum_{j=1}^\infty\int_{f(E_j)}\Psi_M \geq \int_B\Psi_M = \mu_M(B)$$

となる. したがって $\mu_M(B)\leq\tilde{\mu}_M(B)+\varepsilon$ となり, $\mu_M(B)\leq\tilde{\mu}_M(B)$ を得る. ∎

M を m 次元複素多様体とする. すべての空でない開集合 $B\subset M$ に対して $\mu_M(B)>0$ となるとき, M を**測度双曲的多様体**(measure hyperbolic manifold) と呼ぶ. この定義は小林[1]の第9章で与えられ, 測度双曲的多様体の基本的性質について解説されている. 興味ある読者は, 参照されたい.

---

*) 二つの体積型式 Ω_1 と Ω_2 が同値とは, 正定数 A_1, A_2 が存在して $A_1\Omega_1\leq\Omega_2\leq A_2\Omega_1$ となることである.

§5 測度双曲性の微分幾何的判定法

ここで測度双曲性の一つの興味ある判定方法を与えよう.

(2.5.1) **定理** M を m 次元複素多様体, Ω をその上の体積要素で $-\operatorname{Ric}\Omega \geqq 0$ とする. もし正数 A が存在して, $K_\Omega \leqq -A$ であれば, $\Psi_M \geqq A\Omega$ が成り立つ. とくに M は測度双曲的である.

証明 $x \in M$ を任意の点とする. 原点で非退化な正則写像 $f: B(1)^m \to M$, $f(O)=x$ をとる. $f^*\Omega$ は $B(1)^m$ 上の擬体積要素であり, $\operatorname{Zero}(f^*\Omega) = \{z \in B(1)^m ; f $ は z で退化している$\}$ となる. 明らかに $B(1)^m - \operatorname{Zero}(f^*\Omega)$ 上で

$$-\operatorname{Ric} f^*\Omega = f^*(-\operatorname{Ric}\Omega) \geqq 0$$

が成り立つ. ゆえにつぎが成立する:

$$K_{f^*\Omega}(z) = \begin{cases} -\infty, & (z \in \operatorname{Zero}(f^*\Omega)), \\ -\dfrac{(-\operatorname{Ric} f^*\Omega)^m}{m! f^*\Omega(z)} = -\dfrac{f^*(-\operatorname{Ric}\Omega)^m(z)}{m! f^*\Omega(z)} = K_\Omega(f(z)) \\ & (z \in B(1)^m - \operatorname{Zero}(f^*\Omega)). \end{cases}$$

したがって $K_{f^*\Omega} \leqq -A$ となる. 補題(2.2.8)により $f^*\Omega \leqq (1/A)\Omega_0$ を得る. ここで Ω_0 は $B(1)^m$ 上の Poincaré 体積要素 $\Omega(1,\cdots,1)$ を表わす. これより $A\Omega(x) \leqq \Psi_{M,f}(x)$ となり, 結局 $A\Omega(x) \leqq \Psi_M(x)$ が成立する. ∎

(2.5.2) **系** M を m 次元コンパクト複素多様体とし, Ω をその上の体積要素とする. もし $-\operatorname{Ric}\Omega > 0$ ならば, ある正数 A が存在して $\Psi_M \geqq A\Omega$ となる. したがって M は測度双曲的である.

証明 M 上の C^∞ 級関数 a が存在して, $(-\operatorname{Ric}\Omega)^m = a\Omega$ と書ける. $-\operatorname{Ric}\Omega > 0$ であるから, $a > 0$ となる. よって $m!A \leqq a$ となる A が存在し, $K_\Omega \leqq -A$ となる. あとは, 定理(2.5.1)を適用すればよい. ∎

つぎの定理の本質的な部分は第5章で証明されるので詳しくは, そちらを参照されたい.

(2.5.3) **定理** M を m 次元コンパクト複素多様体とする. D を M の非特異超曲面の有限和で, 単純正規交叉型とする. もし正則直線束 $[D] \otimes \boldsymbol{K}(M)$ が正であるならば, $M-D$ は測度双曲的である.

証明 第5章で証明する補題(5.4.1)によって, $M-D$ 上に体積要素 Ω が存

在して，$K_\Omega \leq -1$ になる．定理(2.5.1)によって $M-D$ は測度双曲的である．∎

§6 特別な測度双曲的多様体への有理型写像

この節では M を m 次元コンパクト複素多様体とする．定理(2.1.18)でみたように $K(M)$ が豊富(ample)であると，$K(M)>0$ となり，系(2.5.2)((2.1.9)も参照)により M は測度双曲的となる．ここでは，このような M への有理型写像(第4章を参照)について考察する．まず拡張問題について考える．

(2.6.1) **補題** $K(M)$ は豊富(ample)であるとする．有理型写像 $f: B(1)^* \times B(1)^{m-1} \xrightarrow{\text{mero}} M$ が，ある正則点で非退化ならば，f は $B(1)\times B(1)^{m-1}$ から M への有理型写像に拡張される．

証明 仮定により自然数 k が存在して $K(M)^k$ が十分豊富(very ample)になる．すなわち
$$\Phi = \Phi_{\Gamma(M, K(M)^k)}: M \longrightarrow P(\Gamma(M, K(M)^k)^*)$$
が正則埋込みである．$\{s_0, \cdots, s_N\}$ を $\Gamma(M, K(M)^k)$ の基底として，これによって $P(\Gamma(M, K(M)^k)^*)$ と $P^N(\mathbf{C})$ を同一視する．$(w^1, \cdots, w^m)$ を M の開部分集合 U 上で定義された正則局所座標系としよう．各 $s_j|U$ は，U 上の正則関数 a_j を使って
$$s_j|U = a_j(dw^1 \wedge \cdots \wedge dw^m)^k$$
と書くことができる．このとき $w \in U$ について

(2.6.2) $\qquad \Phi(w) = [a_0(w): \cdots : a_N(w)] \in P^N(\mathbf{C})$

となる．M 上の体積要素 Ω が U 上ではつぎのようにおいて定義される：
$$\Omega|U = \left(\sum_{j=0}^{N}|a_j|^2\right)^{1/k} \bigwedge_{l=1}^{m}\left(\frac{i}{2}dw^l \wedge d\bar{w}^l\right)$$
となる．簡単のため

(2.6.3) $\qquad \Omega = c\left(\sum_{j=0}^{N}s_j \wedge \bar{s}_j\right)^{1/k}$

と書くことにする $(c=(i/2)^m(i)^{m(m-1)})$．さて $\Phi^*\omega_0 > 0$ であり，(2.6.2)から
$$\Phi^*\omega_0|U = \frac{i}{2\pi}\partial\bar{\partial}\log\left(\sum_{j=0}^{N}|a_j|^2\right)$$
となる．したがって $-\text{Ric}\,\Omega = (2\pi/k)\Phi^*\omega_0$ であり，とくに $-\text{Ric}\,\Omega > 0$ がわか

§6 特別な測度双曲的多様体への有理型写像

る．M はコンパクトであるから定数 $A>0$ が存在して，

(2.6.4) $\qquad -\mathrm{Ric}\,\Omega > 0, \qquad K_\Omega \leq -A$

が成立する．第4章§5の(ニ)により，$f^*s_j \in \Gamma(B^*(1) \times B(1)^{m-1}, K((B(1)^* \times B(1)^{m-1})^k)$ がきまる．f の非退化性より，$f^*s_j \not\equiv 0$ である．$z=(z^1, \cdots, z^m)$ を $B(1)^* \times B(1)^{m-1}$ の自然な座標系として，正則関数 b_j によって

$$f^*s_j = b_j(dz^1 \wedge \cdots \wedge dz^m)^k$$

と書ける．そうすれば有理型写像 $\Phi \circ f: B(1)^* \times B(1)^{m-1} \xrightarrow[\mathrm{mero}]{} \Phi(M) \subset \boldsymbol{P}^N(\boldsymbol{C})$ は

$$\Phi \circ f(z) = [b_0(z): \cdots : b_N(z)]$$

と表わされる．したがって各 $b_j(z)$ が $B(1) \times B(1)^{m-1}$ 上に有理型関数として拡張されることを示せばよい．さて

$$\Psi = c\left(\sum_{j=0}^N f^*s_j \wedge \overline{f^*s_j}\right)^{1/k} = \left(\sum_{j=0}^N |b_j|^2\right)^{1/k} \bigwedge_{l=1}^m \left(\frac{i}{2}dz^l \wedge d\bar{z}^l\right)$$

とおくと，Ψ は $B(1)^* \times B(1)^{m-1}$ 上の擬体積要素である．(2.6.4) よりつぎが成立する：

(2.6.5) $\quad \begin{cases} B(1)^* \times B(1)^{m-1} - \mathrm{Zero}(\Psi) \text{ 上で } \mathrm{Ric}\,\Psi \leq 0, \\ K_\Psi \leq -A. \end{cases}$

$B(1)^* \times B(1)^{m-1}$ 上の Poincaré 体積要素 Ω_1 はつぎで与えられる：

$$\Omega_1 = \frac{4}{|z^1|^2(\log|z^1|^2)^2} \prod_{l=2}^m \frac{4}{(1-|z^l|^2)^2} \bigwedge_{l=1}^m \left(\frac{i}{2}dz^l \wedge d\bar{z}^l\right).$$

系(2.2.10) と (2.6.5) より，$\Psi \leq A\Omega_1$ が成立する．したがって，すべての b_j ($0 \leq j \leq N$) に対して

(2.6.6) $\quad |b_j|^2 \leq \sum_{j=0}^N |b_j|^2 \leq A^k \frac{4^k}{|z^1|^{2k}(\log|z^1|^2)^{2k}} \prod_{l=2}^m \frac{4^k}{(1-|z^l|^2)^{2k}}$

が成立する．$b_j(z)$ を $0<|z^1|<1$ について Laurent 展開する：

$$b_j(z) = \sum_{\nu=-\infty}^\infty b_{j\nu}(z')(z^1)^\nu,$$

ただし，$b_{j\nu}(z')$ は $z'=(z^2, \cdots, z^m) \in B(1)^{m-1}$ についての正則関数である．$z' \in B(1)^{m-1}$ を任意に固定し，$z^1 = re^{i\theta}$ ($0<r<1$) とおいて $\theta \in [0, 2\pi]$ について (2.6.6) の両辺を積分すると

(2.6.7) $\quad \dfrac{1}{2\pi}\displaystyle\int_0^{2\pi} |b_j(re^{i\theta}, z')|^2 d\theta = \sum_{\nu=-\infty}^\infty |b_{j\nu}(z')|^2 r^{2\nu}$

$$\leq (4^m A)^k r^{-2k}(\log r^{-2})^{-2k}\prod_{l=2}^m(1-|z^l|^2)^{-2k}$$

となる．ここで $r\to 0$ としたときの(2.6.7)の不等式の両辺を比較することにより，すべての $\nu\leq -k$ について $|b_{j\nu}(z')|=0$ でなければならない．したがって $(z^1)^{k-1}b_j(z)$ は $B(1)\times B(1)^{m-1}$ 上で正則に拡張されることがわかり，$b_j(z)$ は $B(1)\times B(1)^{m-1}$ 上の有理型関数になることが示された． ∎

(2.6.8) **定理** M を m 次元コンパクト複素多様体で，$K(M)$ が豊富(ample)であるものとする．N を m 次元複素多様体，$D\subsetneqq N$ を解析的部分集合とする．このとき，有理型写像 $f:N-D\xrightarrow{\text{mero}}M$ が，ある正則点で非退化ならば，f は N 全体から M への有理型写像に拡張される．

証明 D の既約成分で $(m-1)$ 次元のものの全体を D' とし，それ以外の既約成分の全体を D'' とする．$S(D')$ で D' の特異点の集合を表わし，$E=D''\cup S(D')$，$N'=N-E$ とおく．$N'\cap D=N'\cap D'$ は N' 内の $(m-1)$ 次元閉複素部分多様体で，$f|(N'-D'):N'-D'\xrightarrow{\text{mero}}M$ はある正則点で非退化である．したがって，補題(2.6.1)により N' から M への有理型写像に拡張される．それを同じ f で表わす．さて(2.6.2)で与えられた正則埋込み
$$\Phi=[s_0:\cdots:s_N]:M\longrightarrow P^N(\boldsymbol{C}),$$
$$s_j\in\Gamma(M,K(M)^k) \qquad (0\leq j\leq N)$$
を考える．$f:N-E\xrightarrow{\text{mero}}M$ は有理型写像であるから，第4章§5の(ニ)により $f^*s_j\in\Gamma(N-E,K(N)^k)$ となる．$\dim E\leq m-2$ であるから，系(3.3.43)により，f^*s_j は N 上の $K(N)^k$ の正則切断 $t_j\in\Gamma(N,K(N)^k)$ に拡張される．明らかに $\Phi\circ f=[t_0:\cdots:t_N]:N\xrightarrow{\text{mero}}\Phi(M)\subset P^N(\boldsymbol{C})$ となり，Φ が正則埋込みであるから，f は N から M への有理型写像に拡張される． ∎

N を m 次元複素多様体とし，
$$\mathrm{Mer}^*(N,M)=\{f:N\xrightarrow{\text{mero}}M;\text{ある正則点で非退化}\}$$
とおく．

(2.6.9) **定理** M は m 次元コンパクト複素多様体で，$K(M)$ が豊富(ample)であるものとする．X を m 次元コンパクト複素多様体，$D\subsetneqq X$ を解析的部分集合，$N=X-D$ とする．このとき $\mathrm{Mer}^*(N,M)$ は有限集合である．

証明 定理(2.6.8)により $\mathrm{Mer}^*(N,M)=\mathrm{Mer}^*(X,M)$ となり，N はコンパ

§6 特別な測度双曲的多様体への有理型写像

クトと仮定してよい. (2.6.2)で考えた正則埋込み
$$\Phi = [s_0: \cdots : s_N]: M \longrightarrow P(\Gamma(M, K(M)^k)^*) \cong P^N(C),$$
$$s_j \in \Gamma(M, K(M)^k) \qquad (0 \leq j \leq N)$$

をとる. $V = \Gamma(M, K(M)^k)$ とおく. Ω を(2.6.3)で与えられる M 上の体積要素とする. (2.6.4)が成立していることに注意する. $W = \Gamma(N, K(N)^k)$ とおくと, 任意の $f \in \mathrm{Mer}^*(N, M)$ は, 線型写像
$$f^*: \xi \in V \longrightarrow f^*\xi \in W$$
を定義する. f がある正則点で非退化であることから, f^* は単射である. $t_j = f^*s_j \in W (0 \leq j \leq N)$ とおくと
$$f^*\Omega = c\left(\sum_{j=0}^N t_j \wedge \bar{t}_j\right)^{1/k}$$

となり, これは N 上の擬体積要素となる. (2.6.4)より $N - \mathrm{Zero}(f^*\Omega)$ 上

(2.6.10) $\qquad -\mathrm{Ric}\, f^*\Omega \geq 0, \qquad K_{f^*\Omega} \leq -A$

を満たす. $\{(U_\alpha, \varphi_\alpha, B(1)^m)\}$ を N の正則局所座標近傍により有限開被覆とする. Ω_0 を $B(1)^m$ 上の Poincaré 体積要素とする. $\{c_\alpha\}$ を $\{U_\alpha\}$ に付随した1の分解とする. すると N 上の体積要素
$$\Psi = \frac{1}{A} \sum c_\alpha \varphi_\alpha^* \Omega_0$$

を得る. (2.6.10)と補題(2.2.8)より, すべての U_α 上
$$A f^*\Omega \leq \varphi_\alpha^* \Omega_0$$
が成り立つ. したがって, 任意の $f \in \mathrm{Mer}^*(N, M)$ に対し

(2.6.11) $\qquad f^*\Omega = \sum c_\alpha f^*\Omega \leq \frac{1}{A} \sum c_\alpha \varphi_\alpha^* \Omega_0 = \Psi$

が成立する. $\eta \in W$ に対し
$$\|\eta\|_N = \int_N c(\eta \wedge \bar{\eta})^{1/k}$$
とおき, 同様に $\xi \in V$ に対しても
$$\|\xi\|_M = \int_M c(\xi \wedge \bar{\xi})^{1/k}$$

とおく. $\|\xi\|_M$ は, $\xi \in V$ についての連続関数になっている. つぎに $B = \{\xi \in V; \|\xi\|_M \leq 1\}$ は V 内のコンパクト集合であることを示そう. $O \in B$ であり, B の任

意の点は O と V 内の線分で結べることに注意する.任意の $\xi \in V$ は一意的に $(a^j) \in \mathbf{C}^{N+1}$ をもって

$$\xi = \sum_{j=0}^{N} a^j s_j$$

と表わされる. $S = \{\xi = \sum_{j=0}^{N} a^j s_j \in V; \sum_{j=0}^{N} |a^j|^2 = 1\}$ とおく.もちろん S は V 内のコンパクト集合である.

$$C_1 = \min\{\|\xi\|_M; \xi \in S\} > 0$$

とおく.任意の $\xi = \sum_{j=0}^{N} a^j s_j \in B - \{O\}$ をとる.すると $(\sum |a^j|^2)^{-1/2} \xi \in S$ となる.したがって

$$C_1 \leq \|(\sum |a^j|^2)^{-1/2} \xi\|_M = (\sum |a^j|^2)^{-1/k} \|\xi\|_M$$
$$\leq (\sum |a^j|^2)^{-1/k}$$

となる. $C_2 = C_1^{-k}$ とおけば

(2.6.12) $$B \subset \left\{\sum_{j=0}^{N} a^j s_j \in V; \sum |a^j|^2 \leq C_2\right\}$$

となり, B はコンパクトである.(2.6.12)より,任意の $\xi = \sum_{j=0}^{N} a^j s_j \in B$ に対して

(2.6.13) $$\begin{cases} c(\xi \wedge \bar{\xi})^{1/k} = c((\sum a^j s_j) \wedge (\overline{\sum a^j s_j}))^{1/k} \\ \leq c((\sum |a^j|^2)(\sum s_j \wedge \bar{s}_j))^{1/k} \leq C_2^{1/k} \Omega \end{cases}$$

が成立する.任意の $f \in \mathrm{Mer}^*(N, M)$ について, $f: N \xrightarrow[\mathrm{mero}]{} M$ は上への写像であるから, $\xi \in V$ に対し

(2.6.14) $$\|f^*\xi\|_N \geq \|\xi\|_M$$

が成立する.一方,(2.6.13)と(2.6.11)より, $\xi \in B$ に対して

$$\|f^*\xi\|_N \leq C_2^{1/k} \int_N f^*\Omega \leq C_2^{1/k} \int_N \Psi = C_3$$

となる.したがって一般の $\xi \in V$ に対して, $\|f^*\xi\|_N \leq C_3 \|\xi\|_M$ となり,(2.6.14)とあわせてつぎを得る:

(2.6.15) $$\|\xi\|_M \leq \|f^*\xi\|_N \leq C_3 \|\xi\|.$$

さて $\Phi: M \to P(V^*)$ が正則埋込みであることから,写像

$$\tau: f \in \mathrm{Mer}^*(N, M) \longmapsto f^* \in \mathrm{Hom}(V, W)$$

は単射である.さて $\tau(\mathrm{Mer}^*(N, M))$ が $\mathrm{Hom}(V, W)$ 内のコンパクト集合になることをつぎに示す.

§6 特別な測度双曲的多様体への有理型写像

$$K = \{\varphi \in Hom(V, W); \|\xi\|_M \leq \|\varphi(\xi)\|_N \leq C_2\|\xi\|_M, \xi \in V\}$$

とおくと,これは明らかにコンパクト集合である.(2.6.15)より,$\tau(Mer^*(N, M)) \subset K$ となる.したがって任意の点列 $\{f_j\}_{j=1}^{\infty} \subset Mer^*(N, M)$ をとると,$\{\tau(f_j)\}_{j=1}^{\infty}$ は K 内の点列であり,ある部分列 $\{\tau(f_{j(k)})\}_{k=1}^{\infty}$ とある $\varphi \in K$ が存在して,$\tau(f_{j(k)}) \to \varphi \ (k \to \infty)$ となる.φ は K の元であるから単射で,その双対 $\varphi^*: W^* \to V^*$ は全射になる.したがって上への有理型写像 $[\varphi^*]: P(W^*) \xrightarrow[\text{mero}]{} P(V^*)$ を引き起こす.つぎの図式を考える:

(2.6.16)
$$\begin{cases} P(W^*) \xrightarrow[\text{mero}]{[\varphi^*]} P(V^*) \\ \text{mero} \uparrow \Phi_{\Gamma(N, K(N)^k)} \quad \uparrow \Phi \\ N \qquad\qquad\qquad M \end{cases}$$

いま,$x \in N, \xi \in V$ を $\varphi(\xi)(x) \neq 0$ となるようにとる.すると $\Phi_{\Gamma(N, K(N)^k)}$ は x で正則,$\alpha \in W^* - \{O\}$ を $\rho(\alpha) = \Phi_{\Gamma(N, K(N)^k)}(x)$ ととる.ただし $\rho: W^* - \{O\} \to P(W^*)$ は Hopf ファイバーリングを表わす.もちろん $\alpha(\varphi(\xi)) \neq 0$ であり,よって $\varphi^*(\alpha) \neq 0$ となる.したがって,有理型写像 $[\varphi^*]: P(W^*) \xrightarrow[\text{mero}]{} P(V^*)$ は,点 $\Phi_{\Gamma(N, K(N)^k)}(x)$ で正則である.これから,有理型写像の合成

$$[\varphi^*] \circ \Phi_{\Gamma(N, K(N)^k)}: N \xrightarrow[\text{mero}]{} P(V^*)$$

が得られる.$[\tau(f_{j(k)}^*)] \circ \Phi_{\Gamma(N, K(N)^k)} = \Phi \circ f_{j(k)}$ であり,$\lim_{k \to \infty} \tau(f_{j(k)}) = \varphi$ であるから

$$[\varphi^*] \circ \Phi_{\Gamma(N, K(N)^k)}(N) \subset \Phi(M)$$

となる.Φ は正則埋込みであったから,有理型写像

$$f = (\Phi^{-1}|\Phi(M)) \circ [\varphi^*] \circ \Phi_{\Gamma(N, K(N)^k)}: N \xrightarrow[\text{mero}]{} M$$

を得る.定義より,$f^* = \varphi$ であるから,f はある正則点で非退化であり,$f \in Mer^*(N, M)$ で $\lim_{k \to \infty} \tau(f_{j(k)}) = \tau(f)$ となるから,$\tau(Mer^*(N, M))$ はコンパクト集合である.線型同型写像 $\varphi \in Hom(V, W) \mapsto \varphi^* \in Hom(W^*, V^*)$ による $\tau(Mer^*(N, M))$ の像を $(\tau(Mer^*(N, M)))^*$ と書こう.もちろん $(\tau(Mer^*(N, M)))^*$ は線型空間 $H = Hom(W^*, V^*)$ の中でコンパクトである.

$$\tilde{\rho}: H - \{O\} \longrightarrow P(H)$$

を Hopf ファイバーリングとする.各元 $\gamma \in P(H)$ は自然に有理型写像 $\tilde{\gamma}: P(W^*) \to P(V^*)$ を定義する.

$$Z = \tilde{\rho}((\tau(Mer^*(N, M)))^*) \subset P(H)$$

とおくと, Z は $P(H)$ 内のコンパクト集合で, $Mer^*(N, M)$ と, 1対1に対応している. $N' = \Phi_{\Gamma(N, K(N)^k)}(N)$ として,

$$Y = \{\gamma \in P(H); \tilde{\gamma}(N') \subset \Phi(M)\}$$

とおく(図式(2.6.16)を参照). $\dim N' = m$ で, Y は $P(H)$ 内の(閉)解析的部分集合(実は代数的部分集合)になり, $\gamma \in Y$ で, $\tilde{\gamma}$ が N' の少なくとも1点で正則で, $\tilde{\gamma}|N'$ がある正則点で非退化になるような γ は Y 内の開集合 Z' をなす. 明らかに $Z=Z'$ で, Z はコンパクトであるから, Z は Y のある有限個の連結成分の和に一致し, Z は $P(H)$ 内の解析的部分集合になる. $\dim Z=0$ を示せば, Z は有限になり, したがって $Mer^*(N, M)$ の有限性がわかる. $\dim Z>0$ であったとする. Z_1 を Z の既約成分で, $\dim Z_1>0$ なるものとする. $P(H)$ の超平面 E で, $E \not\supset Z_1$, $Z_1 \cap E \neq \emptyset$ なるものをとる. すると $\dim Z_1 \cap E < \dim Z_1$ となる. これを繰り返すことにより Z 内に1次元の既約解析的部分集合 X をとりだせる. したがってコンパクト Riemann 面 X_0 と全射正則写像 $\pi: X_0 \to X$ が存在する. $z \in X_0$ に対し, $\pi(z) \in X \subset \tilde{\rho}((\tau(Mer^*(N, M)))^*)$ であったから, $f_z \in Mer^*(N, M)$ がただ一つ対応している. 作り方から

$$(z, x) \in X_0 \times N \longmapsto f_z(x) \in M$$

は有理型写像になっている. したがって非定数写像

$$\delta: z \in X_0 \longmapsto f_z^* \in Hom(V, W) \cong \boldsymbol{C}^{(\dim V) \times (\dim W)}$$

は正則である. 一方, X_0 はコンパクト Riemann 面であるから, δ は定数写像でなければならない. これは矛盾である. ∎

ノート

§6の拡張定理(定理(2.6.8))は初め K_M が十分豊富な場合に Griffiths[1] が示した. この定理は現在小林-落合[1]により M が一般型であれば成立することが知られている. ここで"一般型"とは $l \in \boldsymbol{N}$ を十分大きくとるとき $V = \Gamma(M, K_M^l)$ により定まる有理型写像 $\Phi_V: M \xrightarrow{\text{mero}} P(V^*)$ の像の次元が $\dim M$ と等しくなることである. M が測度双曲的であるとき, 同様な拡張定理が成立するかどうかは問題として残っている. 小林-落合[1]により M が一般型であれば M は測度双曲型になる. この逆もやはり問題として残っている. M が代数曲面のとき, 最近これが正しいことが示された(Green-

Griffiths[1]と森-向井[1]を参照).

以上では写像 $f: B(1)^* \times B(1)^{m-1} \to M$ ($m = \dim M$) の階数が m の場合を考えたが, 正則写像 $g: B(1)^* \times B(1)^{k-1} \to M$ ($k \leq m$) について g の階数が k で $\overset{k}{\wedge} T(M)$ が Grauert の意味で負ならば g は $B(1)^k$ から M への有理型写像に拡張されることが Carlson[1]により示されている(野口[4]も参照).

写像族の有限性を与える定理(2.6.9)も実は M が一般型の仮定のもとで示されている(小林-落合[1]). この結果は, Lang[1]によるつぎの予想がもとになっている:

M が複素射影的代数多様体で双曲的であると仮定し, N を複素射影的代数多様体とするとき, N から M の上への有理型写像は有限個しかない.

M が双曲的であれば一般型であると予想されるがまだ示されていない($\dim M \leq 2$ では正しい). 上述の Lang 予想は関数体上の Mordell 予想の高次元化を考えるについてでてきた問題である. 高次元の関数体上の Mordell 予想は Riebesehl[1], 野口[8]により少し研究されている. この方面の文献については野口[8]の文献リストをみて欲しい.

さて有理型写像 $f: N \underset{\text{mero}}{\longrightarrow} M$ で $\text{rank } f \leq \dim M$ の場合について, $\mathcal{F}_k(N, M) = \{f: N \underset{\text{mero}}{\longrightarrow} M, \text{有理型写像}; \text{rank } f = k\}$ とおく. $\overset{k}{\wedge} T(M)$ が Grauert の意味で負ならば $\mathcal{F}_k(N, M)$ がコンパクトになることが野口[4]により示されていたが, 最近野口-砂田[1]により, この場合実は $\mathcal{F}_k(N, M)$ は有限族になることが示された. 浦田[1]および Kalka-Shiffman-Wong[1]も $k=1$ のとき同じ結果を得ており, 他にも興味ある結果を得ている.

第3章　カレントと多重劣調和関数

§1　カレント

この節では de Rham によるカレントの概念およびその基本的事項について解説する.

(イ)　**記号**　記述を簡単にするために，いくつかの記号を用意する.
$Z^+ = \{m \in Z;\ m \geq 0\}$ とし，任意の $\alpha = (\alpha_1, \cdots, \alpha_m) \in (Z^+)^m$ に対して,
$$|\alpha| = \alpha_1 + \cdots + \alpha_m.$$
また $\boldsymbol{R}^m$ の自然な座標系を $(x^1, \cdots, x^m)$ とするとき
$$D^\alpha = \left(\frac{\partial}{\partial x^1}\right)^{\alpha_1} \cdots \left(\frac{\partial}{\partial x^m}\right)^{\alpha_m}.$$
自然数 $1 \leq k \leq m$ に対して
$$\{m;k\} = \{(j_1, \cdots, j_k) \in N^k;\ 1 \leq j_1 < \cdots < j_k \leq m\}.$$
さらに任意の $J = (j_1, \cdots, j_k) \in \{m;k\}$ に対して
$$dx^J = dx^{j_1} \wedge \cdots \wedge dx^{j_k}.$$
$J = (j_1, \cdots, j_k) \in \{m;k\}$ に対し, $\hat{J} = (i_1, \cdots, i_{m-k}) \in \{m;m-k\}$ を
$$\{j_1, \cdots, j_k, i_1, \cdots, i_{m-k}\} = \{1, 2, \cdots, m\}$$
で定める. 便宜上, $\{m;0\} = \{0\}$, $dx^0 = 1$ とおく.

(ロ)　**関数空間**　U を $\boldsymbol{R}^m$ の開集合とする. $\mathcal{C}(U)$ を U から $\boldsymbol{C}$ への複素数値連続関数全体のなす複素ベクトル空間, $\mathcal{E}(U)$ を U から $\boldsymbol{C}$ への C^∞ 級関数全体のなす複素ベクトル空間とする. $\mathcal{E}(U)$ は $\mathcal{C}(U)$ の部分空間である. $\phi \in \mathcal{C}(U)$ に対して，その台(support)を
$$\mathrm{supp}\,\phi = \overline{\{x \in U;\ \phi(x) \neq 0\}}{}^{*)}$$

---

*)　"$\bar{A}$" は A の位相的閉包を表わす.

と定義する.
$$\mathcal{K}(U) = \{\phi \in \mathcal{E}(U); \operatorname{supp}\phi はコンパクト\},$$
$$\mathcal{D}(U) = \mathcal{K}(U) \cap \mathcal{E}(U)$$

とおく. $\mathcal{D}(U)$ は $\mathcal{E}(U)$ 並びに $\mathcal{K}(U)$ の部分空間である. より一般に,部分集合 $A \subset U$ に対して

$$\mathcal{K}_A(U) = \{\phi \in \mathcal{K}(U); \operatorname{supp}\phi \subset A\},$$
$$\mathcal{D}_A(U) = \mathcal{K}_A(U) \cap \mathcal{D}(U)$$

とおく. Lebesgue 可測関数 $\phi: U \to \mathbf{C}$ が**局所的に可積分**であるとは,任意のコンパクト集合 $A \subset U$ に対し,

$$\int_{x \in A} |\phi(x)| dx < \infty$$

となることである. ただし $dx = dx^1 \cdots dx^m$ は $\mathbf{R}^m$ の Lebesgue 測度を表わす. U 上の局所的に可積分な関数のなすベクトル空間を $\mathcal{L}_{\mathrm{loc}}(U)$ と表わす. もちろん上ででてきた関数空間 $\mathcal{E}(U), \mathcal{K}(U), \mathcal{D}(U)$ 等々は $\mathcal{L}_{\mathrm{loc}}(U)$ の部分空間になっている.

(ハ) **畳込み** (convolution) $x = (x^1, \cdots, x^m) \in \mathbf{R}^m$ に対し,そのノルム $\|x\|$ を通常のごとく

$$\|x\| = \sqrt{\sum_{j=1}^{m} |x^j|^2}$$

とする. つぎの条件を満たす $\chi \in \mathcal{D}(\mathbf{R}^m)$ を一つとり固定する:

(i) $\chi \leq 0$, $\operatorname{supp}\chi \subset \{x \in \mathbf{R}^m; \|x\| < 1\}$.

(ii) $x, x' \in \mathbf{R}^m$ で $\|x\| = \|x'\|$ ならば $\chi(x) = \chi(x')$.

(iii) $\displaystyle\int_{\mathbf{R}^m} \chi dx = 1$.

$\varepsilon > 0$ に対して, $\chi_\varepsilon(x) = \chi(x/\varepsilon)/\varepsilon^m$ とし,また開集合 $U \subset \mathbf{R}^m$ に対し

$$U_\varepsilon = \{x \in U; \|x - y\| > \varepsilon, y \in \mathbf{R}^m - U\}$$

とおく. $\phi \in \mathcal{L}_{\mathrm{loc}}(U)$ に対し,その**畳込み** $\phi * \chi_\varepsilon$ を

$$(3.1.1) \quad \begin{cases} \phi * \chi_\varepsilon(x) = \displaystyle\int_U \phi(y) \chi_\varepsilon(y - x) dy \\ \qquad\qquad = \displaystyle\int_U \phi(x + y) \chi_\varepsilon(y) dy \quad (x \in U_\varepsilon) \end{cases}$$

とする.このとき,$\phi*\chi_\varepsilon \in \mathcal{E}(U_\varepsilon)$ となる.また $\mathcal{L}_{\text{loc}}(U)$ の意味で $\phi*\chi_\varepsilon$ は $\varepsilon \to 0$ とするとき ϕ に収束する.つまり,任意のコンパクト集合 $A \subset U$ に対し

$$(3.1.2) \qquad \lim_{\varepsilon \to 0} \int_A |\phi*\chi_\varepsilon(x) - \phi(x)| dx = 0$$

となる.さらに $\phi \in \mathcal{E}(U)$ に対し,$\phi*\chi_\varepsilon$ は $\varepsilon \to 0$ とするとき U 内の任意のコンパクト集合上で一様に ϕ に収束する.$\phi \in \mathcal{E}(U)$ と $\alpha \in (\mathbf{Z}^+)^m$ に対し,U_ε 上

$$(3.1.3) \qquad D^\alpha(\phi*\chi_\varepsilon) = (D^\alpha\phi)*\chi_\varepsilon$$

となる.

(ニ) **超関数** $\phi \in \mathcal{K}(U)$ に対し,そのセミノルムを

$$\|\phi\|^0 = \sup\{|\phi(x)|; x \in U\}$$

で,$\phi \in \mathcal{D}(U)$ に対しては

$$\|\phi\|^l = \sup\{|D^\alpha\phi(x)|; x \in U, \alpha \in (\mathbf{Z}^+)^m, |\alpha| \leq l\} \qquad (l = 0, 1, 2, \cdots)$$

と定義する.点列 $\{\phi_j\}_{j=1}^\infty \subset \mathcal{K}(U)$ が $\phi \in \mathcal{K}(U)$ に収束するとは,つぎの 2 条件の成立することと定義する:

(i) あるコンパクト集合 $A \subset U$ が存在して,すべての j について $\operatorname{supp} \phi_j \subset A$ となる.

(ii) $\lim_{j \to \infty} \|\phi_j - \phi\|^0 = 0$ が成立する.

点列 $\{\phi_j\}_{j=1}^\infty \subset \mathcal{D}(U)$ が $\phi \in \mathcal{D}(U)$ に収束するとは,つぎの 2 条件が成り立つことである:

(i) あるコンパクト集合 $A \subset U$ が存在して,すべての j について $\operatorname{supp} \phi_j \subset A$ となる.

(ii) おのおのの $l \in \mathbf{Z}^+$ について,$\lim_{j \to \infty} \|\phi_j - \phi\|^l = 0$ が成立する.

以後とくに断らない限り,$\mathcal{K}(U), \mathcal{D}(U)$ には上記の位相を導入して,位相ベクトル空間と考える.

(3.1.4) **定義** U 上の **超関数** T とは,連続な線型汎関数 $T: \mathcal{D}(U) \to \mathbf{C}$ のことである.すなわち $T: \mathcal{D}(U) \to \mathbf{C}$ は複素線型写像であって,任意のコンパクト集合 A に対し,定数 $C_A \geq 0$ と $l_A \in \mathbf{Z}^+$ が存在して,すべての $\phi \in \mathcal{D}_A(U)$ に対して

$$|T(\phi)| \leq C_A \|\phi\|^{l_A}$$

が成立する.

§1 カレント

このとき，$l \in \mathbf{Z}^+$ が存在して常に $l_A \leq l$ ととれるならば，T の**位数は l 以下で**あるという．T の位数が l 以下で，$l-1$ 以下でないとき，l を T の**位数**という．

U 上の超関数全体のなす複素ベクトル空間を $\mathcal{D}(U)'$ と書く．$T \in \mathcal{D}(U)'$ に対し，$\partial T/\partial x^j \in \mathcal{D}(U)'$ を

$$\frac{\partial T}{\partial x^j}(\phi) = -T\left(\frac{\partial \phi}{\partial x^j}\right) \qquad (\phi \in \mathcal{D}(U))$$

と定義する．$D^\alpha \ (\alpha \in (\mathbf{Z}^+)^m)$ に対しては

$$D^\alpha T(\phi) = (-1)^{|\alpha|} T(D^\alpha \phi) \qquad (\phi \in \mathcal{D}(U))$$

となる．$f \in \mathcal{E}(U)$ に対し，$fT \in \mathcal{D}(U)'$ が

$$fT(\phi) = T(f\phi) \qquad (\phi \in D(U))$$

で定義される．

つぎに $\mathcal{K}(U)$ 上の連続な線型汎関数 $T: \mathcal{K}(U) \to \mathbf{C}$ を考えよう．すなわち T は，つぎを満たす：任意のコンパクト集合 $A \subset U$ に対し，定数 $C_A \geq 0$ が存在して

$$|T(\phi)| \leq C_A \|\phi\|^0 \qquad (\phi \in \mathcal{K}_A(U))$$

が成り立つ．その全体のなす複素ベクトル空間を $\mathcal{K}(U)'$ と表わす．ベクトル空間として $\mathcal{K}(U) \supset \mathcal{D}(U)$ であり，それぞれに入っている位相を考えると $T \in \mathcal{K}(U)$ に対して，制限 $T|\mathcal{D}(U): \mathcal{D}(U) \to \mathbf{C}$ は明らかに $\mathcal{D}(U)'$ の位数 0 の元となる．この対応によって自然な同一視

$$\mathcal{K}(U)' = \{T \in \mathcal{D}(U)';\ T \text{ の位数は } 0\}$$

ができることが容易にわかる．以後 $\mathcal{K}(U)' \subset \mathcal{D}(U)'$ と考える．

$f \in \mathcal{L}_{\mathrm{loc}}(U)$ に対し，超関数 $[f] \in \mathcal{K}(U)'$ が

$$[f](\phi) = \int_U f\phi\, dx \qquad (\phi \in \mathcal{K}(U))$$

と定義される．$f, g \in \mathcal{L}_{\mathrm{loc}}(U)$ が $[f]=[g]$ であれば，Lebesgue 測度に関してほとんどいたるところ $f(x)=g(x)$ である．この意味で $f \in \mathcal{L}_{\mathrm{loc}}(U) \mapsto [f] \in \mathcal{K}(U)'$ は単射線型写像である．これによりつぎの同一視が得られる：

$$(3.1.5) \qquad \mathcal{D}(U) \subset \begin{Bmatrix} \mathcal{K}(U) \\ \mathcal{E}(U) \end{Bmatrix} \subset \mathcal{E}(U) \subset \mathcal{L}_{\mathrm{loc}}(U) \subset \mathcal{K}(U)' \subset \mathcal{D}(U)'.$$

他の $g \in \mathcal{E}(U)$ をとるとき，$g[f]=[gf]$ となる．とくに $f \in \mathcal{E}(U)$ ならば，部分

積分を繰り返し使い
$$D^\alpha[f] = [D^\alpha f]$$
が示される.

つぎに $\mathcal{D}(U)'$ に位相を考えよう. 点列 $\{T_j\}_{j=1}^\infty \subset \mathcal{D}(U)'$ が $T \in \mathcal{D}(U)'$ に収束するとは, 任意の $\phi \in \mathcal{D}(U)$ に対して, $\lim_{j\to\infty} T_j(\phi) = T(\phi)$ となることである. そうして $T = \lim_{j\to\infty} T_j$ と書く. このとき任意の $\alpha \in (Z^+)^m$ に対し, 明らかに

(3.1.6) $$\lim_{j\to\infty} D^\alpha T_j = D^\alpha T$$

となる. つぎの定理は Banach-Steinhaus の定理の直接的結果で, 以後の章では使わないが, 超関数の収束に関して基本的な事実である.

(3.1.7) **定理** 位数が $l(\leq +\infty)$ 以下の超関数列 $\{T_j\}_{j=1}^\infty \subset \mathcal{D}(U)'$ が, すべての $\phi \in \mathcal{D}(U)$ に対し極限値 $\lim_{j\to\infty} T_j(\phi)$ をもつならば, 位数 l 以下の超関数 $T \in \mathcal{D}(U)'$ が存在して $\lim_{j\to\infty} T_j = T$ となる.

$V \subset U$ を開部分集合とする. $\mathcal{D}(V)$ の元 ϕ は, $U-V$ 上 0 として拡張することにより $\phi \in \mathcal{D}(U)$ とみなすことができる. この同一視により $\mathcal{D}(V) \subset \mathcal{D}(U)$ と考える. $T \in \mathcal{D}(U)'$ に対し, T の V 上への制限 $T|V$ を
$$T|V(\phi) = T(\phi) \qquad (\phi \in \mathcal{D}(V) \subset \mathcal{D}(U))$$
と定義する. もちろん $T|V \in \mathcal{D}(V)'$ となる.

(3.1.8) **補題** 点列 $\{T_j\}_{j=1}^\infty \subset \mathcal{D}(U)'$ が $T \in \mathcal{D}(U)'$ に収束するための必要十分条件は, U の各点にその近傍 $V \subset U$ が存在して, $\{T_j|V\}_{j=1}^\infty \subset \mathcal{D}(V)'$ が $T|V \in \mathcal{D}(V)'$ に収束することである.

証明 必要性は明らかである. 十分性を示そう. 仮定より, U の局所有限な開被覆 $\{V_\alpha\}_{\alpha=1}^\infty$ で, 各 V_α 上で $\{T_j|V_\alpha\}_{j=1}^\infty$ は $T|V_\alpha$ に収束するものがとれる. $\{c_\alpha\}_{\alpha=1}^\infty$ を $\{V_\alpha\}_{\alpha=1}^\infty$ に付随した 1 の分解とする. 任意の $\phi \in \mathcal{D}(U)$ に対し $\phi = \sum_\alpha c_\alpha \phi$ となる. 右辺は実は有限和であり, $c_\alpha \phi \in \mathcal{D}(V_\alpha)$ となっている. 定義により

$$\begin{aligned} T(\phi) &= \sum_\alpha T(c_\alpha \phi) = \sum_\alpha T|V_\alpha(c_\alpha \phi) \\ &= \sum_\alpha \lim_{j\to\infty} T_j|V_\alpha(c_\alpha \phi) = \lim_{j\to\infty} \sum_\alpha T_j(c_\alpha \phi) \\ &= \lim_{j\to\infty} T_j(\phi) \end{aligned}$$

となるから, $T = \lim_{j\to\infty} T_j$ が示された. ∎

同様の証明法でつぎもわかる.

(3.1.9) **命題** $T, S \in \mathcal{D}(U)'$ が $T=S$ であるための必要十分条件は，U の各点にその近傍 V があって $T|V=S|V \in \mathcal{D}(V)'$ となることである．

さて $T \in \mathcal{D}(U)'$ に対しその台 $\operatorname{supp} T$ をつぎのように定義する．$x \in U$ で，ある近傍 V が存在して $T|V=0$ となる点の全体を W とし，

$$\operatorname{supp} T = U - W$$

とおく．もちろん $\operatorname{supp} T$ は U の閉部分集合である．

また補題(3.1.8)の証明と同様にしてつぎがわかる．

(3.1.10) **命題** $T \in \mathcal{D}'(U)$ の位数が l 以下であるための必要十分条件は，任意の $x \in U$ に対して，その開近傍 V が存在して $T|V$ の位数が l 以下となることである．

$T \in \mathcal{D}(U)'$ に対し，その滑性化 (smoothing) $T_\varepsilon \in \mathcal{D}(U_\varepsilon)'$ ($\varepsilon > 0$) を

(3.1.11) $\quad T_\varepsilon(\phi) = T(\phi * \chi_\varepsilon) = [T_y(\chi_\varepsilon(x-y))]_x(\phi(x)) \quad (\phi \in \mathcal{D}(U_\varepsilon))$

とおく．ただし上式の最後の意味はつぎの通りである．$T_y(\chi_\varepsilon(y-x))$ は $\chi_\varepsilon(y-x)$ を，x は固定して y の関数とみて，超関数 T による値を意味する．それは当然 x の関数となり，さらに C^∞ 級関数であることが簡単に確かめられる．その x に関する C^∞ 級関数が定義する超関数を $[T_y(\chi_\varepsilon(x-y))]$ で書き，それが x の関数 $\phi \in \mathcal{D}(U_\varepsilon)$ でとる値を $[T_y(\chi_\varepsilon(x-y))]_x(\phi(x))$ と書いた．x についての C^∞ 級関数 $T_y(\chi_\varepsilon(x-y))$ を $T * \chi_\varepsilon(x)$ とも書く．同一視(3.1.5)に従えば，(3.1.11)は

$$T_\varepsilon = T * \chi_\varepsilon \in \mathcal{E}(U_\alpha)$$

と同じである．任意の $\phi \in \mathcal{D}(U)$ に対し，$\mathcal{D}(U)$ の位相で $\lim_{\varepsilon \to 0} \phi * \chi_\varepsilon = \phi$ であるから

$$\lim_{\varepsilon \to 0} T_\varepsilon(\phi) = T(\phi)$$

となる．したがって，$V \subset U$ を任意の相対コンパクトな開集合とすると

$$\lim_{\varepsilon \to 0} T_\varepsilon|V = T|V$$

となる．また任意の D^α ($\alpha \in (\mathbf{Z}^+)^m$) に対し(3.1.3)より

(3.1.12) $\quad\quad\quad D^\alpha T_\varepsilon = (D^\alpha T)_\varepsilon \quad (\varepsilon > 0)$

となる．$f \in \mathcal{L}_{\text{loc}}(U)$ に対しては

$$[f]_\varepsilon = [f * \chi_\varepsilon] \quad (\varepsilon > 0)$$

となっている．

(ホ) $\mathcal{K}(U)'$ と **Radon** 測度 $T \in \mathcal{K}(U)'$ とする. 定義より, 任意のコンパクト集合 $A \subset U$ に対し定数 $C_A \geq 0$ が存在して

$$|T(\phi)| \leq C_A \|\phi\|^0 \qquad (\phi \in \mathcal{K}_A(U))$$

が成り立つ. $\phi \in \mathcal{K}(U) (\phi \geq 0)$ に対し

$$\|T\|(\phi) = \sup\{|T(\eta)|; \eta \in \mathcal{D}(U), |\eta| \leq \phi\}$$

とおく. $A = \operatorname{supp} \phi$ とすると, $\eta \in \mathcal{D}(U)$ かつ $|\eta| \leq \phi$ ならば $\eta \in \mathcal{D}_A(U)$ であるから,

$$|T(\eta)| \leq C_A \|\eta\|^0 \leq C_A \|\phi\|^0$$

となり,

$$\|T(\phi)\| \leq C_A \|\phi\|^0$$

を得る. よって $\|T\| \in \mathcal{K}(U)'$ となる.

さて, ここでは測度は, 一般に複素数値測度を考えることとし, μ を U 上の Radon 測度とする. このとき正の測度 $|\mu|$ がつぎで定義される: U の Borel 集合 B に対して

$$|\mu|(B) = \sup\left\{\sum_{j=1}^{\infty} |\mu(B_j)|; B_j \text{ は } U \text{ の Borel 集合で, } B_j \cap B_k = \phi\,(j \neq k), \text{ かつ } B = \bigcup_{j=1}^{\infty} B_j\right\}.$$

このとき $\phi \in \mathcal{K}(U)$ に対し

$$T_\mu(\phi) = \int_U \phi\, d\mu$$

とおくと, $T_\mu \in \mathcal{K}(U)'$ となる. この逆がつぎに述べる Riesz の定理によってわかる.

(3.1.13) **定理**(Riesz) 任意の $T \in \mathcal{K}(U)'$ に対して, U 上の Radon 測度 μ が一意的に存在して, つぎが成り立つ:

(i) $T(\phi) = \int_U \phi\, d\mu \qquad (\phi \in \mathcal{D}(U))$.

(ii) $\|T\|(\phi) = \int_U \phi\, d|\mu| \qquad (\phi \in \mathcal{D}(U))$.

したがって T および $\|T\|$ を U 上の Radon 測度と考えることができる. こ

§1 カレント

の $\|T\|$ を T の**全変動測度** (total variation measure) と呼ぶ．

さて超関数 $T \in \mathcal{D}(U)'$ が $\phi \in \mathcal{D}(U)$ ($\phi \geq 0$) に対して $T(\phi) \geq 0$ を満たすとき，T を**正超関数** (positive distribution) と呼び，$T \geq 0$ と書く．

(3.1.14) **補題** 線型写像 $T: \mathcal{D}(U) \to C$ が
$$T(\phi) \geq 0 \qquad (\phi \in \mathcal{D}(U),\ \phi \geq 0)$$
を満たすならば，$T \in \mathcal{K}(U)'$ で $T \geq 0$ となる．さらに任意の $\phi \in \mathcal{K}(U)$ ($\phi \geq 0$) に対して $T(\phi) \geq 0$ となる．

証明 任意のコンパクト集合 $A \subset U$ に対し，$\phi_A \in \mathcal{D}(U)$ を $\phi_A|A \equiv 1$ となるようにとる．任意の $\phi \in \mathcal{D}_A(U)$ に対し $\|\phi\|^0 \phi_A \pm \phi \geq 0$ であるから，
$$0 \leq T(\|\phi\|^0 \phi_A \pm \phi) = \|\phi\|^0 T(\phi_A) \pm T(\phi)$$
となり，$|T(\phi)| \leq T(\phi_A) \|\phi\|^0$ となる．したがって $T \in \mathcal{K}(U)'$ である．もちろん T は正超関数である．任意に $\phi \in \mathcal{K}(U)$ ($\phi \geq 0$) をとる．このとき $\phi * \chi_\varepsilon \in \mathcal{D}(U)$，$\phi * \chi_\varepsilon \geq 0$ であり，$\mathcal{K}(U)$ の位相で $\lim_{\varepsilon \to 0} \phi * \chi_\varepsilon = \phi$ となる．したがって $T(\phi) = \lim_{\varepsilon \to 0} T(\phi * \chi_\varepsilon) \geq 0$ となる．∎

$\phi \in \mathcal{L}_{\text{loc}}(U)$ が Lebesgue 測度に関してほとんどいたるところ $\phi \geq 0$ ならば，$[\phi] \geq 0$ であり，逆も成立する．つぎの補題は定義と補題 (3.1.8) の証明法から明らかであろう．

(3.1.15) **補題** $T \in \mathcal{D}(U)'$ についてつぎの3条件は同値である：

(i) $T \geq 0$．

(ii) 任意の $\varepsilon > 0$ に対して $T_\varepsilon(x) \geq 0$ ($x \in U_\varepsilon$) となる．

(iii) 任意の $x \in U$ に対して，その開近傍 V が存在して $T|V \geq 0$ となる．

さて $T \in \mathcal{K}(U)'$ は定理 (3.1.13) により，U 上の Radon 測度 μ と同一視される．したがって Borel 可測関数 ϕ が μ について可積分のとき，T による値 $T(\phi)$ を

(3.1.16) $$T(\phi) = \int_U \phi \, d\mu$$

と定義する．さらに Borel 集合 $A \subset U$ に対して T の A 上への制限 $T|A$ を (3.1.16) を使ってつぎのように定義する：

$$(T|A)(\phi) = \int_A \phi \, d\mu.$$

(ヘ) **微分型式の空間** U をいままで通り R^m の開集合とし,$k \in Z^+ (k \leq m)$ とする. U 上の連続関数を係数とする k 次微分形式

$$\sum_{J \in \{m;k\}} \phi_J dx^J \qquad (\phi_J \in \mathcal{C}(U))$$

の全体のなす複素ベクトル空間を $\mathcal{C}^k(U)$ と書く. もちろん $\mathcal{C}^0(U)=\mathcal{C}(U)$ である. 以下混乱の恐れがない限り,$\sum_{J \in \{m;k\}} \phi_J dx^J \in \mathcal{C}^k(U)$ を $\sum' \phi_J dx^J$ と書くことにする. 任意の $\phi \in \mathcal{C}^k(U)$ に対し,その台を

$$\mathrm{supp}\, \phi = \overline{\{x \in U; \phi(x) \neq 0\}}$$

と定義する. $\mathcal{C}^k(U)$ の部分空間 $\mathcal{K}^k(U)$ を

$$\mathcal{K}^k(U) = \{\phi \in \mathcal{C}^k(U); \mathrm{supp}\, \phi \text{ はコンパクト}\}$$

とおく. $\mathcal{K}^k(U)$ は,U 上の台がコンパクトな連続関数を係数とする微分型式のなす複素ベクトル空間である. A を U の部分集合として,

$$\mathcal{K}_A{}^k(U) = \{\phi \in \mathcal{K}^k(U); \mathrm{supp}\, \phi \subset A\}$$

とおく. U 上の C^∞ 級関数を係数とする微分型式のなす複素ベクトル空間を $\mathcal{E}^k(U)$ と書く. $\mathcal{E}^k(U)$ は $\mathcal{C}^k(U)$ の部分空間である.

$$\mathcal{D}^k(U) = \mathcal{K}^k(U) \cap \mathcal{E}^k(U)$$

とおき,$A \subset U$ に対し

$$\mathcal{D}_A{}^k(U) = \mathcal{K}_A{}^k(U) \cap \mathcal{E}^k(U)$$

とおく. $\phi = \sum' \phi_J dx^J \in \mathcal{K}^k(U)$ に対し,そのセミノルム $\|\phi\|^0$ を

$$\|\phi\|^0 = \sup\{|\phi_J(x)|; x \in U, J \in \{m;k\}\}$$

で定義する. $\phi = \sum' \phi_J dx^J \in \mathcal{D}^k(U)$ に対しては

$$\|\phi\|^l = \sup\{|D^\alpha \phi_J(x)|; x \in U, l \in \{m,k\}, |\alpha| \leq l\} \qquad (J = 0, 1, 2, \cdots)$$

とおく. これらのセミノルムを用いて(ニ)で $\mathcal{K}(U), \mathcal{D}(U)$ に位相を定義したのとまったく同様にして $\mathcal{K}^k(U), \mathcal{D}^k(U)$ に位相が定義され,$\mathcal{K}^k(U)$ と $\mathcal{D}^k(U)$ は位相複素ベクトル空間になる. 一方,$\mathcal{K}^k(U), \mathcal{D}^k(U)$ はそれぞれ,部分空間 $\mathcal{K}(U)dx^J, \mathcal{D}(U)dx^J$ の直和として書かれる:

$$\mathcal{K}^k(U) = \bigoplus_{J \in \{m,k\}} \mathcal{K}(U) dx^J,$$

$$\mathcal{D}^k(U) = \bigoplus_{J \in \{m,k\}} \mathcal{D}(U) dx^J.$$

さて,$\mathcal{K}(U), \mathcal{D}(U)$ には(ニ)で位相を定義した. それらから自然に,有限直和である $\mathcal{K}^k(U), \mathcal{D}^k(U)$ に位相が定義される. これらの位相が上述の位相に一致

することは明らかであろう.以後 $\mathcal{K}^k(U), \mathcal{D}^k(U)$ にはこの位相をそれぞれ付随させて考える.

(ト) **カレント** 連続線型汎関数 $T: \mathcal{D}^k(U) \to \boldsymbol{C}$ のことを U 上の **k 次元カレント**と呼ぶ.すなわち, $T: \mathcal{D}^k(U) \to \boldsymbol{C}$ は線型写像でつぎの条件を満足するものである((3.1.4)を参照):

(3.1.17) $\begin{cases} \text{任意のコンパクト集合 } A \subset U \text{ に対し, 定数 } C_A \geqq 0 \text{ と } l_A \in \boldsymbol{Z}^+ \text{ が} \\ \text{存在して} \\ \qquad |T(\phi)| \leqq C_A \|\phi\|^{l_A} \qquad (\phi \in \mathcal{D}_A^k(U)) \\ \text{が成立する.} \end{cases}$

このとき, $l \in \boldsymbol{Z}^+$ が存在して,常に $l_A \leqq l$ ととれるとき, T の位数は l 以下であるといい, T の位数が l 以下で, $l-1$ 以下でないとき, l を T の**位数**という.

$$\mathcal{D}'_k(U) = \{T: \mathcal{D}^k(U) \to \boldsymbol{C}; \text{カレント}\}$$

とおく.もちろん,これは複素ベクトル空間をなす.同様に,

$$\mathcal{K}'_k(U) = \{T: \mathcal{K}^k(U) \to \boldsymbol{C}; \text{連続線型写像}\}$$

とおく. $T \in \mathcal{K}'_k(U)$ について制限 $T|\mathcal{D}^k(U)$ を考えると, $T|\mathcal{D}^k(U) \in \mathcal{D}'_k(U)$ となり,位数 0 のカレントになる.このとき,つぎが簡単に確かめられる:

$$\text{写像}: T \in \mathcal{K}'_k(U) \longmapsto T|\mathcal{D}^k(U) \in \{S \in \mathcal{D}'_k(U); S \text{ の位数 } 0\}$$

は線型同型である.

以後, $\mathcal{K}'_k(U)$ は $\mathcal{D}'_k(U)$ の部分空間と考える. $k=0$ のとき,もちろん $\mathcal{K}'_0(U) = \mathcal{K}(U)', \mathcal{D}'_0(U) = \mathcal{D}(U)'$ である.

さて写像

$$\iota: \phi \in \mathcal{C}^0(U) \longmapsto \phi dx^1 \wedge \cdots \wedge dx^m \in \mathcal{C}^m(U)$$

は,線型同型である.そして $\iota(\mathcal{D}^0(U)) = \mathcal{D}^m(U)$ である. $\iota|\mathcal{D}^0(U)$ も同じ ι で書くことにする.すると,

$$\iota: \mathcal{D}^0(U) \longrightarrow \mathcal{D}^m(U)$$

およびその双対

$$\iota^*: \mathcal{D}'_m(U) \longrightarrow \mathcal{D}'_0(U)$$

は,位相線型同型写像になる.混乱の恐れがない場合, $\mathcal{D}'_0(U)$ と $\mathcal{D}'_m(U)$ を ι^* により同一視する. $\iota^*(\mathcal{K}'_m(U)) = \mathcal{K}'_0(U)$ であるから, $\mathcal{K}'_0(U)$ と $\mathcal{K}'_m(U)$ が同一視される.

76　第3章　カレントと多重劣調和関数

　U 上の局所可積分関数を係数とする微分型式のなす複素ベクトル空間を $\mathcal{L}^k{}_{\mathrm{loc}}(U)$ と表わす．ベクトル空間としての包含関係
$$\mathcal{E}^k(U) \subset \mathcal{C}^k(U) \subset \mathcal{L}^k{}_{\mathrm{loc}}(U)$$
を得る．$\omega \in \mathcal{L}^{m-k}{}_{\mathrm{loc}}(U)$ に対して，線型写像
$$[\omega] : \phi \in \mathcal{D}^k(U) \longmapsto \int_U \omega \wedge \phi \in \boldsymbol{C}$$
は，カレントを定義する．$[\omega]$ は位数 0 のカレントになり，$\omega \in \mathcal{L}^{m-k}{}_{\mathrm{loc}}(U) \mapsto [\omega] \in \mathcal{K}'_k(U)$ は単射線型写像である．これにより，$\mathcal{L}^{m-k}{}_{\mathrm{loc}}(U)$ を $\mathcal{K}'_k(U)$ の部分空間とみると，つぎの包含関係を得る：
$$\mathcal{E}^{m-k}(U) \subset \mathcal{C}^{m-k}(U) \subset \mathcal{L}^{m-k}{}_{\mathrm{loc}}(U) \subset \mathcal{K}'_k(U) \subset \mathcal{D}'_k(U).$$

　$V \subset U$ を開部分集合とする．$\phi \in \mathcal{D}^k(V)$ の元を $U-V$ 上で 0 と拡張することにより，$\mathcal{D}^k(V) \subset \mathcal{D}^k(U)$ と考える．$T \in \mathcal{D}'_k(U)$ とする．その V 上への制限 $T|V \in \mathcal{D}'_k(V)$ が
$$T|V(\phi) = T(\phi) \qquad (\phi \in \mathcal{D}^k(V) \subset \mathcal{D}^k(U))$$
で定義される．$S \in \mathcal{D}'_k(U)$ とし，もし $T=S$ ならば，任意の開集合 $V \subset U$ に対し $T|V = S|V$ である．またこの逆も成立する．すなわち：

　(3.1.18)　**命題**　$T, S \in \mathcal{D}'_k(U)$ に対し，$T=S$ となるための必要十分条件は，任意の $x \in U$ に対しその開近傍 V が存在して $T|V = S|V$ となることである．

　証明は，命題(3.1.9)と同様である．また，命題(3.1.10)と同様につぎが成立する．

　(3.1.19)　**命題**　$T \in \mathcal{D}'_k(U)$ の位数が l 以下であるための必要十分条件は，任意の $x \in U$ に対してその開近傍 V が存在して $T|V$ の位数が l 以下となることである．

　さて，$T \in \mathcal{D}'_k(U)$ に対し，その台 $\mathrm{supp}\, T$ をつぎのようにして定義する：
$$W = \{x \in U ; x \text{ の近傍 } V \text{ が存在して } T|V=0\},$$
$$\mathrm{supp}\, T = U - W.$$

　(チ)　カレントの種々の演算　$k, p \in \boldsymbol{Z}^+, k+p=m$ とする．そして，後に述べる理由により
$$\mathcal{D}'_k(U) = \mathcal{D}'^p(U)$$

§1 カレント

と書くことにする. $T\in\mathcal{D}'^p(U), \alpha\in\mathcal{E}^q(U)$ に対し $T\wedge\alpha\in\mathcal{D}'^{p+q}(U)$ を

$$T\wedge\alpha(\phi) = T(\alpha\wedge\phi) \qquad (\phi\in\mathcal{D}^{m-p-q}(U))$$

と定義する. また $\alpha\wedge T=(-1)^{pq}T\wedge\alpha$ と定義する. たとえば, $\omega\in\mathcal{L}^p_{\mathrm{loc}}(U)$ のとき, $[\omega]\in\mathcal{D}'^p(U)$ で

$$[\omega]\wedge\alpha = [\omega\wedge\alpha]$$

となる. $\alpha\in\mathcal{E}^0(U)$ のとき $\alpha\wedge T=\alpha T$ と書く.

つぎに $T\in\mathcal{D}'^p(U)$ に対して,

$$dT: \phi\in\mathcal{D}^{m-p-1}(U) \longmapsto (-1)^{p-1}T(d\phi) \in \boldsymbol{C}$$

とおくと, $dT\in\mathcal{D}'^{p+1}(U)$ となる. dT をカレント T の**外微分**と呼ぶ. $dT=0$ のとき, T を**閉カレント**と呼ぶ. つぎの補題は $dT=0$ という性質は局所的であることを主張する

(3.1.20) 補題 $T\in\mathcal{D}'^p(U)$ が閉カレントであるための必要十分条件は, 任意の点 $x\in U$ にたいしてその開近傍 V が存在して, T の V 上への制限 $T|V\in\mathcal{D}'^p(V)$ が閉カレントになることである.

証明 必要性は明らかである. 十分性を示そう. 仮定から, V のある局所有限な開被覆 $\{V_\alpha\}_{\alpha=1}^\infty$ で $d(T|V_\alpha)=0$ となるものがある. $\{V_\alpha\}$ に付随する1の分割を $\{c_\alpha\}$ とする. 任意の $\phi\in\mathcal{D}^{m-p-1}(U)$ に対し

$$\begin{aligned}dT(\phi) &= (-1)^{p+1}T(d\phi) = (-1)^{p+1}T(d\sum_\alpha c_\alpha\phi) \\ &= (-1)^{p+1}T(\sum_\alpha d(c_\alpha\phi)) = \sum_\alpha (-1)^{p+1}T(d(c_\alpha\phi)) \\ &= \sum_\alpha (-1)^{p+1}d(T|V_\alpha)(c_\alpha\phi) = 0\end{aligned}$$

となる. したがって T は閉カレントになる. ∎

$\omega\in\mathcal{E}^p(U)$ に対し, Stokes の定理により, つぎがわかる:

$$d[\omega] = [d\omega].$$

$T\in\mathcal{D}'^p(U), \alpha\in\mathcal{E}^q(U)$ に対し

$$d(T\wedge\alpha) = dT\wedge\alpha + (-1)^p T\wedge d\alpha$$

が成り立つ. 定義より, $T\in\mathcal{D}'^p(U)$ に対して

$$\operatorname{supp} dT \subset \operatorname{supp} T$$

となる.

さて, $T\in\mathcal{D}'^p(U)$ とする. $J\in\{m;p\}$ に対し, $T_J\in\mathcal{D}'_m(U)$ をつぎのように

定義する：
$$T_J : \phi dx^1 \wedge \cdots \wedge dx^m \in \mathcal{D}^m(U) \longmapsto \delta(J, \hat{J})T(\phi dx^{\hat{J}}) \in \mathbf{C},$$
ここで $\delta(J, \hat{J})$ は置換 $\{J, \hat{J}\} \to \{1, 2, \cdots, m\}$ の符号とする．すると T はつぎのように書かれる：

(3.1.21) $$T = \sum_{J \in \{m; p\}} T_J dx^J.$$

$\mathcal{D}'^0(U) = \mathcal{D}'_m(U) = \mathcal{D}(U)'$ と同一視してあったから，$T_J \in \mathcal{D}(U)'$ と考えられる．結局任意のカレント $T \in \mathcal{D}'^p(U)$ は，U 上の超関数を係数とする p 次微分型式と考えることができる．これによって $\mathcal{D}'_k(U) = \mathcal{D}'^p(U)$ $(p+k=m)$ と書く意味がある．$\phi = \sum_{I \in \{m; k\}} \phi_I dx^I \in \mathcal{D}^k(U)$ $(\phi_I \in \mathcal{D}(U))$ に対して

$$T(\phi) = \sum_{J \in \{m; p\}} T_J(dx^J \wedge \phi) = \sum_{J \in \{m; p\}} T_J(dx^J \wedge (\phi_{\hat{J}} dx^{\hat{J}}))$$
$$= \sum_{J \in \{m; p\}} T_J(\phi_{\hat{J}} \delta(J, \hat{J}) dx^1 \wedge \cdots \wedge dx^m)$$
$$= \sum_{J \in \{m; p\}} \delta(J, \hat{J}) T_J(\phi_{\hat{J}})$$

となる．

さて，$T = \sum_{J \in \{m; p\}} T_J dx^J \in \mathcal{D}'^p(U), T_J \in \mathcal{D}(U)'$ に対し簡単な計算により

(3.1.22) $$dT = \sum_{J \in \{m; p\}} \sum_{j=1}^m \frac{\partial T_J}{\partial x^j} dx^j \wedge dx^J$$

が成立する．

$T \in \mathcal{K}'_k(U)$ についても (3.1.21) を得たのと同様にして

(3.1.23) $$T = \sum_{J \in \{m; p\}} T_J dx^J, \quad T_J \in \mathcal{K}(U)' (= \mathcal{K}'_m(U))$$

と書かれる．したがって $\mathcal{K}'_k(U) = \mathcal{K}'^p(U)$ $(p+k=m)$ とも書くことにする．しかし $\mathcal{K}'_k(U)$（あるいは $\mathcal{D}'_k(U)$）という書き方にも意味のあることがつぎの例によってわかる．

(3.1.24) **例** M を U 内の向き付けられた k 次元閉部分多様体とする．

$$[M] : \phi \in \mathcal{K}^k(U) \longmapsto \int_M \phi \in \mathbf{C}$$

とおくと，この $[M]$ は位数 0 の k 次元カレントである．さらに Stokes の定理により，$[M]$ は閉カレントである．

さて $T = \sum' T_J dx^J \in \mathcal{K}'^p(U), T_J \in \mathcal{K}(U)'$ は定理 (3.1.13) によれば，U 上の

Radon 測度 T_J を係数とする p 次微分型式と考えることができる．T の全変動測度 $\|T\|$ を $\|T\| = \sum' \|T_J\|$ で定義する．同一視 $\mathscr{K}(U)' = \mathscr{K}'_m(U)$ を使うと，任意の Borel 可測関数 ϕ は T_J 可測関数であり，これが T_J 可積分ならば，その値
$$T_J(\phi) = T_J(\phi dx^1 \wedge \cdots \wedge dx^m) \in \boldsymbol{C}$$
が，(3.1.16)により定義できる．U 上の Borel 可測関数を係数とする k 次微分型式のなす複素ベクトル空間を $\mathscr{B}^k(U)$ と書く．$\phi \in \mathscr{B}^k(U)$ が $\|T\|$ 可積分関数ならば，任意の T_J について可積分になるから T による値 $T(\phi)$ が

(3.1.25) $\qquad T: \phi \in \mathscr{B}^k(U) \longmapsto \sum' T_J(dx^J \wedge \phi) \in \boldsymbol{C}$

で定義される．したがって，任意の Borel 集合 $A \subset U$ 上への T の制限

(3.1.26) $\qquad T|A: \phi \in \mathscr{B}^k(U) \longmapsto T(\chi_A \phi) \in \boldsymbol{C}$

を定義することができる．ただし χ_A は A の特性関数を表わす．

（リ）**カレントの収束** $T, T_j \in \mathscr{D}'^p(U)$ $(j=1,2,\cdots)$ とする．任意の $\phi \in \mathscr{D}^k(U)$ $(k+p=m)$ に対し
$$\lim_{j \to \infty} T_j(\phi) = T(\phi)$$
が成り立つとき，カレント列 $\{T_j\}_{j=1}^{\infty}$ はカレント T に収束するといい，$\lim_{j \to \infty} T_j = T$ と書く．(3.1.21)のように
$$T = \sum' T_J dx^J, \qquad T_J \in \mathscr{D}(U)',$$
$$T_j = \sum' T_{jJ} dx^J, \qquad T_{jJ} \in \mathscr{D}(U)'$$
と書けば，つぎのことが容易にわかる：

(3.1.27) $\qquad \lim_{j \to \infty} T_j = T \Longleftrightarrow \lim_{j \to \infty} T_{jJ} = T_J.$

これと補題(3.1.8)より，つぎの補題を得る：

(3.1.28) **補題** カレント列 $\{T_j\}_{j=1}^{\infty} \subset \mathscr{D}'^p(U)$ が $T \in \mathscr{D}'^p(U)$ に収束するための必要十分条件は，任意の $x \in U$ に対し，その近傍 V が存在して $\lim_{j \to \infty} T_j|V = T|V$ となることである．

同様に(3.1.27)と定理(3.1.7)よりつぎの定理を得る：

(3.1.29) **定理** 位数が $l (\leqq \infty)$ 以下のカレント列 $\{T_j\}_{j=1}^{\infty} \subset \mathscr{D}'^p(U)$ が，すべての $\phi \in \mathscr{D}^k(U) (k+p=m)$ に対し極限値 $\lim_{j \to \infty} T_j(\phi)$ をもつならば，位数 l 以下のカレント $T \in \mathscr{D}'^p(U)$ が存在して $\lim_{j \to \infty} T_j = T$ となる．

さて $T = \sum' T_J dx^J \in \mathscr{D}'^p(U)$ に対し，その滑性化(smoothing) $T_\varepsilon (\varepsilon > 0)$ を

第3章　カレントと多重劣調和関数

$$T_\varepsilon = \sum{}'(T_J)_\varepsilon dx^J \in \mathcal{D}'^p(U_\varepsilon)$$

と定義する．$(T_J)_\varepsilon$ は U_ε 上の C^∞ 級関数と同一視されていたから，それにより T_ε は $\mathcal{E}^p(U_\varepsilon)$ の元と同一視される．$V \subset U$ を相対コンパクトな開集合とすると

$$\lim_{\varepsilon \to 0} T_\varepsilon | V = T | V$$

が成り立つ．つぎの等式も簡単にわかる：

(3.1.30) $\qquad\qquad dT_\varepsilon = (dT)_\varepsilon.$

$V \subset \boldsymbol{R}^n$ を開集合とし，$f: V \to U$ を可微分写像（$=C^\infty$ 級写像）とする．もし f がプロパーならば，f による微分の引戻し

$$f^*: \mathcal{D}^k(U) \longrightarrow \mathcal{D}^k(V)$$

は，位相ベクトル空間の間の連続線型写像である．$(f_*T)(\phi) = T(f^*\phi)$ とおけば，

(3.1.31) $\qquad f_*: T \in \mathcal{D}'_k(V) \longmapsto f_*T \in \mathcal{D}'_k(U)$

はカレントの空間の間の連続線型写像である．このとき外微分についてつぎが成り立つ：

(3.1.32) $\qquad d(f_*T) = f_*(dT), \quad T \in \mathcal{D}'_k(V).$

$f: V \to U$ が可微分同相写像であれば，もちろん $f_*: \mathcal{D}'_k(V) \to \mathcal{D}'_k(U)$ は連続線型同型写像である．

（ヌ）　**可微分多様体上のカレント**　M を第二可算公理を満たす m 次元可微分多様体とする．いままで考えてきた種々の関数空間，$\mathcal{L}^k_{\text{loc}}(U), \mathcal{B}^k(U), \mathcal{C}^k(U), \mathcal{E}^k(U), \mathcal{K}^k(U), \mathcal{D}^k(U)$ 等が M 上で定義されるのは明らかであろう．それらを

$$\mathcal{L}^k_{\text{loc}}(M), \mathcal{B}^k(M), \mathcal{C}^k(M), \mathcal{E}^k(M), \mathcal{K}^k(M), \mathcal{D}^k(M)$$

と書くことにする．$\mathcal{K}^k(M)$ と $\mathcal{D}^k(M)$ に位相を入れることを考える．$\{U_\lambda, (x_\lambda{}^1, \cdots, x_\lambda{}^m)\}_{\lambda=1}^\infty$ を M の局所有限な局所座標近傍 U_λ（その座標系を $(x_\lambda{}^1, \cdots, x_\lambda{}^m)$ とする）による開被覆で，さらに相対コンパクトな開集合 $V_\lambda \subset U_\lambda$ がとれて $\bigcup_\lambda V_\lambda = M$ となるものとする．U_λ 上，$\alpha = (\alpha_1, \cdots, \alpha_m) \in (\boldsymbol{Z}^+)^m$ に対し

$$D_\lambda{}^\alpha = \left(\frac{\partial}{\partial x_\lambda{}^1}\right)^{\alpha_1} \cdots \left(\frac{\partial}{\partial x_\lambda{}^m}\right)^{\alpha_m}$$

とおく．$\phi \in \mathcal{D}^k(M)$ に対し，各 U_λ 上で $\phi = \sum_J{}' \phi_{\lambda J} dx_\lambda{}^J$ と書き，

$$\|\phi\|^l = \sup\{|D_\lambda{}^\alpha \phi_{\lambda J}(x)|; x \in V_\lambda, \lambda \in \boldsymbol{N}, J \in \{m; k\}, |\alpha| \leq l\} \qquad (l = 0, 1, 2, \cdots)$$

とセミノルムを定義する．そして列 $\{\phi_j\}_{j=1}^{\infty}\subset \mathcal{D}^k(M)$ が $\phi\in\mathcal{D}^k(M)$ に収束するとは，つぎの条件が満たされることと定義する：

(i) あるコンパクト集合 $A\subset M$ が存在して，
$$\mathrm{supp}\,\phi\subset A, \quad \mathrm{supp}\,\phi_j\subset A \quad (j=1,2,\cdots)$$
となる．

(ii) それぞれの $l\in \mathbf{Z}^+$ について，$\lim_{j\to\infty}\|\phi_j-\phi\|^l=0$ となる．

これによって $\mathcal{D}^k(M)$ に位相が定義され，$\mathcal{D}^k(M)$ は位相複素ベクトル空間になる．その位相は，局所有限な開被覆の対 $(\{U_\lambda\},\{V_\lambda\})$ の取り方によらないことが容易に確かめられる．

M 上の k 次元カレント T とは $\mathcal{D}^k(M)$ 上の連続線型汎関数 $T:\mathcal{D}^k(M)\to \mathbf{C}$ のことである．M 上の k 次元カレントのなす複素ベクトル空間を $\mathcal{D}'_k(M)=\mathcal{D}'^p(M)(k+p=m)$ と書く．$\mathcal{D}'_0(M)$ の元を M 上の超関数と呼ぶ．M が向き付け可能な場合は，M 上に体積要素 Ω を一つ固定すると，
$$\phi\in\mathcal{D}^0(M)\longmapsto \phi\Omega\in\mathcal{D}^m(M)$$
によって $\mathcal{D}^0(M)$ と $\mathcal{D}^m(M)$ が同一視される．したがって $\mathcal{D}'^0(M)$ と $\mathcal{D}'^m(M)$ も同一視される．(3.1.21)におけると同様にして，M の局所座標近傍 U の上では，$T\in\mathcal{D}'^p(M)$ は，U 上の超関数を係数とする p 次微分型式として書かれる．そしていままでみてきた $U\subset \mathbf{R}^m$ 上のカレントについての性質は，畳込みと滑性化を除いてすべて M 上のカレント $T\in\mathcal{D}'^p(M)$ について成立する．

$\mathcal{K}^k(M)$ にもセミノルム $\|\cdot\|^0$ を用いて位相が同様に導入される．$\mathcal{K}'_k(M)=\mathcal{K}'^p(M)=\{T:\mathcal{K}^k(M)\to \mathbf{C}$ 連続線型汎関数$\}$ は，$\mathcal{D}'^p(M)$ の中で位数が 0 のカレントのなす空間に同一視される．

§2 複素領域上のカレント

（イ）カレントの型 自然な方法で $\mathbf{C}^m$ と $\mathbf{R}^{2m}$ を同一視しておく．前節での議論によって，開集合 $U\subset \mathbf{C}^m$，あるいは第二可算公理を満たす複素多様体 M (これは常に向き付けられている) 上のカレントが定義される．ここでは，複素多様体上の微分型式が自然に (p,q) 型の微分型式の和に分解されるのと同様のことが，カレントにもいえることを示す．以下 $U\subset \mathbf{C}^m$ 上のみで考える．下

記の諸概念が M 上定義されることは明らかであろう.

$z=(z^1,\cdots,z^m)\in \boldsymbol{C}^m$ を自然な正則座標系とする. $z^j=x^j+iy^j\,(1\leqq j\leqq m)$ とおく. $(x^1,y^1,\cdots,x^m,y^m)$ は $\boldsymbol{C}^m=\boldsymbol{R}^{2m}$ の自然な座標系となる.

$$dz^j = dx^j+idy^j, \quad d\bar{z}^j = dx^j-idy^j,$$
$$\frac{\partial}{\partial z^j} = \frac{1}{2}\Big(\frac{\partial}{\partial x^j}-i\frac{\partial}{\partial y^j}\Big), \quad \frac{\partial}{\partial \bar{z}^j} = \frac{1}{2}\Big(\frac{\partial}{\partial x^j}+i\frac{\partial}{\partial y^j}\Big)$$

とおく. 任意の $J=(j_1,\cdots,j_k)\in\{m;k\}$ について

$$dz^J = dz^{j_1}\wedge\cdots\wedge dz^{j_k},$$
$$d\bar{z}^J = d\bar{z}^{j_1}\wedge\cdots\wedge d\bar{z}^{j_k}$$

とおく. $0\leqq l\leqq 2m$ とする. 任意の $\phi\in\mathcal{C}^l(U)$ は

(3.2.1) $$\phi = \sum_{\substack{p,q\geqq 0\\p+q=l}}\sum_{\substack{J\in\{m;p\}\\K\in\{m;q\}}}\phi_{J\bar{K}}dz^J\wedge d\bar{z}^K \quad (\phi_{J\bar{K}}\in\mathcal{C}(U))$$

と一意的に書ける. $\mathcal{C}^l(U)$ の部分空間を $p,q\geqq 0,\,p+q=k$ として

$$\mathcal{C}^{(p,q)}(U) = \{\sum_{\substack{J\in\{m;p\}\\K\in\{m;q\}}}\phi_{J\bar{K}}dz^J\wedge d\bar{z}^K\,;\,\phi_{J\bar{K}}\in\mathcal{C}(U)\}$$

で定義する. $\mathcal{C}^{(p,q)}(U)$ に属する $(p+q)$ 次微分型式は $(\boldsymbol{p},\boldsymbol{q})$ 型であるという.
以下 $0\leqq p,\,q\leqq m$ に対し

$$\mathcal{K}^{(p,q)}(U) = \mathcal{C}^{(p,q)}(U)\cap\mathcal{K}^{p+q}(U),$$
$$\mathcal{E}^{(p,q)}(U) = \mathcal{C}^{(p,q)}(U)\cap\mathcal{E}^{p+q}(U),$$
$$\mathcal{D}^{(p,q)}(U) = \mathcal{C}^{(p,q)}(U)\cap\mathcal{D}^{p+q}(U)$$

とおく. 同様に

$$\mathcal{B}^{(p,q)}(U) = \{\sum_{\substack{J\in\{m;p\}\\K\in\{m;q\}}}\phi_{J\bar{K}}dz^J\wedge d\bar{z}^K\,;\,\phi_{J\bar{K}}\in\mathcal{B}(U)\},$$
$$\mathcal{L}^{(p,q)}_{\mathrm{loc}}(U) = \{\sum_{\substack{J\in\{m;p\}\\K\in\{m;q\}}}\phi_{J\bar{K}}dz^J\wedge d\bar{z}^K\,;\,\phi_{J\bar{K}}\in\mathcal{L}_{\mathrm{loc}}(U)\}$$

として, それぞれの元もやはり (p,q) 型であるということにする. 以後, 混乱の恐れのないときは, 簡単のために

$$\sum_{\substack{J\in\{m;p\}\\K\in\{m;q\}}}\phi_{J\bar{K}}dz^J\wedge d\bar{z}^K = \sum_{\substack{|J|=p\\|K|=q}}{}'\phi_{J\bar{K}}dz^J\wedge d\bar{z}^K$$
$$= \sum{}'\phi_{J\bar{K}}dz^J\wedge d\bar{z}^K$$

と書く. (3.2.1) よりつぎのように各空間が部分空間の直和に書ける:

§2 複素領域上のカレント

$$\mathcal{K}^k(U) = \bigoplus_{\substack{p,q \geq 0 \\ p+q=k}} \mathcal{K}^{(p,q)}(U) \quad (0 \leq k \leq 2m),$$

$$\mathcal{E}^k(U) = \bigoplus_{\substack{p,q \geq 0 \\ p+q=k}} \mathcal{E}^{(p,q)}(U) \quad (0 \leq k \leq 2m),$$

$$\mathcal{D}^k(U) = \bigoplus_{\substack{p,q \geq 0 \\ p+q=k}} \mathcal{D}^{(p,q)}(U) \quad (0 \leq k \leq 2m).$$

このことは $\mathcal{B}^k(U), \mathcal{L}^k{}_{\mathrm{loc}}(U)$ についても同様である。$\phi = \sum' \phi_{J\bar{K}} dz^J \wedge d\bar{z}^K \in \mathcal{E}^{(p,q)}(U)$ に対し

$$\partial \phi = \sum' \sum_{j=1}^m \frac{\partial \phi_{J\bar{K}}}{\partial z^j} dz^j \wedge dz^J \wedge d\bar{z}^K \in \mathcal{E}^{(p+1,q)}(U),$$

$$\bar{\partial} \phi = \sum' \sum_{j=1}^m \frac{\partial \phi_{J\bar{K}}}{\partial \bar{z}^j} d\bar{z}^j \wedge dz^J \wedge d\bar{z}^K \in \mathcal{E}^{(p,q+1)}(U)$$

とおく。そして $\partial, \bar{\partial}$ を線型写像として $\mathcal{E}^k(U)$ 上に拡張する。このとき，つぎの等式が成り立つ：

(3.2.2) $\qquad d = \partial + \bar{\partial}, \quad \partial\partial = \bar{\partial}\bar{\partial} = \partial\bar{\partial} + \bar{\partial}\partial = 0.$

さて，カレント $T \in \mathcal{D}'^l(U)$ が (p,q) 型 $(p,q \geq 0, p+q=l)$ であるとは，任意の $\phi \in \mathcal{D}^{(s,t)}(U) (s+t=2m-l)$ に対し，$(s,t) \neq (m-p, m-q)$ であるならば，$T(\phi) = 0$ となることと定義する。(3.1.21) の書き方に従えば，$T \in \mathcal{D}'^l(U)$ が (p,q) 型であるとは

(3.2.3) $\qquad T = \sum'_{\substack{|J|=p \\ |K|=q}} T_{J\bar{K}} dz^J \wedge d\bar{z}^K, \quad T_{J\bar{K}} \in \mathcal{D}(U)'$

のことである。(p,q) 型カレントの全体を $\mathcal{D}'^{(p,q)}(U)$，または $\mathcal{D}'_{(m-p, m-q)}(U)$ と書く。

$$\mathcal{K}'^{(p,q)}(U) = \mathcal{K}'_{(m-p, m-q)}(U) = \mathcal{K}'^{p+q}(U) \cap \mathcal{D}'^{(p,q)}(U)$$

とおく。$l+k=2m$ とすると

$$\mathcal{D}'^l(U) = \bigoplus_{\substack{p,q \geq 0 \\ p+q=l}} \mathcal{D}'^{(p,q)}(U) = \bigoplus_{\substack{s,t \geq 0 \\ s+t=k}} \mathcal{D}'_{(s,t)}(U) = \mathcal{D}'_k(U),$$

$$\mathcal{K}'^l(U) = \bigoplus_{\substack{p,q \geq 0 \\ p+q=l}} \mathcal{K}'^{(p,q)}(U) = \bigoplus_{\substack{s,t \geq 0 \\ s+t=k}} \mathcal{K}'_{(s,t)}(U) = \mathcal{K}'_k(U)$$

となっている。$T \in \mathcal{D}'^l(U) = \mathcal{D}'_k(U)$ に対し，

$$\partial T : \phi \in \mathcal{D}^{k-1}(U) \longmapsto (-1)^{l+1} T(\partial \phi) \in \mathbf{C},$$

$$\bar{\partial} T : \phi \in \mathcal{D}^{k-1}(U) \longmapsto (-1)^{l+1} T(\bar{\partial} \phi) \in \mathbf{C}$$

とおくと，$\partial T, \bar{\partial} T \in \mathcal{D}'^{l+1}(U)$ となる。もし T が (p,q) 型ならば，∂T は $(p+1, q)$ 型，$\bar{\partial} T$ は $(p, q+1)$ 型である。$\partial T = 0 (\bar{\partial} T = 0)$ のとき，T を ∂閉 $(\bar{\partial}$閉$)$ で

あるという.(3.2.2)より

(3.2.4) $\quad dT = \partial T + \bar{\partial} T, \quad \partial \partial T = \bar{\partial}\bar{\partial} T = (\partial \bar{\partial} + \bar{\partial}\partial)T = 0$

が成り立っている.

(3.2.5) **例** $\omega \in \mathcal{L}^{(p,q)}{}_{\text{loc}}(U)$ に対し

$$[\omega]: \phi \in \mathcal{D}^{2m-p-q}(U) \longmapsto \int_U \omega \wedge \phi \in \boldsymbol{C}$$

とおくと,$[\omega] \in \mathcal{K}'^{(p,q)}(U)$ となる.

(3.2.6) **例** M を U の k 次元閉複素部分多様体とする.

$$[M]: \phi \in \mathcal{D}^{2k}(U) \longmapsto \int_M \phi \in \boldsymbol{C}$$

とすると,$[M] \in \mathcal{K}'_{(k,k)}(U) = \mathcal{K}'^{(m-k,m-k)}(U)$ となる.

さて $\phi = \sum' \phi_{J\bar{K}} dz^J \wedge d\bar{z}^K \in \mathcal{D}^{(p,q)}(U)$(他の微分型式の空間 $\mathcal{E}^{(p,q)}(U), \mathcal{L}^{(p,q)}{}_{\text{loc}}$ 等に属していてもよい)に対し,

$$\bar{\phi} = \sum' \overline{\phi_{J\bar{K}}} d\bar{z}^J \wedge dz^K \in \mathcal{K}^{(q,p)}(U)$$

と定義し,$\mathcal{D}^k(U)$ 上に線型に拡張して定義する.$\phi \in \mathcal{D}^k(U)$ に対し,$\bar{\phi}$ を ϕ の**複素共役**と呼ぶ.$\phi = \bar{\phi}$ のとき,ϕ を**実微分型式**と呼ぶ.一般に

(3.2.7) $\quad\quad\quad\quad\quad\quad \phi = \bar{\bar{\phi}} \quad (\phi \in \mathcal{D}^k(U))$

である.$T \in \mathcal{D}'^l(U)$ に対し,$\bar{T} \in \mathcal{D}'^l(U)$ を

(3.2.8) $\quad\quad\quad\quad\quad\quad \bar{T}(\phi) = \overline{T(\bar{\phi})}$

と定義する.$T \in \mathcal{D}'^{(p,q)}(U)$ ならば,$\bar{T} \in \mathcal{D}'^{(q,p)}(U)$ である.$T = \sum' T_{J\bar{K}} dz^J \wedge d\bar{z}^K \in \mathcal{D}'^{(p,q)}(U)$ ならば,

$$\bar{T} = \sum' \overline{T_{J\bar{K}}} d\bar{z}^J \wedge dz^K \in \mathcal{D}'^{(q,p)}(U)$$

となっている.$T \in \mathcal{D}'^l(U)$ に対し,$T = \bar{T}$ が成り立つとき,T を**実カレント**と呼ぶ.つぎは定義より明らかである:

(3.2.9) **補題** $T \in \mathcal{D}'^l(U)$ が (p,q) 型ならば,その滑性化 T_ε も (p,q) 型であり,T が実カレントならば,T_ε も実カレントである.

$V \subset \boldsymbol{C}^n$ を開集合とし,$f: V \to U$ を正則写像とする.すると $f^*: \mathcal{E}^k(U) \to \mathcal{E}^k(V)$ についてつぎが成り立つ:

(3.2.10) $\begin{cases} \partial(f^*\phi) = f^*(\partial\phi), \quad \bar{\partial}(f^*\phi) = f^*(\bar{\partial}\phi) \quad (\phi \in \mathcal{E}^k(U)), \\ f^*(\mathcal{E}^{(p,q)}(U)) \subset \mathcal{E}^{(p,q)}(V). \end{cases}$

もし $f: V \to U$ がプロパーならば，(3.1.31)で示したように $f_*: \mathscr{D}'_k(V) \to \mathscr{D}'_k(U)$ が $(f_*T)(\phi) = T(f^*\phi)$ により定義され，(3.2.10)よりつぎが成り立つ：

(3.2.11) $\quad \begin{cases} \partial(f_*T) = f_*(\partial T), & \bar{\partial}(f_*T) = f_*(\bar{\partial}T) \quad (T \in \mathscr{D}'_k(U)), \\ f_*(\mathscr{D}'_{(p,q)}(V)) \subset \mathscr{D}'_{(p,q)}(U). \end{cases}$

(ロ) 正カレント $k+p=m$, $k, p \in \mathbf{Z}^+$ とし，

$$\sigma_k = \begin{cases} 2^{-k}, & k \text{ が偶数のとき}, \\ i 2^{-k}, & k \text{ が奇数のとき} \end{cases}$$

とおく．$J = (j_1, \cdots, j_k) \in \{m; k\}$ に対して

$$\frac{i}{2} dz^{j_1} \wedge d\bar{z}^{j_1} \wedge \frac{i}{2} dz^{j_2} \wedge d\bar{z}^{j_2} \wedge \cdots \wedge \frac{i}{2} dz^{j_k} \wedge d\bar{z}^{j_k} = \sigma_k dz^J \wedge d\bar{z}^J$$

となることに注意する．実カレント $T \in \mathscr{D}'^{(p,p)}(U)$ が正カレント (positive current) であるとは，任意の $\eta \in \mathscr{E}^{(k,0)}(U)$ に対して $T \wedge (\sigma_k \eta \wedge \bar{\eta})$ が U 上の正超関数になることと定義する．$T \in \mathscr{D}'^{(p,p)}(U)$ が正カレントならば，任意の開部分集合 $V \subset U$ 上への制限 $T|V \in \mathscr{D}'^{(p,p)}(V)$ も正カレントである．逆に，補題(3.1.8)の証明と同様にして，つぎの補題が成り立つ．

(3.2.12) **補題** $T \in \mathscr{D}'^{(p,p)}(U)$ が正カレントであるための必要十分条件は，任意の $x \in U$ に対してその近傍 V が存在して $T|V \in \mathscr{D}'^{(p,p)}(V)$ が正カレントになることである．

正カレント T の滑性化 T_ε について，つぎの補題は明らかであろう．

(3.2.13) **補題** $T \in \mathscr{D}'^{(p,p)}(U)$ が正カレントならば，その滑性化 $T_\varepsilon \in \mathscr{D}'^{(p,p)}(U_\varepsilon)$ $(\varepsilon > 0)$ も正カレントであり，逆も成り立つ．

(3.2.14) **定理** 実カレント $T \in \mathscr{D}'^{(p,p)}(U)$ が正カレントならば，$T \in \mathscr{K}'^{(p,p)}(U)$ である．

証明 $\{dz^J \wedge d\bar{z}^K; J, K \in \{m; p\}\}$ で $\mathbf{C}$ 上生成される $\mathscr{E}^{(p,p)}(\mathbf{C}^m)$ の複素部分空間を $W^{(p,p)}$ と書く．すると

(3.2.15) $\quad W^{(p,p)} = W^{(1,1)} \wedge \cdots \wedge W^{(1,1)} \quad (p \text{ 個の外積})$

となる．任意の $u \in W^{(1,1)}$ は

$$u = \sum_{1 \leq j, k \leq m} a_{j\bar{k}} dz^j \wedge d\bar{z}^k \quad (a_{j\bar{k}} \in \mathbf{C})$$

と書ける．また，$a_{j\bar{k}} = c_{j\bar{k}} + i b_{j\bar{k}}$, $c_{j\bar{k}} = \bar{c}_{k\bar{j}}$, $b_{j\bar{k}} = \bar{b}_{k\bar{j}}$ と表わせる．したがって，$W^{(1,1)}$ は

(3.2.16) $$u = i\sum_{1\leq j,k\leq m} a_{j\bar{k}}dz^j \wedge d\bar{z}^k \qquad (a_{j\bar{k}}=\bar{a}_{k\bar{j}}\in C)$$

の型の元で生成される．(3.2.16)の$(a_{j\bar{k}})$はHermite行列であかから，ユニタリ行列$(b_{j\bar{k}})$が存在して

$${}^t\overline{(b_{j\bar{k}})}(a_{j\bar{k}})(b_{j\bar{k}}) = \begin{pmatrix} \lambda_1 & & O \\ & \ddots & \\ O & & \lambda_m \end{pmatrix} \qquad (\lambda_i \in R)$$

と対角化される．よって(3.2.16)で与えられたuは

(3.2.17) $$u = i\sum_{j=1}^m \lambda_j \alpha^j \wedge \bar{\alpha}^j \qquad (\lambda_j \in R)$$

と書かれる．ただし$\alpha^j = \sum_{i=1}^m \beta_i{}^j dz^i$ $(\beta_i{}^j \in C)$ で$(\beta_i{}^j)$は正則行列である．(3.2.17)と(3.2.15)より

(3.2.18) $$\begin{cases} W^{(p,p)} \text{は} C \text{上} (i\alpha^1 \wedge \bar{\alpha}^1)\wedge\cdots\wedge(i\alpha^p \wedge \bar{\alpha}^p), \alpha^j(1\leq j\leq p) \text{は} dz^1, \cdots, \\ dz^m \text{の一次結合の型の元で生成される} \end{cases}$$

ことがわかった．さて

$$W^{(m,m)} = \left\{ a\left(\frac{i}{2}dz^1 \wedge d\bar{z}^1\right)\wedge\cdots\wedge\left(\frac{i}{2}dz^m \wedge d\bar{z}^m\right); a\in C \right\}$$

であり，

$$a\left(\frac{i}{2}dz^1 \wedge d\bar{z}^1\right)\wedge\cdots\wedge\left(\frac{i}{2}dz^m \wedge d\bar{z}^m\right) \longmapsto a \in C$$

は線型同型であるから両空間を同一視する．このとき，双線型写像

(3.2.19) $$(\phi, \eta) \in W^{(p,p)} \times W^{(k,k)} \longmapsto \phi \wedge \eta \in C$$

により両空間は互いに双対空間になる．$W^{(k,k)}$の基底$\{\phi_1, \cdots, \phi_l\}$ $\left(l = \binom{m}{k}^2\right)$を(3.2.18)で述べた型の元でとる．$\{\phi_1{}^*, \cdots, \phi_l{}^*\}$をその$W^{(p,p)}$の双対基底とする．$T$は

(3.2.20) $$T = \sum_{j=1}^l T_j \phi_j{}^*, \qquad T_j \in \mathcal{D}(U)'$$

と書かれる．Tは正カレントであるから，$T \wedge \phi_j$は正超関数である．したがって$f \in \mathcal{D}(U)$ $(f \geq 0)$に対し

$$0 \leq T(f\phi_j) = T \wedge \phi_j(f) = \sum_{i=1}^l T_i \phi_i{}^* \wedge \phi_j(f) = T_j(f)$$

となる．よって補題(3.1.14)により$T_j \in \mathcal{K}(U)'$がわかる．(3.2.20)より$T \in \mathcal{K}'^{(p,p)}(U)$となる．∎

(3.2.21) **定理** $T = \sigma_p \sum' T_{J\bar{K}} dz^J \wedge d\bar{z}^K \in \mathcal{D}'^{(p,p)}(U)$が正カレントであるた

§2 複素領域上のカレント

めの必要十分条件は，つぎの2条件である：
(i) $\bar{T}_{J\bar{K}} = T_{K\bar{J}}$,
(ii) 任意のベクトル $(\xi^J) \in C_p^{(m)}$ に対し
$$\sum{}' T_{J\bar{K}} \xi^J \bar{\xi}^K$$
は正超関数である．

証明 (i)は，T が実カレントとなるための必要十分条件である．さて T が正カレントであったとする．任意のベクトル $(\xi^J) \in C_p^{(m)}$ に対して，
$$\eta = \sum_{J \in \{m;p\}} \xi^J \delta(J, \hat{J}) dz^{\hat{J}} \in \mathcal{E}^{(k,0)}(U)$$
とおく．ただし，$\delta(J, \hat{J})$ は置換 $\{J, \hat{J}\} \to \{1, 2, \cdots, m\}$ の符号である．仮定より $\sigma_k T \wedge \eta \wedge \bar{\eta}$ は正超関数である．一方，

(3.2.22)
$$\sigma_k T \wedge \eta \wedge \bar{\eta} = \sigma_k \sigma_p \sum{}' T_{J\bar{K}} dz^J \wedge d\bar{z}^K \wedge \eta \wedge \bar{\eta}$$
$$= \sigma_k \sigma_p \sum_{\substack{|J|=p \\ |K|=p}}{}' \sum_{\substack{|J'|=p \\ |K'|=p}}{}' T_{J\bar{K}} \xi^{J'} \bar{\xi}^{K'} \delta(J', \hat{J}') \delta(K', \hat{K}') dz^J \wedge d\bar{z}^K \wedge dz^{\hat{J}'} \wedge d\bar{z}^{\hat{K}'}$$
$$= \sigma_k \sigma_p \sum_{\substack{|J|=p \\ |K|=p}}{}' T_{J\bar{K}} \xi^J \bar{\xi}^K \delta(J, \hat{J}) \delta(K, \hat{K}) dz^J \wedge d\bar{z}^K \wedge dz^{\hat{J}} \wedge d\bar{z}^{\hat{K}}$$
$$= \sigma_k \sigma_p (-1)^{kp} \sum{}' T_{J\bar{K}} \xi^J \bar{\xi}^K \delta(J, \hat{J}) \delta(K, \hat{K}) dz^J \wedge dz^{\hat{J}} \wedge d\bar{z}^K \wedge d\bar{z}^{\hat{K}}$$
$$= \sigma_k \sigma_p (-1)^{kp} (\sum{}' T_{J\bar{K}} \xi^J \bar{\xi}^K) dz^1 \wedge \cdots \wedge dz^m \wedge d\bar{z}^1 \wedge \cdots \wedge d\bar{z}^m$$
$$= \sigma_k \sigma_p (-1)^{kp} (\sigma_m)^{-1} (\sum{}' T_{J\bar{K}} \xi^J \bar{\xi}^K) \bigwedge_{j=1}^m \frac{i}{2} dz^j \wedge d\bar{z}^j$$
$$= (\sum{}' T_{J\bar{K}} \xi^J \bar{\xi}^K) \bigwedge_{j=1}^m \frac{i}{2} dz^j \wedge d\bar{z}^j$$

となるから，$\sum{}' T_{J\bar{K}} \xi^J \bar{\xi}^K$ は正超関数である．逆に，T が実カレントで(ii)を満たしたとする．すると任意の $J, K \in \{m;p\}$ に対して，$T_{J\bar{K}} + T_{K\bar{J}}, iT_{J\bar{K}} - iT_{K\bar{J}}$ は共に正超関数になる．よって $T_{J\bar{K}} \in \mathcal{K}(U)'$ となり，$T \in \mathcal{K}'^{(p,p)}(U)$ がわかる．任意に $\eta \in \mathcal{E}^{(p,0)}(U)$ と $f \in \mathcal{D}(U) (f \geq 0)$ をとる．U の相対コンパクトな開部分集合 V を $\operatorname{supp} f \subset V$ ととり，$\eta = \sum{}' \eta_J dz^J$ と書く．各 η_J を階段関数列
$$\eta_{\lambda J} = \sum_\alpha c_{\lambda\alpha} \chi_{B_{\lambda\alpha}} \quad (\lambda = 1, 2, \cdots)$$
で V 上で一様に近似する．ただし，$\{B_{\lambda\alpha}\}_\alpha$ は V 内の Borel 集合の有限族で，$\alpha \neq \beta$ ならば $B_{\lambda\alpha} \cap B_{\lambda\beta} = \phi$ なるものとする．定理(3.1.13)により T_J は Radon 測度と考えられる．$\eta_\lambda = \sum_{|J|=p}{}' \eta_{\lambda J} dz^J$ とおくと，$\operatorname{supp} \eta_\lambda \subset V (\lambda = 1, 2, \cdots)$ で一様に $\eta_\lambda \to \eta (\lambda \to \infty)$ と収束しているから

$$(\sigma_k T \wedge \eta \wedge \bar{\eta})(f) = T(\sigma_k f \eta \wedge \bar{\eta})$$
$$= \lim_{\lambda \to \infty} T(\sigma_k f \eta_\lambda \wedge \bar{\eta}_\lambda)$$

を得る.ゆえに任意の Borel 集合 $B \subset U$ と $(\xi^J) \in C^{\binom{m}{p}}$ に対して,$\eta = \sum_{|J|=p} \xi^J \delta(J, \hat{J}) dz^J$ とおくとき,$\sigma_k T \wedge \chi_B \eta \wedge \bar{\eta}$ が正超関数になればよい.実際,任意の $f \in \mathcal{D}(U) (f \geq 0)$ に対して (3.2.22) の計算から

$$(\sigma_K T \wedge \chi_B \eta \wedge \bar{\eta})(f) = {\sum}' T_{J\bar{K}} (\chi_B f) \xi^J \bar{\xi}^K \geq 0$$

が導かれる.∎

(3.2.23) **系** $T = \sigma_p {\sum}' T_{J\bar{K}} dz^J \wedge d\bar{z}^K \in \mathcal{D}'^{(p,p)}(U)$ を正カレントとする.このとき,T のトレース Trace $T = {\sum}'_{|J|=p} T_{J\bar{J}}$ は正の Radon 測度で,各 $T_{J\bar{K}}$ は Trace T に関して絶対連続である.

証明 任意に $f \in \mathcal{D}(U) (f \geq 0)$ をとる.定理 (3.2.21) により $(T_{J\bar{K}}(f))_{J,K \in \{m;p\}}$ は $\binom{m}{p}$ 次の半正定値 Hermite 行列である.Schwarz の不等式によって

$${\sum}'_J T_{J\bar{J}}(f) \geq 0,$$
$$|T_{J\bar{K}}(f)| \leq \mathrm{Trace}\, T(f)$$

を得る.∎

(3.2.24) **補題** $\omega \in \mathcal{E}^{(1,1)}(U)$ は実微分型式で,$\omega \geq 0$ なるものとし,$T \in \mathcal{D}'^{(p,p)}(U)$ を正カレントとする.このとき,$T \wedge \omega^l (1 \leq l \leq k(=m-p))$ も正カレントになる.ただし $\omega^l = \omega \wedge \cdots \wedge \omega$ (l 回).

証明 (3.2.16) ~ (3.2.18) より,

$$\omega = \frac{i}{2} \sum_{j=1}^m a_j \alpha^j \wedge \bar{\alpha}^j \quad (a_j \in \mathcal{E}(U), a_j \geq 0)$$

と書くことができる.ただし α^j は $dz^1, \cdots, dz^m$ の一次結合である.そうすると

$$\omega^l = l! \left(\frac{i}{2}\right)^l \sum_{1 \leq j_1 < \cdots < j_l \leq m} a_{j_1} a_{j_2} \cdots a_{j_l} \alpha^{j_1} \wedge \bar{\alpha}^{j_1} \wedge \cdots \wedge \alpha^{j_l} \wedge \bar{\alpha}^{j_l}$$
$$= l! \sigma_l {\sum}'_{|J|=l} a_J \alpha^J \wedge \bar{\alpha}^J$$

となる.ただし,$J=(j_1, \cdots, j_l) \in \{m; l\}$ に対し

$$a_J = a_{j_1} \cdots a_{j_l}, \quad \alpha^J = \alpha^{j_1} \wedge \cdots \wedge \alpha^{j_l}$$

とおいた.任意の $\eta \in \mathcal{E}^{(m-p-l, 0)}(U)$ に対し

$$T \wedge \omega^l \wedge (\sigma_{m-p-l} \eta \wedge \bar{\eta})$$

$$= l! \sum_{|J|=l}' \sigma_l \sigma_{m-p-l} a_J T \wedge \alpha^J \wedge \bar{\alpha}^J \wedge \eta \wedge \bar{\eta}$$

$$= l! \sum_{|J|=l}' \sigma_l \sigma_{m-p-l} (-1)^{l(m-p-l)} a_J T \wedge (\alpha^J \wedge \eta) \wedge \overline{(\alpha^J \wedge \eta)}$$

$$= l! \sum_{|J|=l}' \sigma_k a_J T \wedge (\alpha^J \wedge \eta) \wedge \overline{(\alpha^J \wedge \eta)}$$

となる.よって $T \wedge \omega^l$ は正カレントである.∎

注意 M を第二可算公理を満たす複素多様体とする.§1(ヌ)で述べたようにカレントという概念は M 上で定義される.この節で,いままで述べてきた正カレントに関する諸結果は,M 上で局所的または大域的に成立するものである.

(ハ) **Lelong 数** いままで通り $(z^1, \cdots, z^m)$ を $\boldsymbol{C}^m$ の自然な正則座標系とする.$z = (z^1, \cdots, z^m)$ に対して

$$\|z\|^2 = \sum_{j=1}^m |z^j|^2,$$

$$\alpha = dd^c \|z\|^2 = \frac{i}{2\pi} \sum_{j=1}^m dz^j \wedge d\bar{z}^j,$$

$$\beta = dd^c \log \|z\|^2 \quad (z \neq 0),$$

$$\alpha^k = \underbrace{\alpha \wedge \cdots \wedge \alpha}_{k\text{回}}, \ \beta^k = \underbrace{\beta \wedge \cdots \wedge \beta}_{k\text{回}}, \quad \alpha^0 = 1, \quad \beta^0 = 1,$$

$$\eta = d^c \log \|z\|^2 \wedge \beta^{m-1}$$

とおく.ただし $d^c = (i/4\pi)(\bar{\partial} - \partial)$.容易に確かめられるように

(3.2.25) $\quad d\alpha = 0, \quad d\beta = 0, \quad \beta^m = 0$

が成り立っている.さて

$$B(z; r) = \{w \in \boldsymbol{C}^m; \|w - z\| < r\},$$
$$\Gamma(z; r) = \{w \in \boldsymbol{C}^m; \|w - z\| = r\},$$
$$B(O; r) = B(r), \quad \Gamma(O; r) = \Gamma(r)$$

とおく.以上の記号は,以後の章においても共通に使われる.

(3.2.26) $\quad \alpha^m = \dfrac{m!}{\pi^m} \bigwedge_{j=1}^m \dfrac{i}{2} dz^j \wedge d\bar{z}^j$

であり,$B(1)$ の体積は $\pi^m/m!$ であるから

(3.2.27) $\quad \displaystyle\int_{B(z;r)} \alpha^m = r^{2m}$

となる.$\Gamma(r)$ 上で $d\|w\|^2 = \partial\|w\|^2 + \bar{\partial}\|w\|^2 = 0$ であるから

(3.2.28) $\quad \beta|\Gamma(r) = \dfrac{1}{r^2}\alpha|\Gamma(z; r)$

となる．開集合 $U \subset \boldsymbol{C}^m$ 上の正カレント $T \in \mathscr{D}'^{(p,p)}(U)$ をとる．$B(z;R) \subset U$ ($R>0$) のとき，$0<r<R$ に対して

(3.2.29) $\begin{cases} n(z;r,T) = \dfrac{1}{r^{2k}} T(\chi_{B(z;r)} \alpha^k) & (\geqq 0), \\ n(0;r,T) = n(r,T) \end{cases}$

とおく．ただし $k+p=m$．定理(3.2.14)と定理(3.1.13)により(3.2.29)の右辺は意味をもち，補題(3.2.24)より，非負である．

つぎの補題は，**Poincaréの補題**と呼ばれるよく知られた事実である．

(3.2.30) **補題** 一般に $\boldsymbol{R}^m$ の原点を中心とする球 $B=\{x \in \boldsymbol{R}^m; \|x\|<r\}$ ($r>0$) 上の微分型式 $\phi \in \mathscr{E}^p(B)$ が $d\phi=0$ であるならば，$\psi \in \mathscr{E}^{p-1}(B)$ が存在して $d\psi=\phi$ となる．

(3.2.31) **定理** $T \in \mathscr{D}'^{(p,p)}(U)$ が正カレントで，$dT=0$ とする．$z \in U$ とし，

$$R = \mathrm{dist}(z, \partial U) = \inf\{\|w-z\|; w \in \partial U\}$$

とする．このとき，$0<r<R$ に対し $n(z;r,T)$ は r の増加関数である．

証明 $z=0$ として一般性を失わない．さて $0<r_1<r_2<R$ とする．$0<\varepsilon<R-r_2$ として，T の滑性化 T_ε を考える．(3.1.30)より $dT_\varepsilon=0$ となる．T_ε は U_ε 上の C^∞ 級関数を係数とする $2p$ 次微分型式と考えることができる．すると，補題(3.2.30)により，$B(R-\varepsilon)$ 上に $S_\varepsilon \in \mathscr{E}^{2p-1}(B(R-\varepsilon))$ が存在して，$dS_\varepsilon = T_\varepsilon$ となる．そうすれば

(3.2.32) $n(r_2, T_\varepsilon) - n(r_1, T_\varepsilon) = \dfrac{1}{r_2^{2k}} \displaystyle\int_{B(r_2)} T_\varepsilon \wedge \alpha^k - \dfrac{1}{r_1^{2k}} \int_{B(r_1)} T_\varepsilon \wedge \alpha^k$

$= \dfrac{1}{r_2^{2k}} \displaystyle\int_{\Gamma(r_2)} S_\varepsilon \wedge \alpha^k - \dfrac{1}{r_1^{2k}} \int_{\Gamma(r_1)} S_\varepsilon \wedge \alpha^k$

  ($\because$ Stokes の定理と (3.2.25))

$= \displaystyle\int_{\Gamma(r_2)} S_\varepsilon \wedge \beta^k - \int_{\Gamma(r_1)} S_\varepsilon \wedge \beta^k$ ($\because$ (3.2.28))

$= \displaystyle\int_{B(r_2) - \overline{B(r_1)}} T_\varepsilon \wedge \beta^k$ ($\because$ Stokes の定理と (3.2.25))

となる．T のトレース $\mathrm{Trace}\, T$ について $\Gamma(r)$ ($0 \leqq r < R$) が正の測度をもつような r の全体を $E \subset [0, R)$ とする．$E_N = \{r \in [0, R); \mathrm{Trace}\, T(\Gamma(r)) > 1/N\}$ (N

§2 複素領域上のカレント

$=1,2,\cdots$) とおくと，Trace T は Radon 測度であるから，$[0,R)$ のコンパクト部分集合に含まれる E_N の元の数は有限個しかない．よって E_N は高々可算集合である．$E=\bigcup_{N=1}^{\infty}E_N$ であるから，E も高々可算集合である．つぎに任意の $r\in(0,R)-E$ に対し，つぎの収束を証明しよう：

$$(3.2.33) \qquad \lim_{\varepsilon\to 0}\int_{B(r)} T_\varepsilon \wedge \alpha^k = T(\chi_{B(r)}\alpha^k).$$

まず $T\wedge\alpha^k\geqq 0$ であるからとくに Radon 測度である．つぎに $r\notin E$ であるから，Radon 測度の外正則性により，任意の $\delta>0$ に対し，ある $\sigma>0$ が存在して

$$(3.2.34) \qquad T(\chi_{B(r+3\sigma)-\overline{B(r-3\sigma)}}\alpha^k) < \delta$$

となる．R 上の非負関数 μ_1,μ_2 をつぎのように定める：

$$\mu_1(t) = \begin{cases} 1, & t\leqq r-2\sigma, \\ 1-\{t-(r-2\sigma)\}/\sigma, & r-2\sigma\leqq t\leqq r-\sigma, \\ 0, & t\geqq r-\sigma, \end{cases}$$

$$\mu_2(t) = 1-\mu_1(t).$$

そうすれば $\varepsilon<\sigma$ ならば，(3.2.34) より

$$(3.2.35) \qquad \begin{cases} 0\leqq T(\mu_2\chi_{B(r)}\alpha^k) < \delta, \\ 0\leqq \int_{B(r)} \mu_2 T_\varepsilon\wedge\alpha^k < T(\chi_{B(r+3\sigma)-\overline{B(r-3\sigma)}}\alpha^k) < \delta \end{cases}$$

となる．$\varepsilon\to 0$ とするとき，T_ε はノルム $\|\ \|^0$ の意味で T に収束しているのであるから，ある $\varepsilon_0>0$ が存在して $\varepsilon<\varepsilon_0$ ならば

$$(3.2.36) \qquad \left|\int \mu_1 T_\varepsilon\wedge\alpha^k - T(\mu_1\alpha^k)\right| < \delta$$

となる．したがって，(3.2.35) と (3.2.36) より，$\varepsilon<\min\{\sigma,\varepsilon_0\}$ ならば

$$\left|\int_{B(r)} T_\varepsilon\wedge\alpha^k - T(\chi_{B(r)}\wedge\alpha^k)\right| < 3\delta$$

となり，(3.2.33) が示された．$r_1,r_2\notin E$ ならば，(3.2.33) により

$$\lim_{\varepsilon\to 0} n(r_i,T_\varepsilon) = n(r_i,T) \qquad (i=1,2)$$

を得る．α の代わりに β で同じ議論をして

$$\lim_{\varepsilon\to 0}\int_{B(r_2)-\overline{B(r_1)}} T_\varepsilon\wedge\beta^k = T(\chi_{B(r_2)-\overline{B(r_1)}}\beta^k)$$

となる．(3.2.32) と上式を合わせると

$$n(r_2,T) - n(r_1,T) = T(\chi_{B(r_2)-\overline{B(r_1)}}\beta^k)$$

$$= T \wedge \beta^k (\chi_{B(r_2) - \overline{B(r_1)}})$$

を得る.一方,$\beta \geqq 0$ であるので,補題(3.2.24)により $T \wedge \beta^k$ は,$U - \{O\}$ 上の正超関数であり,$T \wedge \beta^k (\chi_{B(r_2) - \overline{B(r_1)}}) \geqq 0$ となる.よって $n(r_1, T) \leqq n(r_2, T)$ が得られた.Radon 測度の内正則性により,$n(r, T)$ は r について左連続な関数であることがわかる.このことからすべての $0 < r_1 < r_2 < R$ に対し,$n(r_1, T) \leqq n(r_2, T)$ を得る.∎

この定理(3.2.31)により,閉正カレント $T \in \mathscr{D}'^{(p,p)}(U)$ に対し,極限
$$\lim_{r \to 0} n(z; r, T) = \mathscr{L}(z; T) \qquad (z \in U)$$
が存在する.$\mathscr{L}(z; T)$ を T の $z \in U$ における **Lelong 数**と呼ぶ.

§3 多重劣調和関数

この節では,多重劣調和関数の基礎的事実について説明する.この多重劣調和関数は,広く多変数関数論,複素解析で重要な役割をはたしているので,この節で,かなりていねいに述べることにする.この節の結果は,とくに第5章で使われる.

(イ) 劣調和関数 まず一変数の劣調和関数についての基本的事項の復習から始める.

U を C 内の開集合とする.$\varepsilon > 0$ にたいして,
$$U_\varepsilon = \{z \in U; \inf_{w \notin U} |w - z| > \varepsilon\}$$
とおく.

(3.3.1) **定義** 関数 $u: U \to [-\infty, \infty)$ が**劣調和**(subharmonic)であるとは,つぎの3条件が満たされることである:

(i) U の各連結成分上,$u \not\equiv -\infty$ である.
(ii) u は上半連続である.つまり任意の $a \in \boldsymbol{R}$ にたいし $\{z \in U; u(z) < a\}$ は開集合である.
(iii) 任意の $\varepsilon > 0$ と $z \in U_\varepsilon$ にたいし
$$u(z) \leqq \frac{1}{2\pi} \int_0^{2\pi} u(z + \varepsilon e^{i\theta}) d\theta$$
となる.

関数 $u: U \to (-\infty, \infty)$ が, $-u$ と共に劣調和であるとき, u を調和 (harmonic) であるという.

(3.3.2) 定理(最大値原理) u を領域 U 上の劣調和関数で, 定数でないならば, u は U 内で最大値をとらない.

証明 点 $z \in U$ で u が最大値をとったとする. $\varepsilon > 0$ を $z \in U_\varepsilon$ となるように勝手にとる. すると定義より

$$\frac{1}{2\pi} \int_0^{2\pi} \{u(z+\varepsilon e^{i\theta}) - u(z)\} d\theta \geq 0$$

であるが, 一方, $u(z) \geq u(z+\varepsilon e^{i\theta})$ であるから, ほとんどすべての θ について $u(z+\varepsilon e^{i\theta}) = u(z)$ となる. u は上半連続であるから, すべての θ について $u(z+\varepsilon e^{i\theta}) = u(z)$ となる. したがって u は z の近傍で恒等的に最大値 $u(z)$ をとる. いま $V = \{w \in U; u(w) \geq u(z)\}$ とおくと, 上記の考察から V は開集合となる. 一方, u の上半連続性より V は閉集合である. U は連結であるから, $V = U$ となる. ∎

(3.3.3) 補題 (i) u_1, u_2 が U 上の劣調和関数で $a_1, a_2 \geq 0$ を定数とする. このとき $a_1 u_1 + a_2 u_2$ も U 上で劣調和である. ただし $0 u_j = 0$ とする.

(ii) $\{u_\lambda\} (\lambda \in \Lambda)$ を U 上の劣調和関数の族とする. $z \in U$ にたいし

$$u(z) = \sup_{\lambda \in \Lambda} u_\lambda(z)$$

とおくとき, $u(z) < \infty$ が成り立つとする. もし $u(z)$ が上半連続ならば (これは Λ が有限集合ならば自動的に満たされる), u は U 上劣調和である.

(iii) $\{u_j\} (j=1, 2, \cdots)$ が $u_{j+1}(z) \leq u_j(z) (z \in U)$ なる劣調和関数列とする. その極限関数 $u(z) = \lim_{j \to \infty} u_j(z)$ は, U の各連結成分上恒等的に $-\infty$ か劣調和である.

証明 (i) は明らかであろう. (ii) を示そう. $u \not\equiv -\infty$ は自明である. また Λ が有限集合ならば u が上半連続なることも定義より明らかであろう. さて任意の $\varepsilon > 0$ と $z \in U_\varepsilon$ をとる. U 内の任意のコンパクト集合 K 上 u は上に有界であるから, u_λ は K 上で上に有界となる. したがって Fatou の補題が適用できて, つぎを得る:

$$u(z) = \sup_{\lambda \in \Lambda} u_\lambda(z) \leq \sup_{\lambda \in \Lambda} \frac{1}{2\pi} \int_0^{2\pi} u_\lambda(z+\varepsilon e^{i\theta}) d\theta$$

$$\leq \frac{1}{2\pi} \int_0^{2\pi} u(z+\varepsilon e^{i\theta}) d\theta.$$

したがって u は劣調和である．(iii) を示そう．$u \not\equiv -\infty$ とする．u が上半連続であることは明らかである．また u_j が U 内の任意のコンパクト集合上で一様有界であることも明らかである．したがって，やはり Fatou の補題が適用できてつぎを得る：

$$u(z) = \lim_{j\to\infty} u_j(z) \leq \overline{\lim_{j\to\infty}} \frac{1}{2\pi} \int_0^{2\pi} u_j(z+\varepsilon e^{i\theta})d\theta$$
$$\leq \frac{1}{2\pi}\int_0^{2\pi} \overline{\lim_{j\to\infty}} u_j(z+\varepsilon e^{i\theta})d\theta = \frac{1}{2\pi}\int_0^{2\pi} u(z+\varepsilon e^{i\theta})d\theta.$$

したがって u は劣調和である．∎

(3.3.4) **定理** u を領域 U 上の劣調和関数，$P(t)$ を $\mathbf{R}$ 上の単調増加凸関数とする．このとき $P\circ u$ は劣調和関数である．ただし $P(-\infty)=\lim_{t\to-\infty} P(t) \in [-\infty, \infty)$．

証明 $P\circ u \not\equiv -\infty$ は明らかである．P は単調増加連続関数であるから，$P\circ u$ は上半連続関数である．任意に $\varepsilon>0, z\in U_\varepsilon$ をとる．P が単調増加凸関数であることを使って

$$P(u(z)) \leq P\left(\frac{1}{2\pi}\int_0^{2\pi} u(z+\varepsilon e^{i\theta})d\theta\right)$$
$$\leq \frac{1}{2\pi}\int_0^{2\pi} P(u(z+\varepsilon e^{i\theta}))d\theta$$

となる．したがって $P\circ u$ は劣調和である．∎

(3.3.5) **定理** u が領域 U 上の劣調和関数ならば，$u \in \mathcal{L}_{\mathrm{loc}}(U)$ である．さらに $dd^c[u]$ は正カレントである．

証明 $V=\{z\in U; z$ のある近傍上 u は可積分$\}$ とおく．$u \not\equiv -\infty$ であるから，$z\in U, u(z)\not= -\infty$ となる点が存在する．$\varepsilon>0$ を $z\in U_\varepsilon$ となるようにとる．任意の $0<t<\varepsilon$ にたいして，

$$u(z) \leq \frac{1}{2\pi}\int_0^{2\pi} u(z+te^{i\theta})d\theta$$

であるから両辺に t を掛けて $[0,\varepsilon]$ 上積分すると，

(3.3.6) $$\frac{\varepsilon^2}{2}u(z) \leq \frac{1}{2\pi}\int_0^\varepsilon dt \int_0^{2\pi} tu(z+te^{i\theta})d\theta$$

を得る．一方，u は上半連続であるから，u は $B(z;\varepsilon)$ で上に有界である．した

がって u は $B(z;\varepsilon)$ 上可積分である．ゆえに V は空でない開集合となり，しかも

(3.3.7) $$V \supset \{z \in U; u(z) \neq -\infty\}$$

である．さて $U-V$ が開集合になることを示す．実際 $z \in U-V$ とする．$\varepsilon > 0$ を $z \in U_{4\varepsilon}$ にとる．任意の $w \in B(z;\varepsilon)$ にたいして，$u(w) = -\infty$ となる．実際 $u(w) \neq -\infty$ としよう．$w \in U_{2\varepsilon}$ であるから，上の考察より $B(w;2\varepsilon) \subset V$ となる．とくに $z \in V$ となり矛盾である．すべての $w \in B(z;\varepsilon)$ について $u(w) = -\infty$ がわかったから，明らかに $B(z;\varepsilon) \subset U-V$ となる．すなわち $U-V$ は開集合である．U は連結であるから，結局 $U=V$ を得る．つぎに $dd^c[u] \geqq 0$ を示す．$\phi \in \mathscr{D}(U)$, $\phi \geqq 0$ を任意にとる．$\varepsilon > 0$ を $\mathrm{supp}(\phi) \subset U_\varepsilon$ にとる．

$$2\pi u(z) \leqq \int_0^{2\pi} u(z+\varepsilon e^{i\theta}) d\theta$$

であるので，$\phi(z)$ を掛けて積分すると，

$$2\pi \int_U u(z)\phi(z)\frac{i}{2}dz \wedge d\bar{z} \leqq \int_0^{2\pi} d\theta \int_U u(z+\varepsilon e^{i\theta})\phi(z)\frac{i}{2}dz \wedge d\bar{z}$$
$$= \int_0^{2\pi} d\theta \int_U \phi(z-\varepsilon e^{i\theta})u(z)\frac{i}{2}dz \wedge d\bar{z}$$

となる．したがって

(3.3.8) $$\frac{1}{\varepsilon^2}\int_U u(z)\left[\int_0^{2\pi}\{\phi(z-\varepsilon e^{i\theta})-\phi(z)\}d\theta\right]\frac{i}{2}dz \wedge d\bar{z} \geqq 0$$

となる．$\phi(z)$ の Taylor 展開

$$\phi(z+w) = \phi(z) + \frac{\partial \phi}{\partial z}(z)w + \frac{\partial \phi}{\partial \bar{z}}(z)\bar{w} + \frac{\partial^2 \phi}{\partial z^2}(z)w^2 + 2\frac{\partial^2 \phi}{\partial z \partial \bar{z}}(z)w\bar{w}$$
$$+ \frac{\partial^2 \phi}{\partial \bar{z}^2}(z)\bar{w}^2 + (高次の項)$$

で $w = -\varepsilon e^{i\theta}$ とおいて (3.3.8) に代入し，$\varepsilon \to 0$ とすることにより，

$$\int_U u(z)\frac{\partial^2 \phi}{\partial z \partial \bar{z}}(z)\frac{i}{2}dz \wedge d\bar{z} \geqq 0$$

を得る．すなわち $\langle dd^c[u], \phi \rangle \geqq 0$ を得る．よって $dd^c[u]$ は正カレントである．∎

(3.3.9) **定理** U を領域として，$u: U \to [-\infty, \infty)$ を上半連続関数で，$u \not\equiv -\infty$ とする．このときつぎの3条件は同値である．

(i) u は劣調和である.
(ii) 任意の $\varepsilon>0, z\in U_\varepsilon$ にたいして,
$$u(z) \leqq \frac{1}{\pi\varepsilon^2}\int_{w\in B(\varepsilon)} u(z+w)\frac{i}{2}dw\wedge d\overline{w}.$$
(iii) $K\subset U$ を任意のコンパクト集合, h を K 上連続で K の内点集合 K° で調和な関数とする. もし $\partial K=K-K^\circ$ 上で $u\leqq h$ ならば, K 全体で $u\leqq h$ が成立する.

証明 (i)⇨(ii)は(3.3.6)で示された. (ii)⇨(iii)を示そう. h が調和なので, h と $-h$ に(i)⇨(ii)を使うことによって任意の $z\in(K^\circ)_\varepsilon$ にたいし
$$h(z) = \frac{1}{\pi\varepsilon^2}\int_{B(\varepsilon)} h(z+w)\frac{i}{2}dw\wedge d\overline{w}$$
となるので,

(3.3.10) $\quad u(z)-h(z) \leqq \dfrac{1}{\pi\varepsilon^2}\displaystyle\int_{B(\varepsilon)} \{u(z+w)-h(z+w)\}\dfrac{i}{2}dw\wedge d\overline{w}$

となる. 定理(3.3.2)の証明と同じようにして, 任意の $\varepsilon>0, z\in(K^\circ)_\varepsilon$ について (3.3.10)がわかる. よって,
$$\sup\{u(z)-h(z); z\in K^\circ\} \leqq \sup\{u(z)-h(z); z\in\partial K\}$$
が成り立つ. したがって K 上で $u\leqq h$ が成り立つ. 最後に(iii)⇨(i)を示す. 任意に $\varepsilon>0, w\in U_\varepsilon$ をとる. $\partial B(w;\varepsilon)$ 上で u は上半連続なので, $\partial B(w;\varepsilon)$ 上の単調減少な連続関数列 $\{a_j\}(j=1,2,\cdots)$ で u に各点収束するものをとる. $\partial B(w;\varepsilon)$ 上の Poisson 核で a_j を積分して調和関数 $h_j(z)$ を得る. すなわち $z\in B(w;\varepsilon)$ にたいし
$$h_j(z) = \frac{1}{2\pi}\int_0^{2\pi} a_j(w+\varepsilon e^{i\theta})\frac{\varepsilon^2-|z-w|^2}{|\varepsilon e^{i\theta}-(z-w)|^2}d\theta$$
とおく. よく知られたように $h_j(z)$ は $\overline{B(w;\varepsilon)}$ 上で連続になり $h_j|\partial B(w;\varepsilon)=a_j$ である. 取り方より $a_j\geqq u|\partial B(w;\varepsilon)$ である. 仮定より, $B(w;\varepsilon)$ 上 $h_j\geqq u$ である. とくに
$$u(w) \leqq h_j(w) = \frac{1}{2\pi}\int_0^{2\pi} a_j(w+\varepsilon e^{i\theta})d\theta$$
となる. ここで $j\to\infty$ とすると, Lebesgue の収束定理により, つぎを得る.
$$u(w) \leqq \frac{1}{2\pi}\int_0^{2\pi} u(w+\varepsilon e^{i\theta})d\theta.$$

(3.3.11) **系** 関数 $u: U \to [-\infty, \infty)$ が劣調和ならば，U の任意の部分領域上劣調和である．逆に U の各点にある近傍が存在して，その上で u が劣調和ならば，u は U 上で劣調和になる．

証明 $u: U \to [-\infty, \infty)$ が劣調和であったとする．U' を U の任意の部分領域とする．$u|U'$ の劣調和性をいうためには，$u|U' \not\equiv -\infty$ を確かめれば十分である．これは定理 (3.3.5) よりでる．後半については，定理 (3.3.9) の (iii) を使う．$u: U \to [-\infty, \infty)$ を U の各点にある近傍が存在して，その上で劣調和になる関数とする．$K \subset U$ を任意のコンパクト集合とする．h を K 上連続で K° 上調和な関数とする．K はコンパクトであるから，ある $\delta > 0$ が存在して，$K \subset U_\delta$ である．$0 < \varepsilon < \delta$ を任意の $z \in K$ にたいし u が $B(z; \varepsilon)$ 上劣調和であるようにとる．このとき，

$$u(z) \leq \frac{1}{2\pi} \int_0^{2\pi} u(z+\varepsilon e^{i\theta}) d\theta$$

となる．h は K° 上調和であるから，任意の $z \in (K^\circ)_\varepsilon$ について

(3.3.12) $\qquad u(z) - h(z) \leq \dfrac{1}{2\pi} \int_0^{2\pi} \{u(z+\varepsilon e^{i\theta}) - h(z+\varepsilon e^{i\theta})\} d\theta$

となる．定理 (3.3.2) の証明に使った手段を思い起こせば，(3.3.12) より $u-h$ は K° の各連結成分上定数でなければ，内点で最大値をとらないことがわかる．∂K 上で $u-h \leq 0$ であるから K 上で $u-h \leq 0$ となる．∎

この系より劣調和性は局所的性質であることがわかった．ここで劣調和関数の重要な例を一つ与えておこう．

(3.3.13) **系** $F(z) \not\equiv 0$ を U 上の正則関数とする．このとき，$\log|F|$ は劣調和関数である．任意の正数 a について，$|F|^a$ も劣調和である．

証明 $\log|F|$ が上半連続であることはよいであろう．$K \subset U$ を任意のコンパクト集合とする．h を K 上連続な関数で，かつ K° 上で調和とする．さらに ∂K 上で $\log|F| \leq h$ とする．$\log|F| - h$ の K 上での最大値を k とする．$k > 0$ として矛盾を導く．$w \in K$ で $\log|F(w)| - h(w) = k$ とする．もちろん $w \in K^\circ$ で，$F(w) \neq 0$ であるから，$\log|F(z)|$ は w の近傍で調和である．定理 (3.3.2) により，$\log|F| - h$ は w の近傍で定数 k に等しい．これにより $\log|F| - h$ は K の w を含む連結成分 K' 上で定数 k に等しい．一方，$\partial K'$ 上で $\log|F| - h \leq 0$ であるか

ら，矛盾である．以上で $\log|F|\leq h$ がいえた．したがって定理(3.3.9)の(iii)より $\log|F|$ が劣調和である．さて関数 $t\in \mathbf{R}\mapsto e^{at}\in \mathbf{R}$ は凸関数であるから，定理(3.3.4)より $|F|^a$ が劣調和である．∎

ここで予備的な積分公式を一つ示す．

(3.3.14) **補題** $0<R<\infty$ とする．u を $\overline{B(R)}$ の近傍上の C^2 級関数とする．$0\leq r\leq R$ にたいし，つぎが成立する:

$$\frac{1}{2\pi}\int_0^{2\pi} u(Re^{i\theta})d\theta - \frac{1}{2\pi}\int_0^{2\pi} u(re^{i\theta})d\theta = 2\int_r^R \frac{dt}{t}\int_{B(t)} dd^c u.$$

証明 $z=te^{i\theta}$ とおく．$d^c\log|z|^2$ を $\Gamma(t)$ に制限すれば $d\theta/2\pi$ となるから，Stokesの定理より，$r>0$ のとき

$$\frac{1}{2\pi}\int_0^{2\pi} u(Re^{i\theta})d\theta - \frac{1}{2\pi}\int_0^{2\pi} u(re^{i\theta})d\theta = \int_{\Gamma(R)} ud^c\log|z|^2 - \int_{\Gamma(r)} ud^c\log|z|^2$$

$$= \int_{B(R)-B(r)} d(ud^c\log|z|^2) = \int_{B(R)-B(r)} du\wedge d^c\log|z|^2$$

$$= \int_{B(R)-B(r)} d\log|z|^2\wedge d^c u \quad (\because\ du\wedge d^c\log|z|^2 = d\log|z|^2 \wedge d^c u)$$

$$= 2\int_r^R \frac{dt}{t}\int_{\Gamma(t)} d^c u \quad (\because\ \text{Fubiniの定理})$$

$$= 2\int_r^R \frac{dt}{t}\int_{B(t)} dd^c u \quad (\because\ \text{Stokesの定理})$$

を得る．$r=0$ のときは，上式で $r\to 0$ とすればよい．∎

(3.3.15) **系** u を U 上の C^2 級関数とする．u が劣調和であるための必要十分条件は $\Delta u(=4\partial^2 u/\partial z\partial\bar{z})\geq 0$ となることである．したがってとくに u が調和であるための必要十分条件は $\Delta u=0$ である．

証明 必要性は定理(3.3.5)よりでる．$dd^c u = (\Delta u/4\pi)(i/2)dz\wedge d\bar{z}$ に注意すると，十分性は補題(3.3.14)より直ちにでる．∎

さて U 上の関数 u について，§1の(ハ)で説明したように $u_\varepsilon = u*\chi_\varepsilon$ とおく．

(3.3.16) **補題** u を U 上の劣調和関数とする．u_ε は U_ε 上の C^∞ 級劣調和関数で，$\varepsilon\to 0$ のとき $u_\varepsilon(z)$ は単調減少して $u(z)$ に収束する．

証明 $(dd^c[u])_\varepsilon = dd^c[u]_\varepsilon$ に注意して，定理(3.3.5)と補題(3.2.13)より $dd^c u_\varepsilon \geq 0$．よって系(3.3.15)より u_ε は劣調和である．後半を示そう．積分の

変数変換をするとつぎのようになる:

$$(3.3.17) \quad u_\varepsilon(z) = \int_{w \in C} u(z+\varepsilon w) \chi(w) \frac{i}{2} dw \wedge d\overline{w}$$
$$= \int_0^1 \chi(t) t\, dt \int_0^{2\pi} u(z+\varepsilon t e^{i\theta}) d\theta.$$

もし u が C^2 級ならば,定理 (3.3.5) より $dd^c u \geqq 0$ となり,補題 (3.3.14) から,$0 < \delta < \varepsilon$, $z \in U_\varepsilon$ について

$$\int_0^{2\pi} u(z+\delta t e^{i\theta}) d\theta \leqq \int_0^{2\pi} u(z+\varepsilon t e^{i\theta}) d\theta \qquad (0 \leqq t \leqq 1)$$

となる.したがって (3.3.17) より $u_\delta(z) \leqq u_\varepsilon(z)$ となる.一般の u については,$\gamma > 0$ をとり $(u_\gamma)_\varepsilon$ を考える.u_γ は C^∞ 級劣調和関数であるから,$0 < \delta < \varepsilon$ について上述の議論から $(u_\gamma)_\delta \leqq (u_\gamma)_\varepsilon$ となる.$\gamma \to 0$ とするとき $\mathscr{L}_{\mathrm{loc}}$ の意味で $u_\gamma \to u$ となるから (3.3.17) をみれば $(u_\gamma)_\tau \to u_\tau (\tau > 0)$ がわかる.ゆえに $u_\delta \leqq u_\varepsilon$ となる. さて (3.3.17) より

$$u_\varepsilon(z) \geqq 2\pi u(z) \int_0^1 \chi(t) t\, dt = u(z)$$

である.したがって $\lim_{\varepsilon \to 0} u_\varepsilon(z) \geqq u(z)$ となる.一方,$z \in U$ で u は上半連続であるから,任意の $\alpha > 0$ について,$\varepsilon > 0$ が存在して,$z \in U_\varepsilon$ でありすべての $w \in B(z;\varepsilon)$ について $u(w) < u(z)+\alpha$ となる.$0 < \delta < \varepsilon$ ならば (3.3.17) より $u_\delta(z) \leqq u(z)+\alpha$ である.よって,$\lim_{\varepsilon \to 0} u_\varepsilon(z) \leqq u(z)+\alpha$. α は任意であったから $\lim_{\varepsilon \to 0} u_\varepsilon(z) \leqq u(z)$ となる. ∎

(3.3.18) **系** $u \in \mathscr{L}_{\mathrm{loc}}(U)$ がカレントの意味で $dd^c[u] \geqq 0$ ならば,u とほとんどいたるところ等しい劣調和関数が存在する.

証明 $dd^c[u] \geqq 0$ より,(3.2.13) を使って $dd^c[u_\gamma] = [dd^c u]_\gamma \geqq 0$ となるから,系 (3.3.15) より u_γ が U_γ 上劣調和になる.補題 (3.3.16) より $0 < \delta < \varepsilon$ にたいして $(u_\gamma)_\delta \leqq (u_\gamma)_\varepsilon$ となる.上記の証明で説明したごとく,$\gamma \to 0$ として,$u_\delta \leqq u_\varepsilon$ を得る.結局 $\varepsilon \to 0$ としたとき,劣調和関数 u_ε は単調減少して $\mathscr{L}_{\mathrm{loc}}(U)$ の意味で u に収束する.$v(z) = \lim_{\varepsilon \to 0} u_\varepsilon(z)$ とおけば,u と v はほとんどいたるところ等しい.とくに $v \not\equiv -\infty$ である.補題 (3.3.3) の (iii) より v は劣調和である. ∎

(3.3.19) **定理** $f: U \to V$ を C の二つの領域 U と V の間の正則写像とする.u が V 上の劣調和関数ならば,$f^*u = u \circ f$ は恒等的に $-\infty$ か U 上の劣調

和関数である.

証明 U での変数を z, V での変数を w と書くことにする. u が C^2 級ならば, f^*u も C^2 級になり,

$$\frac{\partial^2 f^*u}{\partial z \partial \bar{z}} = \left|\frac{df}{dz}\right|^2 \frac{\partial^2 u}{\partial w \partial \bar{w}} \geqq 0$$

であるから, 系(3.3.15)より f^*u は劣調和である. 一般の u については, まず u_ε を考える. u_ε は C^∞ 級の劣調和関数であるから $f^{-1}(V_\varepsilon)$ 上 f^*u_ε は劣調和である. $\varepsilon \to 0$ とするとき, 補題(3.3.16)より f^*u_ε は単調減少して f^*u に収束する. 補題(3.3.3)の(iii)より f^*u は恒等的に $-\infty$ であるか劣調和である. ∎

ここで応用範囲の広い有名な **Jensen の公式**を証明しておこう.

(3.3.20) 補題(Jensen の公式) u が $\overline{B(R)}\,(0<R<+\infty)$ の近傍で C^2 級かまたは, 劣調和ならば, $0 \leqq r \leqq R$ について

$$\frac{1}{2\pi}\int_0^{2\pi} u(Re^{i\theta})d\theta - \frac{1}{2\pi}\int_0^{2\pi} u(re^{i\theta})d\theta = 2\int_r^R \langle dd^c[u], \chi_{B(t)}\rangle \frac{dt}{t}$$

である. ただし左辺の第2項は $r=0$ のとき $u(0)$ を意味する.

証明 u が C^2 級の場合は補題(3.3.14)で証明した. 十分小さな $\varepsilon > 0$ をとり, $u_\varepsilon(z)$ に補題(3.3.14)を適用すると,

$$(3.3.21) \quad \frac{1}{2\pi}\int_0^{2\pi} u_\varepsilon(Re^{i\theta})d\theta - \frac{1}{2\pi}\int_0^{2\pi} u_\varepsilon(re^{i\theta})d\theta = 2\int_r^R \frac{dt}{t}\int_{B(t)} dd^c u_\varepsilon$$
$$= 2\int_r^R \langle dd^c[u_\varepsilon], \chi_{B(t)}\rangle \frac{dt}{t}$$

となる. u_ε は $\overline{B(R)}$ で上に有界で補題(3.3.16)により $\varepsilon \to 0$ とするとき単調減少して u に収束するので, Lebesgue の単調収束定理により,

$$(3.3.22) \quad \begin{cases} \lim_{\varepsilon \to 0} \dfrac{1}{2\pi}\int_0^{2\pi} u_\varepsilon(Re^{i\theta})d\theta = \dfrac{1}{2\pi}\int_0^{2\pi} u(Re^{i\theta})d\theta, \\ \lim_{\varepsilon \to 0} \dfrac{1}{2\pi}\int_0^{2\pi} u_\varepsilon(re^{i\theta})d\theta = \dfrac{1}{2\pi}\int_0^{2\pi} u(re^{i\theta})d\theta \end{cases}$$

である. 十分小さな $\delta > 0$ について, $B(R+2\delta)$ 上 $dd^c[u]$ は正カレントであるから, $dd^c[u] = A(i/2)dz \wedge d\bar{z}$ とおくと, A は正超関数である. すなわち Radon 測度 $d\mu$ が存在して

$$A(\phi) = \int \phi\, d\mu \qquad (\phi \in \mathcal{D}(B(R+\delta)))$$

§3 多重劣調和関数

が成り立つ(§1参照). さて $0<\varepsilon<\delta$ について

(3.3.23) $\qquad 0 \leq \int_{B(t)} dd^c u_\varepsilon \leq \langle dd^c[u], \chi_{B(R+\delta)} \rangle \qquad (0 \leq t \leq R)$

となる. 実際

$$\int_{B(t)} dd^c u_\varepsilon = \int_{B(t)} A_\varepsilon \frac{i}{2} dz \wedge d\bar{z} = \int_{z \in B(t)} \left\{ \int_{w \in \mathbf{C}} \chi_\varepsilon(w-z) d\mu(w) \right\} \frac{i}{2} dz \wedge d\bar{z}$$

$$= \int_{w \in \mathbf{C}} d\mu(w) \int_{z \in B(t)} \chi_\varepsilon(w-z) \frac{i}{2} dz \wedge d\bar{z} \leq \int_{w \in B(R+\delta)} d\mu(w)$$

$$= \langle dd^c[u], \chi_{B(R+\delta)} \rangle$$

である. さて定理(3.2.31)の証明の中(3.2.33)で示したようにある可算個の点以外の点 $t \in [0, R]$ について

$$\lim_{\varepsilon \to 0} \int_{B(t)} dd^c u_\varepsilon = \langle dd^c[u], \chi_{B(t)} \rangle$$

である. これと(3.3.23)から Lebesgue の収束定理が適用できて

$$\lim_{\varepsilon \to 0} \int_r^R \frac{dt}{t} \int_{B(t)} dd^c u_\varepsilon = \int_r^R \langle dd^c[u], \chi_{B(t)} \rangle \frac{dt}{t}$$

である. これと(3.3.21), (3.3.22)より我々の主張は証明された. ∎

(3.3.24) **系** u を U 上の劣調和関数とする.

(i) 任意の $0 < \delta < \varepsilon$, $z \in U_\varepsilon$ にたいし

$$u(z) \leq \frac{1}{2\pi} \int_0^{2\pi} u(z + \delta e^{i\theta}) d\theta \leq \frac{1}{2\pi} \int_0^{2\pi} u(z + \varepsilon e^{i\theta}) d\theta$$

となる. したがって u は U 内の任意の円周上可積分になる.

(ii) $\qquad u(z) = \lim_{\varepsilon \to 0} \frac{1}{2\pi} \int_0^{2\pi} u(z + \varepsilon e^{i\theta}) d\theta \qquad (z \in U).$

(iii) $\qquad u(z) = \overline{\lim_{w \to z}} u(w) \qquad (z \in U).$

証明 (i)の前半は $dd^c[u] \geq 0$ より Jensen の公式(3.3.20)より直ちにでる. 定理(3.3.5)より $u \in \mathscr{L}_{\mathrm{loc}}(U)$ であるから, 任意の $\varepsilon > 0$, $z \in U_\varepsilon$ について, ある $0 < \delta < \varepsilon$ が存在して

$$\left| \frac{1}{2\pi} \int_0^{2\pi} u(z + \delta e^{i\theta}) d\theta \right| < \infty$$

となる. よって前半の不等式により u は $\partial B(z; \varepsilon)$ 上で可積分になることがわかる. (ii)は(i)と u との上半連続性より直ちにでる. (iii)を示そう. u の上半

連続性より $u(z) \geqq \varlimsup_{w \to z} u(w)$ は明らかである．逆は (ii) と Fatou の補題より明らかである．∎

つぎに劣調和関数にたいする Riemann 型の拡張定理を示す．$B^*(r) = B(r) - \{0\}$ とおく．

(3.3.25) **定理** u が $B^*(1)$ 上の劣調和関数で原点の近傍で上に有界とする．このとき u は $B(1)$ 上の劣調和関数に一意的に拡張される．

証明 任意の $z \in B(1)$ にたいし
$$v(z) = \varlimsup_{\substack{w \to z \\ w \neq 0}} u(w)$$
とおく．系 (3.3.24) の (iii) より $v|B^*(1) = u$ である．条件より $-\infty \leqq v(z) < \infty$ である．v は上半連続であり，$v \not\equiv -\infty$ であることは明らかである．さて v が劣調和でないとしよう．定理 (3.3.9) の (iii) より $B(1)$ 内の相対コンパクト領域 V と，$\bar{V}$ 上連続で V 上調和な関数 h が存在して $v+h$ は定数でなく $w \in V$ で最大値 L をとる．定理 (3.3.9) の (iii) より $L > \max\{v(z)+h(z); z \in \partial V\}$ となる．必然的に $w = 0$ でなければならない．$R > 0$ を $\overline{B(R)} \subset V$ ととる．v は上半連続であるから $v+h$ は $\partial B(R)$ 上最大値 M をとる．一方，$v+h$ は $V - \{0\}$ 上劣調和であるから，定理 (3.3.2) より $M < L$ である．$\varepsilon > 0$ を $L - M > \varepsilon$ となるようにとる．$0 < r < R$ を任意にとり $\{z \in C; r \leqq |z| \leqq R\}$ 上で
$$h_r(z) = \frac{\varepsilon}{\log \dfrac{r}{R}} \log \left\{ \left(\frac{r}{R}\right)^{L/\varepsilon} \frac{|z|}{r} \right\}$$
とおく．このとき
$$h_r(z) = \begin{cases} L - \varepsilon & (|z| = R), \\ L & (|z| = r) \end{cases}$$
となる．$v+h$ は $\{z \in C; r \leqq |z| \leqq R\}$ の近傍で劣調和で，その境界 $\{z \in C; |z| = r$ または $|z| = R\}$ 上で $v+h \leqq h_r$ であるから，
$$v(z) + h(z) \leqq h_r(z) \quad (r \leqq |z| \leqq R)$$
となる．$z \in \{z \in C; 0 < |z| \leqq R\}$ を勝手にとると，$r \to 0$ のとき $h_r(z) \to L - \varepsilon$ であるから，$v(z) + h(z) \leqq L - \varepsilon$ となる．したがって $v(0) + h(0) \leqq L - \varepsilon$ を得る．これは矛盾である．一意性は系 (3.3.24) の (ii) より明らかである．∎

（ロ）**多重劣調和関数** 変数が増えた場合を考えよう．この小節では，U で

§3 多重劣調和関数

C^m の領域を表わすことにする.

(3.3.26) **定義** 関数 $u: U \to [-\infty, \infty)$ が**多重劣調和関数**であるとは,つぎの2条件が満たされることである:

(i) u は恒等的に $-\infty$ でなく,上半連続である.

(ii) 任意の点 $z \in U$ とベクトル $a \in \boldsymbol{C}^m$ について,一変数関数
$$\zeta \in \boldsymbol{C} \longmapsto u(z+\zeta a) \in [-\infty, \infty)$$
が,定義されている開集合 $\{\zeta \in \boldsymbol{C}; z+\zeta a \in U\}$ の各連結成分の上で恒等的に $-\infty$ であるかまたは劣調和関数である.

さて小節(イ)で示した一変数の劣調和関数についての結果のほとんどが多重劣調和関数についても成立する.以下定義と(イ)の結果より自明であるものについては,単に注意として書き証明を略すことにする.

(3.3.27) **注意** 定理(3.3.2),補題(3.3.3),定理(3.3.4)はそのまま多重劣調和関数についても成り立つ.

(3.3.28) **定理** u が U 上の多重劣調和関数ならば u は局所可積分(すなわち $u \in \mathcal{L}_{\text{loc}}(U)$)となり,カレント $dd^c[u]$ は U 上の $(1,1)$ 型正カレントになる.

証明 小節(イ)と同様に $\varepsilon > 0$ について
$$U_\varepsilon = \{z \in U; \inf_{w \notin U} \|z-w\| > \varepsilon\}$$
とおく.任意の $z \in U_\varepsilon$ と $a \in \Gamma(1)$ について,

(3.3.29) $\quad u(z) \leq \dfrac{1}{2\pi} \displaystyle\int_0^{2\pi} u(z+te^{i\theta}a)d\theta \qquad (0 \leq t \leq \varepsilon)$

となる.さて,$\rho: \Gamma(1) \to \boldsymbol{P}^{m-1}(\boldsymbol{C})$ を Hopf ファイバーリングの制限として,$\boldsymbol{P}^{m-1}(\boldsymbol{C})$ 上の Fubini-Study Kähler 型式を ω_0 とする.このとき

$$u(z) = \int_{\boldsymbol{P}^{m-1}(\boldsymbol{C})} u(z) \omega^{m-1} \leq \int_{[a] \in \boldsymbol{P}^{m-1}(\boldsymbol{C})} \left\{ \frac{1}{2\pi} \int_0^{2\pi} u(z+te^{i\theta}a)d\theta \right\} \omega^{m-1}$$

$$= \int_{x \in \boldsymbol{P}^{m-1}(\boldsymbol{C})} \left\{ \int_{w \in \rho^{-1}(x)} u(z+tw) d^c \log \|w\|^2 \right\} \omega^{m-1} = \int_{w \in \Gamma(t)} u(z+w) \eta(w)$$

である(§2の(ハ)参照).上式両辺に $2mt^{2m-1}$ を掛けて t について $0 \leq t \leq \varepsilon$ で積分すると,

$$\int_0^\varepsilon u(z) \cdot 2mt^{2m-1} dt \leq \int_0^\varepsilon 2mt^{2m-1} dt \int_{w \in \Gamma(t)} u(z+w) \eta(w)$$

$$= \int_{w \in B(z;\varepsilon)} u(z+w) \alpha^m$$

となる．したがって

(3.3.30) $$u(z) \leq \frac{1}{\varepsilon^{2m}} \int_{w \in B(z;\varepsilon)} u(z+w) \alpha^m$$
$$= \int_{w \in B(z;\varepsilon)} u(z+w) \alpha^m \Big/ \int_{B(z;\varepsilon)} \alpha^m$$

となる．$u \not\equiv -\infty$ であるから定理(3.3.5)の証明と同様にして $u \in \mathscr{L}_{\mathrm{loc}}(U)$ がわかる．つぎに $dd^c[u]$ が正カレントであることを示す．さて

$$dd^c[u] = \frac{i}{2\pi} \sum_{j,k=1}^{m} \frac{\partial^2 [u]}{\partial z^j \partial \bar{z}^k} dz^j \wedge d\bar{z}^k$$

であるから，定理(3.2.21)により，任意のベクトル $a=(a^1, \cdots, a^m) \in \boldsymbol{C}^m$ について超関数

$$\sum_{j,k} \frac{\partial^2 [u]}{\partial z^j \partial \bar{z}^k} a^j \bar{a}^k$$

が正であることをいえばよい．$a \in \varGamma(1)$ と仮定してよい．さらに座標のユニタリ変換(多重劣調和性はこの変換によって保たれるのは明らか)により，結局 $\partial^2[u]/\partial z^1 \partial \bar{z}^1$ が正超関数になることをいえばよい．任意の $w=(w^j) \in U$ について，$\varepsilon > 0$ を十分小さくとって

$$D = \{z=(z^j) \in \boldsymbol{C}^m; |z^j - w^j| < \varepsilon, 1 \leq j \leq m\} \subset U$$

となるようにする．また $D' = \{z'=(z^2, \cdots, z^m); |z^j - w^j| < \varepsilon, 2 \leq j \leq m\}$ とおく．$\phi \in \mathscr{D}(D)(\phi \geq 0)$ をとるとつぎのようになる：

(3.3.31) $$\left\langle \frac{\partial^2 [u]}{\partial z^1 \partial \bar{z}^1}, \phi \right\rangle = \left\langle [u], \frac{\partial^2 \phi}{\partial z^1 \partial \bar{z}^1} \right\rangle$$
$$= \int_D u \frac{\partial^2 \phi}{\partial z^1 \partial \bar{z}^1} \pi^m \alpha^m / m!$$
$$= \int_{z' \in D'} \left\{ \int_{|z^1 - w^1| < \varepsilon} u(z^1, z') \frac{\partial^2 \phi}{\partial z^1 \partial \bar{z}^1} \pi \alpha(z^1) \right\} \pi^{m-1} \alpha^{m-1}(z')/m!$$

を得る．ほとんどすべての $z' \in D'$ について $u(z^1, z')$ は z^1 について局所可積分であるから恒等的に $-\infty$ ではない．よってほとんどすべての $z' \in D'$ について，$u(z^1, z')$ は z^1 について劣調和である．そのような z' について定理(3.3.5)より

$$\int u(z^1, z') \frac{\partial^2 \phi}{\partial z^1 \partial \bar{z}^1}(z^1, z') \pi \alpha \geq 0$$

となる．(3.3.31)より $\langle \partial^2[u]/\partial z^1 \partial \bar{z}^1, \phi \rangle \geq 0$ を得る．∎

(3.3.32) **注意** 多重劣調和関数は局所可積分であることがわかったので,系(3.3.11)がそのまま多重劣調和関数についても成り立つ.

(3.3.33) **注意** また系(3.3.13)と同様につぎがわかる. $F \not\equiv 0$ を U 上の正則関数とすると, $\log|F|$ は多重劣調和関数になり, $|F|^{\alpha}(\alpha>0)$ も多重劣調和になる.

(3.3.34) **補題** u が U 上の C^2 級の関数とする. u が多重劣調和であるための必要十分条件は $dd^c u \geqq 0$ である.

証明 必要性は定理(3.3.28)より明らかである. 十分性を示す. L を $\boldsymbol{C}^m$ の任意の直線とする. このとき
$$dd^c(u|L\cap U) = (dd^c u)|L\cap U$$
であるから, $dd^c u \geqq 0$ より $dd^c(u|L\cap U) \geqq 0$ である. 系(3.3.15)より $u|L\cap U$ が劣調和である. したがって u は多重劣調和である. ∎

(3.3.35) **補題** u を U 上の多重劣調和関数とする. $\varepsilon>0$ について滑性化 u_ε は U_ε 上の C^∞ 級多重劣調和関数である. また $0<\delta<\varepsilon$ ならば $u \leqq u_\delta \leqq u_\varepsilon$ であり, $\lim_{\varepsilon\to 0} u_\varepsilon = u$ である.

証明 $u \in \mathcal{L}_{\text{loc}}(U)$ であるから, この章§1の(ハ)より $u_\varepsilon \in \mathcal{E}(U_\varepsilon)$ である. $dd^c[u_\varepsilon]=(dd^c[u])_\varepsilon$ であるから $dd^c[u_\varepsilon]\geqq 0$ となる. 補題(3.3.34)より u_ε は多重劣調和である. さて
$$u_\varepsilon(z) = \int_{w\in\boldsymbol{C}^m} u(w)\chi_\varepsilon(w-z)\pi^m\alpha^m/m!$$
である. 上の積分を各変数ごとの積分の繰り返しで考えると, 補題(3.3.16)より $u \leqq u_\delta \leqq u_\varepsilon$, $\lim_{\varepsilon\to 0} u_\varepsilon = u$ がわかる. ∎

(3.3.36) **注意** 上の補題(3.3.35)より, 系(3.3.18), 定理(3.3.19)が多変数の場合にも多重劣調和関数についても成り立つ.

(3.3.37) **補題**(Jensen の公式) u が $\overline{B(R)}(R>0)$ の近傍で C^2 級かまたは多重劣調和ならば, $0 \leqq r \leqq R$ について
$$\int_{\Gamma(R)} u\eta - \int_{\Gamma(r)} u\eta = 2\int_r^R \langle dd^c[u]\wedge \alpha^{m-1}, \chi_{B(t)}\rangle \frac{dt}{t^{2m-1}}$$
が成り立つ. ただし $r=0$ では
$$\int_{\Gamma(O)} u\eta = u(O)$$
とおく.

証明 まず u が C^2 級の場合を考える．与式の左辺を I とおく．Stokes の定理より

$$I = \int_{B(R)-B(r)} d(u \wedge \eta)$$

$$= \int_{B(R)-B(r)} du \wedge d^c \log \|z\|^2 \wedge \beta^{m-1} \quad (\because \quad d\eta = 0)$$

$$= 2\int_{B(R)-B(r)} d\log\|z\| \wedge d^c u \wedge \beta^{m-1}$$

$$(\because \quad du \wedge d^c \log \|z\|^2 \wedge \beta^{m-1} = d\log\|z\|^2 \wedge d^c u \wedge \beta^{m-1})$$

$$= 2\int_r^R \frac{dt}{t} \int_{\Gamma(t)} d^c u \wedge \beta^{m-1} \quad (\because \quad \text{Fubini の定理})$$

$$= 2\int_r^R \frac{dt}{t^{2m-1}} \int_{\Gamma(t)} d^c u \wedge \alpha^{m-1} \quad (\because \quad (3.2.28))$$

$$= 2\int_r^R \frac{dt}{t^{2m-1}} \int_{B(t)} dd^c u \wedge \alpha^{m-1} \quad (\because \quad \text{Stokes の定理})$$

である．一般の多重劣調和関数については，u_ε については，上述の結果より我々の主張が成り立つことがわかる．補題(3.3.20)の証明と同様にして $\varepsilon \to 0$ とすることにより，u についても我々の主張が正しいことがわかる．∎

系(3.3.24)の証明と同様にしてつぎを得る．

(3.3.38) 系 u を U 上の多重劣調和関数とする．

(i) 任意の $0 < \delta < \varepsilon$, $z \in U_\varepsilon$ について

$$(3.3.39) \quad u(z) \leq \int_{w \in \Gamma(\delta)} u(z+w)\eta(w) \leq \int_{w \in \Gamma(\varepsilon)} u(z+w)\eta(w)$$

である．したがって U 内の任意の超球面上 u は可積分である．

(ii) $u(z) = \lim_{\varepsilon \to 0} \int_{w \in \Gamma(\varepsilon)} u(z+w)\eta(w) \quad (z \in U)$.

(iii) $u(z) = \overline{\lim_{w \to z}} u(w) \quad (z \in U)$.

つぎに多重劣調和関数にたいする Riemann 型の拡張定理を証明しよう．

(3.3.40) 定理 A は U 内の真解析的部分集合(第4章参照)で，u を $U-A$ 上の多重劣調和関数とする．u が A の各点のある近傍で上に有界ならば，u は U 全体に一意的に多重劣調和関数として拡張される．

証明 $z \in U$ について

$$v(z) = \varlimsup_{\substack{w \to z \\ w \in U-A}} u(w)$$

とおく. 系(3.3.38)の(iii)より $v|(U-A)=u$ である. v は上半連続で, $v \not\equiv -\infty$ となる. 任意の $z \in U$, ベクトル $a \in \boldsymbol{C}^m (\|a\|=1)$ について, 複素一変数関数

$$\zeta \longmapsto v(z+\zeta a)$$

が, 定義されて恒等的に $-\infty$ とならない連結成分上で劣調和関数であることを証明すればよい. 点列 $\{z_j\} \subset U-A (j=1, 2, \cdots)$ を $\lim_{j\to\infty} z_j = z$, $\lim_{j\to\infty} v(z_j) = v(z)$ となるようにとる. このような点列の存在は, v の定義より明らかである. 点列 $a_j \in \boldsymbol{C}^m$ を $\|a_j\|=1$, $\lim_{j\to\infty} a_j = a$ でかつ

$$S_j = \{z_j + \zeta a_j ; \zeta \in \boldsymbol{C}\} \cap A$$

が離散的集合になるものをとる. 定理(3.3.25)より $v(z_j + \zeta a_j)$ は ζ の関数として S_j を越えて劣調和関数 $v_j(\zeta)$ に拡張されているとしてよい. さて $z \in U_\varepsilon$ となる十分小さなすべての $\varepsilon > 0$ について

$$v(z) \leqq \frac{1}{2\pi} \int_0^{2\pi} v(z + \varepsilon e^{i\theta} a) d\theta$$

が示されればよい. さて十分小さな $\varepsilon > 0$ について

$$v(z_j) = v_j(0) \leqq \frac{1}{2\pi} \int_0^{2\pi} v_j(\varepsilon e^{i\theta}) d\theta = \frac{1}{2\pi} \int_0^{2\pi} v(z_j + \varepsilon e^{i\theta} a_j) d\theta$$

である. Fatou の補題により

$$v(z) \leqq \frac{1}{2\pi} \int_0^{2\pi} \varlimsup_{j\to\infty} v(z_j + \varepsilon e^{i\theta} a_j) d\theta$$
$$\leqq \frac{1}{2\pi} \int_0^{2\pi} v(z + \varepsilon e^{i\theta} a) d\theta$$

である. 一意性は系(3.3.38)の(ii)より明らかである. ∎

つぎに Hartogs 型の拡張定理を示そう.

(3.3.41) **定理** A を U 内の解析的部分集合とし, u を $U-A$ 上の多重劣調和関数とする. codim $A \geqq 2$ ならば, u は U 上の全体に多重劣調和関数として一意的に拡張される.

証明 まず任意の $z \in U$, ベクトル $a \in \boldsymbol{C}^m - \{O\}$ について,

(3.3.42) $$\{z + \zeta a ; \zeta \in \boldsymbol{C}\} \cap U \not\subset A$$

ならば，複素一変数関数
$$\zeta \longmapsto u(z+\zeta a)$$
が，$\{\zeta \in C; z+\zeta a \in U\}$ の各連結成分上恒等的に $-\infty$ か劣調和に拡張されることを示す．$z \in A$ として $\zeta = 0$ の近傍で考えれば十分である．さてそこで恒等的に $-\infty$ でないとする．(3.3.42) より $\{z+\zeta a; \zeta \in C\} \cap A$ は $\{z+\zeta a; \zeta \in C\} \cap U$ の真解析的部分集合であるから，$\delta > 0$ が存在して
$$\{z+\zeta a; |\zeta| \leqq \delta\} \cap A = \{z\}$$
となる．codim $A \geqq 2$ より，$b \in C^m - \{O\}$ が存在して，z は
$$\{z+\zeta a + \xi b; \zeta, \xi \in C\} \cap A$$
の孤立点になる．この事実を m に関する数学的帰納法で証明する．$m=2$ の時 A は疎な集合であるから，明らかである．$m-1$ まで我々の主張が正しかったとする．$\{z, z+a\}$ を通る超平面 H で $A \not\subset H$ なるものが存在する．もしそうでなければ
$$A \subset \bigcap_{z, z+a \in H} H = \{z+\zeta a; \zeta \in C\}$$
となり矛盾である．$A \cap H$ は H の真解析的部分集合で codim$(A \cap H) \geqq 2$ である．帰納法の仮定より $b \in C^m - \{O\}$ が存在して $z+b \in H$ であり，$z \in H$ は
$$\{z+\zeta a + \xi b; \zeta, \xi \in C\} \cap (A \cap H)$$
の孤立点である．したがって z は
$$\{z+\zeta a + \xi b; \zeta, \xi \in C\} \cap A$$
の孤立点となる．必要なら δ をさらに十分小さくとることにより，$\varepsilon > 0$ が存在して
$$\{z+\zeta a + \xi b; |\zeta| \leqq \delta, 0 < |\xi| \leqq \varepsilon\} \cap A = \phi,$$
$$\{z+\zeta a + \xi b; 0 < |\zeta| \leqq \delta, |\xi| \leqq \varepsilon\} \cap A = \phi$$
となる．任意の $0 < |\zeta| < \delta$ について
$$u(z+\zeta a) \leqq \frac{1}{2\pi} \int_0^{2\pi} u(z+\zeta a + \varepsilon e^{i\theta} b) d\theta$$
$$\leqq \max\{u(z+\zeta a + \xi b); |\zeta| \leqq \delta, |\xi| = \varepsilon\}$$
となる．したがって $u(z+\zeta a)$ は $\{\zeta \in C; 0 < |\zeta| < \delta\}$ で上に有界であるから，定理 (3.3.25) により $\{\zeta \in C; |\zeta| < \delta\}$ 上劣調和に拡張される．

つぎに任意の点 $w \in A$ の近傍で u は上に有界であることを示す．これが

わかれば定理(3.3.40)により証明は終る．平行移動して $w=0$ としてよい．codim $A\geqq 2$ であるから，座標 $(z^1,\cdots,z^m)$ をつぎが満たされるようにとる：正数 $\delta^j(1\leqq j\leqq m)$ が存在して $B(\delta^1)\times\cdots\times B(\delta^m)\subset U$ で射影

$$\pi:(z^j)\in\{(z^j)\in A;|z^j|<\delta^j\}\longmapsto z'=(z^3,\cdots,z^m)\in\{(z^j);|z^j|<\delta^j\}$$

がプロパー写像で，$\pi^{-1}(O)=O$ となっている．このとき

$$E=\left\{(z^j)\in C^m;|z^1|=\delta^1,|z^j|\leqq\frac{\delta^j}{2},2\leqq j\leqq m\right\}$$

とおくと，π はプロパー写像であるから $E\cap A=\phi$ となる．いま E がコンパクト集合であることに注目して

$$L=\max_{z\in E}u(z)$$

とおく．任意に点 $w=(w^j)\in B(\delta^1)\times B(\delta^2/2)\times\cdots\times B(\delta^m/2)-A$ をとる．π はプロパー写像であるから

$$\{(\zeta,w^2,\cdots,w^m);|\zeta|\leqq\delta^1\}\not\subset A$$

である．したがって $\zeta\mapsto u(\zeta,w^2,\cdots,w^m)$ は上述のことより $\{|\zeta|\leqq\delta^1\}$ の近傍で劣調和関数に拡張されているとしてよい．したがって

$$u(w)\leqq\max_{|\zeta|=\delta^1}u(\zeta,w^2,\cdots,w^m)\leqq L$$

となる．よって u は A の各点の近傍で上に有界であることがわかった．∎

(3.3.43) **系** A を U 内の codim $A\geqq 2$ である解析的部分集合とし，F を $U-A$ 上の正則関数とする．このとき U 上の正則関数 $\tilde{F}$ が一意的に存在して，$\tilde{F}|(U-A)=F$ が成立する．

証明は定理(3.3.40)と Riemann の拡張定理より明らかである．

ノート

カレントの理論は de Rham([1]を参照)により始められた．正カレントおよび因子の定義するカレントの理論は Lelong[1]による．因子はここで証明したように正の$(1,1)$型閉カレントを定義するが，より一般的に純余次元 p の解析的部分集合は正の (p,p) 型閉カレントを定義する(第5章と Lelong[1]を参照)．正の (p,p) 型閉カレント T に対する Lelong 数 $\mathcal{L}(z;T)$ は重要な意味がある．たとえば，任意の数 $c\geqq 0$ に対し $\{z;\mathcal{L}(z;T)\geqq c\}$ なる集合は余次元 p 以上の解析的部分集合をなす(Siu[1]による定理)．ま

た正の閉カレントに対する拡張定理も得られている(Skoda[1]).

多重劣調和関数の拡張定理(定理(3.3.40)と定理(3.3.41))は,関数の定義されている領域が正規解析的部分集合で成立することが知られている(Grauert-Remmert[1]).最近は多重劣調和関数に対するポテンシャル論的扱い(pluripolar set の理論)やこれと複素Monge-Ampère方程式 $\overset{m}{\wedge} dd^c u = \varphi$ との関連等も研究されている(たとえば Bedford-Taylor[1],[2]を参照).またポテンシャル論的観点から確率論との関係については岡田[1]を参照されたい.

第4章 有理型写像

§1 解析的集合

この節では，M を m 次元複素多様体とする．M の部分集合 X が**解析的部分集合** (analytic subset) であるとは，任意の $x \in M$ について，x の開近傍 U と U 上の正則関数 $f_1, \cdots, f_l$ が存在して $X \cap U = \{z \in U; f_1(z) = \cdots = f_l(z) = 0\}$ と書けることである．この節では，解析的部分集合についての基本的なよく知られた事実を証明なしに述べる．これらは，この本の中でも随所で使われている事柄である．定義よりつぎは明らかである．

(4.1.1) **補題** (i) M 自身および空集合 $\emptyset$ も解析的部分集合である．

(ii) X を M の解析的部分集合，U を M の開集合とすると，$X \cap U$ は U の解析的部分集合になる．

(iii) M の解析的部分集合 X が内点をもつならば $X = M$ となる．

(iv) $\{X_\lambda\}(\lambda \in \Lambda)$ を M の解析的部分集合の族とする．このとき $\bigcap_{\lambda \in \Lambda} X_\lambda$ は M の解析的部分集合になり，もし Λ が有限集合ならば，$\bigcup_{\lambda \in \Lambda} X_\lambda$ も M の解析的部分集合である．

X を M の解析的部分集合とする．X が**可約** (reducible) であるとは，空でない相異なる二つの解析的部分集合 $Y_1, Y_2 \subset M$ で $X = Y_1 \cup Y_2, X \neq Y_j (j=1,2)$ となるものが存在することと定義する．X が**既約** (irreducible) とは，X が可約でないことと定義する．$x \in X$ とし，X が x において**局所的に可約** (locally reducible) であるとは，x の M における任意の開近傍 U に対し，x の U における開近傍 V が存在して，V の解析的部分集合 $V \cap X$ が可約になることと定義する．X が x において局所的に可約でないとき，X は x において**局所的に既約** (locally irreducible) であるという．X の点 x が X の**正則点** (regular point) で

あるとは，x の M における開近傍 U が存在して，$X \cap U$ が U の閉複素部分多様体になっていることと定義する．X の正則点の全体を $R(X)$ と書く．$S(X)$ $=X-R(X)$ とおき，$S(X)$ の点を X の**特異点**(singular point)と呼ぶ．$S(X)=\phi$ のとき，X を**非特異解析的部分集合**(non-singular analytic subset)と呼ぶ．つぎは自明である．

(4.1.2) **補題** (i) $R(M)=M$ である．

(ii) M の非特異解析的部分集合 X が既約であるためには，X が連結であることが必要十分条件である．

(iii) X を M の解析的部分集合とする．X は任意の $x \in R(X)$ において局所的に既約である．

つぎの自明でない定理は非常に基本的で重要である．

(4.1.3) **定理** X を M の解析的部分集合とする．

(i) $R(X)$ は，X の稠密な開集合であり，$S(X)$ は M の解析的部分集合で $S(X) \subsetneq X$ である．

(ii) $R(X)=\bigcup_{\lambda \in \Lambda} X_\lambda$ を $R(X)$ の連結成分への分解とする．各 X_λ は M の局所閉複素部分多様体で，その位相的閉包 $\bar{X}_\lambda$ は M の既約な解析的部分集合になる．

(iii) $X=\bigcup_{\lambda \in \Lambda} \bar{X}_\lambda$ であり，かつ $\lambda \neq \mu$ ならば $\bar{X}_\lambda \neq \bar{X}_\mu$ である．そうして族 $\{\bar{X}_\lambda\}$ は M 上で局所有限である．(すなわち，M の任意のコンパクト集合 K に対して $\{\lambda \in \Lambda; \bar{X}_\lambda \cap K \neq \phi\}$ は有限集合である．)

(iv) Y は M の既約解析的部分集合で，$Y \subset X$ とすると，ある $\bar{X}_\lambda$ が存在して $Y \subset \bar{X}_\lambda$ となる．

上記の $\bar{X}_\lambda$ を X の**既約成分**(irreducible component)と呼び，$X=\bigcup_{\lambda \in \Lambda} \bar{X}_\lambda$ を X の**既約成分への分解**という．つぎの系は容易にわかる．

(4.1.4) **系** X を M の解析的部分集合とする．X が既約であるための必要十分条件は $R(X)$ が連結となることである．さらに X が既約ならば X は連結であり，X 自身がただ一つの既約成分である．

つぎの定理は，定理 (4.1.3) の局所版に当たるもので，解析的部分集合の局所理論において基本となる事実である．

(4.1.5) **定理** X を M の解析的部分集合とし，x を X の任意の点とする．

§1 解析的集合　　　113

このとき，x の M における開近傍 U が存在して，つぎの条件を満たす:
(i) $X \cap U = \bigcup_{j=1}^{l} A_j$ を U 内の解析的部分集合 $X \cap U$ の既約成分への分解とすると，$l < \infty$ ですべての A_j について $x \in A_j$ である．
(ii) V を x の M における任意の開近傍とすると，x の M における開近傍 $W \subset V \cap U$ が存在して，$X \cap W = \bigcup_{j=1}^{l} A_j \cap W$ が W 内の解析的部分集合 $X \cap W$ の既約成分への分解になる．

上記の $A_j (1 \leq j \leq l)$ を X の x における**局所既約成分** (local irreducible component) と呼び，$X \cap U = \bigcup_{j=1}^{l} A_j$ を X の x における局所既約成分への分解という．この二つの概念は，上記定理の (ii) に述べた意味で一意的にきまる．自然数 l は X と x のみによってきまる．X が x において局所的に既約であるための必要十分条件は $l=1$ となることである．

$x \in X$ として，X の M 内での x における**局所余次元** (local codimension) $\mathrm{codim}_{M,x} X$ をつぎのように定義する: X が x で局所既約のとき
$$\mathrm{codim}_{M,x} X = \sup \{k; M 内の x を通る k 次元複素部分多様体 N が$$
$$存在して，x は N \cap X の孤立点になっている\}$$
とおく．一般には x の近傍 $U \subset M$ を定理 (4.1.5) のようにとり，$X \cap U = \bigcup_{j=1}^{l} A_j$ を X の x における局所既約成分への分解とするとき，
$$\mathrm{codim}_{M,x} X = \inf_{1 \leq j \leq l} \mathrm{codim}_{U,x} A_j$$
と定義する．これは定理 (4.1.5) の (ii) より U の取り方によらずに定まる．さらに X の x における**局所次元** (local dimension) $\dim_x X$ を
$$\dim_x X = \dim M - \mathrm{codim}_{M,x} X$$
で定義する．$x \in R(X)$ ならば，x のある開近傍 U が存在して，$X \cap U$ は U 内の閉部分多様体となり，その複素多様体としての次元と $\dim_x X$ は一致する．また N が X を含む M の閉部分多様体になっているとき，$x \in X$ に対し
$$\dim N - \mathrm{codim}_{N,x} X = \dim M - \dim_{M,x} X$$
が成立する．この意味で $\dim_x X$ は X と x にのみよってきまるものである．
つぎに X の**次元** (dimension) を
$$\dim X = \sup \{\dim_x X; x \in X\}$$
と定義する．便宜上 $X = \phi$ に対しては
$$\dim X = -1$$

と定義する．一般の X にもどり，すべての $x \in X$ において $\dim_x X = \dim X$ が成り立つとき，X は**純次元**(pure dimension)をもつという．つぎは局所次元について基本的である．

(4.1.6) **定理** X を M の解析的部分集合，$x \in X$ とする．X が x において局所既約なとき，x の X における開近傍 W が存在して，すべての $y \in W$ に対して
$$\dim_x X = \dim_y X$$
が成り立つ．

定理(4.1.3)の(i)と系(4.1.4)および定理(4.1.5)より，直ちにつぎの系を得る．

(4.1.7) **系** M の既約解析的部分集合は，純次元をもつ．

つぎも上の系より明らかであろう．

(4.1.8) **系** X を M の解析的部分集合とする．関数 $x \in X \mapsto \dim_x X$ は上半連続である．

つぎも重要な定理である．

(4.1.9) **定理** X, Y を M の解析的部分集合とする．

(i) $S(X) = X - R(X)$ は M の解析的部分集合であり，$\dim S(X) < \dim X$ である．

(ii) $X = \bigcup_{\lambda \in \Lambda} X_\lambda$ を X の既約成分への分解とする．任意の X_λ について，$X_\lambda \not\subset Y$ ならば $X - Y = X - (X \cap Y)$ は X の稠密な局所連結な開集合である．とくに X が既約ならば $X - Y$ は連結である．次元について $\dim X \cap Y < \dim X$ が成立する．

つぎの補題は定義から簡単に確かめられよう．

(4.1.10) **補題** M_j を複素多様体とし $X_j \subset M_j (j = 1, 2)$ を解析的部分集合とする．このとき $X_1 \times X_2$ は $M_1 \times M_2$ の解析的部分集合である．

つぎの定理は自明ではないがこの本の中ではしばしば使われる．

(4.1.11) **定理**(Remmert-Stein, Narasimhan[1]) Y を M の解析的部分集合，X は $M - Y$ の解析的部分集合，$X = \bigcup_{\lambda \in \Lambda} X_\lambda$ を既約成分への分解とする．もし任意の $\lambda \in \Lambda$ について $\dim X_\lambda > \dim Y$ ならば，X の M 内での位相的閉包 $\bar{X}$ は M の解析的部分集合になり，$\bar{X} = \bigcup_{\lambda \in \Lambda} \bar{X}_\lambda$ が $\bar{X}$ の既約成分への分解になる．

§2 因子と有理型関数

この節では M を m 次元複素多様体とする．M の部分集合 X が M の**解析的超曲面** (analytic hypersurface) であるとは，任意の $x \in M$ について，x の開近傍 U と定数ではない U 上の正則関数 f が存在して $X \cap U = \{z \in U;\ f(z) = 0\}$ と書けることである．もちろん X は §1 で述べた意味で M の解析的部分集合である．つぎの補題は自明ではないが基本的である．

(4.2.1) **補題** $X \subset M$ を解析的超曲面とする．任意の $x \in X$ について，$\dim_x X = m - 1$ となる．とくに X は純 $(m-1)$ 次元の解析的部分集合である．逆に M の純 $(m-1)$ 次元の解析的部分集合 X は，M の解析的超曲面である．

解析的超曲面の局所的な性質を調べるために，少し言葉を用意する．$x \in M$ とし，

$$\mathscr{F} = \{a_U;\ U \text{ は } x \text{ の開近傍で } a_U: U \to \mathbf{C} \text{ は正則関数}\}$$

とおく．$\mathscr{F}$ につぎのように同値関係を入れる．$a_U, b_V \in \mathscr{F}$ が同値 ($a_U \sim b_V$ と書く) とは，x のある開近傍 $W \subset U \cap V$ が存在して $a_U|W = b_V|W$ となることとする．明らかにこれは同値関係を与えている．$\mathscr{F}$ のこの同値関係による商空間 $\mathscr{F}/\sim$ を $\mathcal{O}_{M,x}$ と書く．$\mathcal{O}_{M,x}$ の元を M 上の x での**正則関数の芽** (germ) という．$a_U \in \mathscr{F}$ の属する同値類を $\gamma_x(a_U)$ と書く．$\gamma_x(a_U), \gamma_x(b_V) \in \mathcal{O}_{M,x}$ に対し，和と積をそれぞれ

$$\gamma_x(a_U) + \gamma_x(b_V) = \gamma_x(a_U|U \cap V + b_V|U \cap V),$$
$$\gamma_x(a_U)\gamma_x(b_V) = \gamma_x((a_U|U \cap V)(b_V|U \cap V))$$

と定義することにより，$\mathcal{O}_{M,x}$ は 1 をもつ可換環となる．この $\mathcal{O}_{M,x}$ は整域である．つまり $f_1, f_2 \in \mathcal{O}_{M,x}$ について $f_1 f_2 = 0$ ならば，$f_1 = 0$ または $f_2 = 0$ が成り立つ．$\mathcal{O}_{M,x}$ の元が積について逆元をもつとき**単元** (unit) と呼ばれる．$\mathcal{O}_{M,x}$ の単元全体を $\mathcal{O}_{M,x}{}^*$ と書く．すなわち

$$\mathcal{O}_{M,x}{}^* = \{\gamma_x(a_U) \in \mathcal{O}_{M,x};\ a_U(x) \neq 0\}$$

である．$f, g \in \mathcal{O}_{M,x}$ に対し，ある $h \in \mathcal{O}_{M,x}$ が存在して $f = gh$ となるとき，$g|f$ と記し，g は f を**整除する**という．また g を f の**約元**という．f, g が互いに他を整除するとき，すなわち $f = gu$ (u は単元) と表わされるとき，f, g は**互いに同値**という．0 および単元でない $f \in \mathcal{O}_{M,x}$ の約元が単元または f と同値な

元に限るとき,fは**既約**(irreducible)といい,既約でないfを**可約**(reducible)という. $f_1, f_2, \cdots \in \mathcal{O}_{M,x}$のすべてに共通な約元が単元しかないとき,$f_1, f_2, \cdots$は**互いに素**であるという. つぎは最も重要な事実である.

(4.2.2) **定理** (i) (因数分解の一意性) $\mathcal{O}_{M,x}$の任意の元fは有限個の既約な元の積に表わされる. もし$f=f_1\cdots f_p=g_1\cdots g_q$ (f_j, g_kは既約な元)と表わされれば,$p=q$,かつ$(1,\cdots,p)$の適当な置換$(\sigma(1),\cdots,\sigma(p))$をとると,$f_{\sigma(k)}$と$g_k$とが同値である$(k=1,\cdots,p)$.

(ii) $\gamma_x(a_U)$と$\gamma_x(b_V)$が互いに素ならば,$x \in W \subset U \cap V$なる開集合Wが存在して,任意の$y \in W$について$\gamma_y(a_U)$と$\gamma_y(b_V)$は互いに素になる.

XをMの解析的部分集合とする. $x \in M$に対して,
$$\mathcal{I}_{X,x} = \{\gamma_x(a_U) \in \mathcal{O}_{M,x}; a_U|X=0\}$$
とおく. $\mathcal{I}_{X,x}$は$\mathcal{O}_{M,x}$のイデアルをなす. $\mathcal{O}_{M,x}$の$\mathcal{I}_{X,x}$による商空間$\mathcal{O}_{M,x}/\mathcal{I}_{M,x}$を$\mathcal{O}_{X,x}$で表わし,自然な商写像を
$$f \in \mathcal{O}_{M,x} \longmapsto f|X \in \mathcal{O}_{X,x} = \mathcal{O}_{M,x}/\mathcal{I}_{X,x}$$
で表わす. 定理(4.1.3),系(4.1.4)と定理(4.1.5)よりXがxで局所既約であることと可換環$\mathcal{O}_{X,x}$が整域であることは同値である. つぎの定理は解析的超曲面に関して最も基本的である.

(4.2.3) **定理** XをMの解析的超曲面とする. $x \in X$とする.

(i) $\mathcal{I}_{X,x}$は単項イデアルである. すなわち$f \in \mathcal{I}_{X,x}$が存在して$\mathcal{I}_{X,x}=\mathcal{O}_{M,x}f=\{gf; g \in \mathcal{O}_{M,x}\}$が成り立つ.

(ii) もし$g \in \mathcal{I}_{X,x}$が$\mathcal{I}_{X,x}=\mathcal{O}_{M,x}g$を満たせば,$u \in \mathcal{O}_{M,x}{}^*$が存在して$g=uf$となる.

(iii) もし$\gamma_x(a_U) \in \mathcal{I}_{X,x}$が$\mathcal{I}_{X,x}=\mathcal{O}_{M,x}\gamma_x(a_U)$を満たせば,$x \in V \subset U$となる開近傍$V$が存在して,任意の$y \in X \cap V$について$\mathcal{I}_{X,y}=\mathcal{O}_{M,y}\gamma_y(a_U)$となる.

Mの開近傍U上で定義された正則関数$f: U \to \mathbf{C}$が,任意の$x \in X \cap U$について$\mathcal{I}_{X,x}=\mathcal{O}_{M,x}\gamma_x(f)$となるとき,$f$を$U$上で定義された$X$の**定義方程式**と呼ぶ. 上述の定理より,任意の$x \in X$について,xの開近傍Uと,U上で定義されたXの定義方程式が存在する.

解析的超曲面の族$\{X_j\}(j=1,2,\cdots)$が**局所有限**であるとは,任意のコンパクト集合$K \subset M$について$\{j; K \cap X_j \neq \phi\}$が有限集合になることとする. 局所有限

§2 因子と有理型関数

な相異なる既約解析的超曲面の族 $\{X_j\}(j=1,2,\cdots)$ の型式的な整数係数和 $D=\sum_{j=1}^{\infty}\nu_j X_j (\nu_j \in \mathbf{Z})$ を M 上の因子 (divisor) と呼ぶ．この因子 D の台 (support) supp D を

$$\mathrm{supp}\, D = \bigcup_{j=1}^{\infty} X_j$$

で定義する．supp D は M の解析的超曲面になる．すべて $\nu_j \geqq 0$ のとき，D を**正因子** (positive divisor) と呼ぶ．とくに $D=X_1$ と書ける因子を**既約因子** (irreducible divisor) と呼ぶことにする．M 上の因子全体は自然なしかたで $\mathbf{Z}$ 加群となる．この加群を $\mathrm{Div}(M)$ で表わす．U を M の開集合とし，$D=\sum \nu_j X_j \in \mathrm{Div}(M)$ とする．U の解析的部分集合の族 $\{X_j \cap U\}(j=1,2,\cdots)$ は局所有限である．よって U 上の因子 $D|U=\sum \nu_j(X_j \cap U)$ が定まる．この $D|U$ を D の U への**制限** (restriction) と呼ぶ．

つぎに M 上の有理型関数の定義をする．X を M の解析的超曲面とする．正則関数 $f_{M-X} \in \mathrm{Hol}(M-X, \mathbf{C})$ が X 上高々**極** (pole) をもつとは，つぎの性質を満たすこととする：

(4.2.4) $\begin{cases} \text{任意の点 } x \in M \text{ について，} x \text{ を含む } M \text{ の開集合 } U \text{ 上で定義され} \\ \text{た正則関数 } a_U \text{ が存在して } a_U f_{M-X} \text{ は } U \text{ 上の正則関数になる．} \end{cases}$

上述の条件 (4.2.4) は $x \in X$ のときが本質的である．すなわち $x \in M-X$ なら，$U=M-X$, $a_U=1$ ととればよい．さて $X=\bigcup_\mu X_\mu$ を既約成分への分解とする．x を X_μ の任意の正則点とする．$(U, \varphi, B(1)^m)$ を x のまわりの正則局所座標系で $\varphi(x)=0$ とし，さらに $\varphi=(z^1, \cdots, z^m)$ とおくとき，

$$U \cap X_\mu = \{(z^1, \cdots, z^m) \in B(1)^m ; z^1=0\}$$

となるものとする．任意の $w \in B(1)^{m-1}$ に対して，$f(z, w)$ を変数 z に関して $B(1)^*$ 上の正則関数と考えると，

(4.2.5) $$f(z, w) = \sum_{j \geqq k}^{\infty} A_j(w) z^j \qquad (A_k \not\equiv 0)$$

と Laurent 展開される．ここで $A_j(w)$ は $B(1)^{m-1}$ 上の正則関数である．整数 k は正則局所座標系 $(U, \varphi, B(1)^m)$ の選び方によらず，x のみに依存してくる．したがって $k(x)$ と書くことにしよう．(4.2.5) より，$k(y)=k(x)$ が $\{y=(0, w) \in U \cap X_\mu ; A_{k(x)}(w) \not\equiv 0\}$ 上で成り立つ．したがって関数 $k: x \in R(X_\mu) \mapsto k(x) \in \mathbf{Z}$ は局所的に定数であることがわかる．系 (4.1.4) により $R(X_\mu)$ は連結であったか

ら，$k(x)$ は $R(X_\mu)$ 上で定数である．以後この定数を $m(X_\mu; f_{M-X})$ で表わす．

(4.2.6) **定理** S を複素多様体 M の解析的部分集合で，codim $S \geqq 2$ とし，X を $M-S$ の解析的超曲面とする．$f_{(M-S)-X}$ を，$M-(S \cup X)$ 上の正則関数で X 上高々極をもつもの，とする．このとき X の M での位相的閉包 $\bar{X}$ は M の解析的超曲面となり，$M-\bar{X}$ 上の正則関数 $f_{M-\bar{X}}$ で $\bar{X}$ 上高々極をもつものが存在し，$f_{M-X}|M-(X \cup S)=f_{(M-S)-X}$ となる．

証明 Y を X の M における位相的閉包とする．定理 (4.1.11) により Y は M の解析的超曲面になる．もちろん $Y \cap (M-S)=X$ である．$M'=M-Y$, $S'=M' \cap S$ とおけば，S' は複素多様体 M' の解析的部分集合で codim $S' \geqq 2$ である．$(M-S)-X=M'-S'$ であるから，$f_{(M-S)-X}$ は $M'-S'$ 上の正則関数である．系 (3.3.43) により正則関数 $f_{M'}$ が一意的に存在して $f_{M'}|M'-S'=f_{(M-S)-X}$ となる．$f_{M'}: M-Y \to C$ が Y 上高々極をもつことを示す．任意に $y \in Y-X$ をとる．U を y の適当な近傍とすると正則関数 $g: U \to C$ を Y の y における定義方程式とする．U を十分に小さくとって，任意の点 $z \in Y \cap U$ に対して，g は Y の z における定義方程式になっているとしてよい．さらに $\bar{U}$ はコンパクトとする．$Y=\bigcup Y_\mu$ を既約成分への分解として，$X_\mu=Y_\mu \cap X$ とおく．定理 (4.1.9) の (ii) により $X=\bigcup X_\mu$ は既約成分への分解となる．任意に点 $z \in R(X_\mu) \cap U$ をとる．g は X_μ の z における定義方程式となるから，$g^{k(\mu)} f_{(M-S)-X}$ は z の十分に小さな開近傍上で正則である．ただし $k(\mu)=m(X_\mu; f_{(M-S)-X})$. いま $k=\max \{k(\mu); X_\mu \cap \bar{U} \neq \phi\}$ とおく．そうすれば $g^k f_{(M-S)-X}$ は $U-S$ 上で正則関数となる．すなわち $g^k f_{M'}$ は $U-S$ 上で正則関数になる．codim $S \geqq 2$ であるから，系 (3.3.43) によって $g^k f_{M'}$ は U 上の正則関数となる．以上で $f_{M'}$ は Y 上で高々極をもつことが示された．∎

さて X を M の解析的超曲面とし，$f_{M-X} \in Hol(M-X, C)$ は恒等的に 0 でなく X 上で高々極をもつとする．定義より各 $x \in M$ に対して，x の開近傍 U_x と正則関数 $a_x: U_x \to C$ が存在して $a_x f_{M-X}$ は U_x 上の正則関数となる．それを $b_x=a_x f_{M-X}$ とおく．定理 (4.2.2) の (i) より，必要なら a_x をとりかえることにより，$\gamma_x(a_x)$ と $\gamma_x(b_x)$ は互いに素となるようにできる．また定理 (4.2.2) の (ii) より，必要なら U_x を十分に小さくとれば，任意の $y \in U_x$ について $\gamma_y(a_x)$ と $\gamma_y(b_x)$ は互いに素となる．以上をまとめると結局つぎのようになる．すなわ

ち各 $x \in M$ について，x の開近傍 U_x と，U_x 上の正則関数 a_x, b_x が存在してつぎが成り立つ：

(4.2.7) $\begin{cases} \text{(i)} & a_x f_{M-X} = b_x \text{ が } U_x - X \text{ 上で成り立つ}, \\ \text{(ii)} & \text{任意の } y \in U_x \text{ について，} \gamma_y(a_x) \text{ と } \gamma_y(b_x) \text{ は互いに素となる}. \end{cases}$

さて $U_x \cap U_y \neq \phi$ としよう．そうすれば $a_x b_y = a_y b_x$ が $U_x \cap U_y - X$ 上で成り立つ．したがって

(4.2.8) $\qquad a_x b_y = a_y b_x \quad \text{が} \quad U_x \cap U_y \quad \text{上で成り立つ}.$

定理 (4.2.2) の (i)，(4.2.7) の (ii) と (4.2.8) により，任意の $z \in U_x \cap U_y$ に対して，$\gamma_z(a_x)$ と $\gamma_z(a_y)$ は互いに同値であり，$\gamma_z(b_x)$ と $\gamma_z(b_y)$ は互いに同値である．容易にわかるように M の解析的超曲面 Y, Z が存在して，

$$Y \cap U_x = \{y \in U_x ;\ a_x(y) = 0\},$$
$$Z \cap U_x = \{y \in U_x ;\ b_x(y) = 0\}$$

が成り立つ．この Y と Z は f_{M-X} のみできまることは明らかである．さて $Y = \bigcup_{\lambda \in \Lambda} Y_\lambda$ を既約成分への分解とする．$y \in Y_\lambda$ として，$g_V : V \to C$ を y の開近傍 V で定義された Y の定義方程式とする．そうすれば定理 (4.2.2) の (i) と，正の整数 $k(y)$ と $\gamma_y(h_W) \in \mathcal{O}_{M,y}$ が存在して，$\gamma_y(g_V)$ と $\gamma_y(h_W)$ は互いに素であり，かつ $\gamma_y(a_y) = \gamma_y(h_W) \gamma_y(g_V)^{k(y)}$ と書ける．この $k(y)$ は f_{M-X} と Y_λ のみによってきまることは容易にわかる．定理 (4.2.2) の (ii) より $y \in A \subset U_y \cap V \cap W$ なる開集合 A が存在して，任意の $z \in A$ に対して $\gamma_z(a_y)$ と $\gamma_z(h_W)$ は互いに素であり，かつ $\gamma_z(a_y) = \gamma_z(h_W) \gamma_z(g_V)^{k(y)}$ が成り立つ．一方，$z \in U_y \cap U_z$ であるから，$\gamma_z(a_y)$ と $\gamma_z(a_z)$ は同等であった．したがって単元 $u \in \mathcal{O}_{M,z}$ が存在して $\gamma_z(a_z) = u \gamma_z(a_y)$ となる．よって $\gamma_z(a_z) = u \gamma_z(h_W) \gamma_z(g_V)^{k(y)}$ となる．これより $k(z) = k(y)$ となる．以上で関数 $k : y \in Y_\lambda \to Z$ は局所的に定数であることがわかる．Y_λ は連結であるから，結局 $k(y)$ は定数である．この定数を $\nu_0(f_{M-X} ; Y_\lambda)$ と書く．$Z = \bigcup_{\sigma \in \Sigma} Z_\sigma$ を既約成分への分解とする．上述の議論を $z \in Z_\sigma$ と b_z に適用することによって正の整数 $\nu_\infty(f_{M-X} ; Z_\sigma)$ を得る．さて M 上の因子 $(f_{M-X})_0$ と $(f_{M-X})_\infty$ を

$$(f_{M-X})_0 = \sum_{\lambda \in \Lambda} \nu_0(f_{M-X} ; Y_\lambda) Y_\lambda,$$
$$(f_{M-X})_\infty = \sum_{\sigma \in \Sigma} \nu_\infty(f_{M-X} ; Z_\sigma) Z_\sigma$$

で定義する．$(f_{M-X})_0$ と $(f_{M-X})_\infty$ をそれぞれ有理型関数 f_{M-X} の **零因子** (zero divisor) と **極因子** (pole divisor) と呼ぶ．さらに f_{M-X} の定める因子 (f_{M-X}) を

120　　　　　　　　第4章　有理型写像

$$(f_{M-X}) = (f_{M-X})_0 - (f_{M-X})_\infty$$

とおく.

いま f_{M-X} と g_{M-Y} をそれぞれ X 上および Y 上で高々極をもつ正則関数とする. この二つが同値 ($f_{M-X} \sim g_{M-Y}$ と書く) とは, $f_{M-X}|M-(X\cup Y)=g|M-(X\cup Y)$ となることで定義する. これは明らかに同値関係である. この同値類を M 上の**有理型関数**といい, 有理型関数の全体を $\mathcal{M}(M)$ で表わす. $\mathcal{M}(M)$ は自然に M 上の正則関数の全体を部分環として含む体となる (詳細は省略する). f_{M-X} の属する同値類を $[f_{M-X}]$ で表わす. もし $[f_{M-X}]=[g_{M-Y}]$ ならば, $(f_{M-X})_0=(g_{M-Y})_0$, $(f_{M-X})_\infty=(g_{M-Y})_\infty$ が成り立つ. したがって $\varphi=[f_{M-X}]\in \mathcal{M}(M)$ に対して

$$(\varphi)_0 = (f_{M-X})_0, \quad (\varphi)_\infty = (f_{M-X})_\infty, \quad (\varphi) = (\varphi)_0 - (\varphi)_\infty$$

とおく.

さて (4.2.8) とそれに続く議論からつぎがわかる.

(4.2.9)　**補題**　$\varphi, \psi \in \mathcal{M}(M)$ に対し, $(\varphi)=(\psi)$ ならば, φ/ψ は M 上で 0 をとらない正則関数であり, また逆も成り立つ.

(4.2.10)　**定理**　(i)　$\{U_\lambda\}(\lambda\in\Lambda)$ を M の開被覆とし, D_λ を U_λ 上の因子とする. $U_\lambda\cap U_\mu\ne\phi$ のとき, $D_\lambda|(U_\lambda\cap U_\mu)=D_\mu|(U_\lambda\cap U_\mu)$ が成立しているとする. このとき, M 上の因子 D がただ一つ存在して, すべての i に対し $D|U_\lambda=D_\lambda$ となる.

(ii)　$\{U_\lambda\}(\lambda\in\Lambda)$ を M の開被覆とし, $\varphi_\lambda\in\mathcal{M}(U_\lambda)$ がつぎを満たすものとする:

(4.2.11)　$U_\lambda\cap U_\mu\ne\phi \Longrightarrow \begin{cases} \varphi_\lambda|(U_\lambda\cap U_\mu)/\varphi_\mu|(U_\lambda\cap U_\mu) \text{ は 0 を} \\ \text{とらない } U_\lambda\cap U_\mu \text{ 上の正則関数.} \end{cases}$

このとき M 上の因子 D がただ一つ存在して, $D|U_\lambda=(\varphi_\lambda)$ となる.

(iii)　任意の $D\in\mathrm{Div}(M)$ に対し, M の開被覆 $\{U_\lambda\}$ と $\varphi_\lambda\in\mathcal{M}(U_\lambda)$ が存在して, $D|U_\lambda=(\varphi_\lambda)$ となる.

証明　(i)　まず条件より M の解析的超曲面 X で, $X\cap U_\lambda=\mathrm{supp}\,D_\lambda$ となるものの存在がわかる. $X=\bigcup_\alpha X_\alpha$ を X の既約成分への分解とする. 各 X_α に対し $x\in R(X)\cap X_\alpha$ をとる. するとある D_λ が存在して, $x\in\mathrm{supp}\,D_\lambda$ となる. D_λ は U_λ 内の相異なる既約な解析的超曲面 $X_{\lambda\beta}$ をもって, 順序を除いて一意的に

$$D_\lambda = \sum \nu_{\lambda\beta} X_{\lambda\beta} \quad (\nu_{\lambda\beta}\in \mathbf{Z}-\{0\})$$

と書かれる． $x \in R(X) \cap U_\lambda = R(\mathrm{supp}\, D_\lambda)$ であるから，ただ一つの $X_{\lambda'\beta'}$ が存在して，$R(X_{\lambda'\beta'}) \ni x$ となる．
$$\nu_\alpha = \nu_{\lambda'\beta'}$$
とおくと，これはやはり条件より U_λ のとり方によらないことがわかる．
$$D = \sum_\alpha \nu_\alpha X_\alpha$$
とおけば，これが求めるものである．

(ii) $D_\lambda = (\varphi_\lambda) \in \mathrm{Div}(U_\lambda)$ とおけば，補題 (4.2.9) より，$U_\lambda \cap U_\mu \neq \phi$ のとき $D_\lambda|(U_\lambda \cap U_\mu) = D_\mu|(U_\lambda \cap U_\mu)$ となる．よって (i) より D の存在がわかる．

(iii) 任意の点 $x \in M$ に対して，その近傍 U_x を十分小さくとれば，U_x 上の正則関数 $a_1, \cdots, a_l$ において，$\gamma_x(a_i)$ は既約で，かつ互いに素であり，$b = a_1 \cdots a_l$ が $U_x \cap \mathrm{supp}\, D_\lambda$ の U_x 上での定義方程式を与えるものがある．必要ならば，U_x をさらに小さくとることにより，U_x 内の解析的超曲面 $X_i = \{y \in U_x ; a_i(x) = 0\}$ ($1 \leq i \leq l$) は既約であるとしてよい．すると一意的に
$$D \cap U_x = \sum_{i=1}^{l} \nu_{xi} X_i \qquad (\nu_{xi} \in \mathbf{Z})$$
と書かれる．
$$\varphi_x = a_1{}^{\nu_{x1}} \cdots a_l{}^{\nu_{xl}}$$
とおけば，
$$(\varphi_x) = D \cap U_x$$
となる．■

$L \xrightarrow{\pi} M$ を M 上の正則直線束とし，$(\{U_\lambda\}, \{s_\lambda\})$ をその一つの局所自明化，また $(\{U_\lambda\}, \{T_{\lambda\mu}\})$ をそれに付随した変換関数系とする．任意の $\sigma \in \Gamma(M, L) - \{O\}$ は，$\sigma = \{\sigma_\lambda\}$ と書かれる．ただし σ_λ は U_λ 上の恒等的に 0 でない正則関数で，$\sigma|U_\lambda = \sigma_\lambda s_\lambda$ で定義されるものである．$U_\lambda \cap U_\mu \neq \phi$ のときその上で
$$\sigma_\lambda = T_{\lambda\mu} \sigma_\mu$$
を満足する．$T_{\lambda\mu}$ は 0 をとらない正則関数であるから，定理 (4.2.10)，(ii) より正因子 $D \in \mathrm{Div}(M)$ が存在して $D|U_\lambda = (\sigma_\lambda)$ となる．この D を (σ) と書き，
$$|L| = \{(\sigma);\ \sigma \in \Gamma(M, L) - \{O\}\} \subset \mathrm{Div}(M)$$
と書く．自然に

(4.2.12) $\qquad\qquad |L| = P\Gamma(M, L)$

とみなせるので, $|L|$ には $\dim \Gamma(M,L)-1$ 次元複素射影空間の構造が入る.

つぎに $D \in \mathrm{Div}(M)$ が与えられたとしよう.定理(4.2.10), (iii)により,ある M の開被覆 $\{U_\lambda\}$ と U_λ 上の有理型関数 φ_λ で, $D|U_\lambda=(\varphi_\lambda)$ を満たす. $U_\lambda \cap U_\mu \neq \phi$ のとき

$$T_{\lambda\mu} = \varphi_\lambda/\varphi_\mu$$

とおくと,これは 0 をとらない正則関数で,コサイクル条件(2.1.3)を満たす.したがって M 上の正則直線束 $\langle\{U_\lambda\},\{T_{\lambda\mu}\}\rangle$ を得る.これを $[D] \to M$ と書く.作り方よりつぎが成り立つ.

(4.2.13) $\begin{cases} [-D] \cong [D]^*, \\ [D_1+D_2] \cong [D_1] \otimes [D_2] & (D_1,D_2 \in \mathrm{Div}(M)), \\ D \in |L| \Longrightarrow [D] \cong L. \end{cases}$

D が正因子ならば,上述の φ_λ は正則関数となるので, $\{\varphi_\lambda\}$ は $[D] \to M$ の正則切断 σ を与え,

$$(\sigma) = D$$

が成り立つ.

つぎの事実はのちに使われる.

(4.2.14) **定理** M を $B(1)^m$ または $\mathbf{C}^m$ とし, D を M 上の因子とする.このとき有理型関数 $\varphi \in \mathcal{M}(M)$ が存在して $D=(\varphi)$ となる.

§3 正則写像の性質

この節では,複素多様体の間の正則写像についてよく知られている基本的事実を証明なしで述べることにする.以下 M,N をそれぞれ m,n 次元複素多様体とし, $f: M \to N$ を正則写像とする.さらに X を M の解析的部分集合とし, f の X への制限を $f|X$ と書く.つぎのことは定義より自明であろう:

(4.3.1) $\begin{cases} \text{任意の } x \in X \text{ に対し}, (f|X)^{-1}((f|X)(x)) = \\ f^{-1}(x) \cap X \text{ は } M \text{ の解析的部分集合である}. \end{cases}$

解析的集合 $(f|X)^{-1}((f|X)(x))$ を,写像 $f|X$ の x を通る**ファイバー**(fibre)ということにする. $f|X$ の **x** における**階数**(rank) $\mathrm{rank}_x f|X$ を

$$\mathrm{rank}_x f|X = \dim_x X - \dim_x (f|X)^{-1}((f|X)(x))$$

§3 正則写像の性質

と定義する.さらに $f|X$ の**階数** $\mathrm{rank}\,f|X$ をつぎのように定義する.まず X が既約のとき,
$$\mathrm{rank}\,f|X = \sup\{\mathrm{rank}_x f|X;\, x\in X\},$$
X が必ずしも既約でないとき,$X=\bigcup_{\lambda\in\Lambda} X_\lambda$ を X の既約成分への分解とし,つぎのようにする.
$$\mathrm{rank}\,f|X = \sup\{\mathrm{rank}\,f|X_\lambda;\, \lambda\in\Lambda\}.$$
つぎに,写像 $f|X\colon X\to N$ の**退化集合**(degeneracy set) $E(f|X)$ を
$$E(f|X) = \{x\in X;\, \mathrm{rank}_x f|X < \mathrm{rank}\,f|X\}$$
と定義する.するとつぎの定理が成り立つ.

(4.3.2) **定理** (i) 写像 $x\in X\mapsto \dim_x(f|X)^{-1}(f|X(x))\in \boldsymbol{Z}^+$ は上半連続である.したがって,X が純次元ならば写像 $x\in X\mapsto \mathrm{rank}_x f|X\in \boldsymbol{Z}^+$ は下半連続である.

(ii) 正則写像 $f|R(X)\colon R(X)\to N$ の $x\in R(X)$ での微分を $d(f|R(X))_x\colon T(R(X))_x \to T(N)_{f(x)}$ とすると,つぎの等式が成立する:
$$\mathrm{rank}\,f|X = \sup\{\mathrm{rank}\,d(f|R(X))_x;\, x\in R(X)\}.$$

(iii) もし $f|X(X)=N$ ならば,$\mathrm{rank}\,f|X = \dim N$ である.

(iv) $E(f|X)$ は M の解析的部分集合で,$E(f|X)\subsetneq X$ である.

つぎの定理は,正則写像に関して最も使い道の多い重要なものである.

(4.3.3) **定理**(proper mapping theorem, Remmert [1]) 写像 $f|X\colon X\to N$ がプロパーであるとする(すなわち,N の任意のコンパクト集合 K に対し,$(f|X)^{-1}(K)$ が X のコンパクト集合になる).このとき,つぎが成立する:

(i) $(f|X)(X)=f(X)$ は,N の解析的部分集合で $\dim f(X)=\mathrm{rank}\,f|X$ となる.

(ii) X が既約ならば,$f(X)$ も既約である.

(4.3.4) **定理** X は純次元をもつとする.$f|X\colon X\to N$ が開写像であるための必要十分条件は,すべての $x\in X$ に対して $\mathrm{rank}_x f|X = \dim N$ となることである.

写像 $f|X\colon X\to N$ は自然なやり方で環の準同型
$$(f|X)^*\colon \gamma_{f(x)}(a_U)\in \mathcal{O}_{N,f(x)} \longmapsto \gamma_x((a_U\circ f)_{f^{-1}(U)})|X\in \mathcal{O}_{X,x}$$
を引き起こす.さて最後の定理を述べるために少し言葉を用意する.一般的に

R を1をもつ可換環とし，S を1を含む R の部分環とする．R が S 上で整
(integral) であるとは，任意の $a \in R$ に対して，有限個の元 $h_1, \cdots, h_l \in S$ が存在
して，つぎの代数的関係式

$$a^l + h_1 a^{l-1} + \cdots + h_{l-1}a + h_l = 0$$

が満たされることと定義する.

 (4.3.5) **定理** $x \in X$ が $(f|X)^{-1}(f(x))$ の孤立点であるための必要十分条件
は，$\mathcal{O}_{X,x}$ が $(f|X)^*(\mathcal{O}_{N,f(x)})$ 上で整となることである.

§4 有理型写像

ここでは，前節までに解説した事柄に基づいて，有理型写像についての基本
的な性質を示す．以下，M, N をそれぞれ m, n 次元の複素多様体とする．まず，
つぎの定理から始めよう.

 (4.4.1) **定理**(Remmert[2]) $f: M \to N$ を写像とし，そのグラフを $G(f)$
$= \{(x, f(x)); x \in M\} \subset M \times N$ とする．f が正則写像であるための必要十分条
件は，$G(f)$ が $M \times N$ 内の純次元 m をもつ解析的部分集合になることである.

 証明 必要性は明らかであろう．十分性を示す．射影 $p: (x, y) \in M \times N \mapsto x \in M$, $q: (x, y) \in M \times N \mapsto y \in N$ はもちろん正則写像である．$X = G(f)$ と書く．
すべての $x \in M$ に対し $(p|X)^{-1}((p|X)(x)) = \{x\}$ となっている．したがって
$\text{rank}_x p|X = \dim_x X - \dim_x (p|X)^{-1}((p|X)(x)) = m$ となる．定理(4.3.4)によって
$p|X: X \to M$ は開写像になる．もちろん $p|X$ は全単射であるから，$(p|X)^{-1}:$
$M \to X$ は連続になる．したがって $f = q \circ (p|X)^{-1}: M \to N$ は連続である．$x \in M$
を任意に固定する．f が x で正則であることを示すために，x のまわりの正則
局所座標近傍 $(U, \varphi, B(1)^m)$ と，$f(x)$ のまわりの正則局所座標近傍 $(V, \psi, B(1)^n)$
を，$\varphi(x) = O$, $\psi(f(x)) = O$, $f(U) \subset V$ となるようにとる．$\varphi = (z^1, \cdots, z^m)$, $\psi = (w^1, \cdots, w^n)$ とし，$\psi \circ f \circ \varphi^{-1} = (f^1, \cdots, f^n)$ とおく．各 $f^j: B(1)^m \to B(1)$ が正則関
数であることを示せばよい．$\tilde{X} = \{(z, \psi \circ f \circ \varphi^{-1}(z)); z \in B(1)^m\} = \{(z, w) \in B(1)^m \times B(1)^n; w^j - f^j(z) = 0, 1 \leq j \leq n\}$ は，もちろん $B(1)^m \times B(1)^n$ 内の解析的部分
集合である．自然な射影を $\tilde{p}: B(1)^m \times B(1)^n \to B(1)^m$, $\tilde{q}: B(1)^m \times B(1)^n \to B(1)^n$
とする．$(O, O) \in \tilde{X}$ は $(\tilde{p}|\tilde{X})^{-1}((\tilde{p}|\tilde{X})(O, O))$ の孤立点であるから，定理(4.3.5)

§4 有理型写像

より, $\tilde{q}|\tilde{X}=(w^1,\cdots,w^n)$ とおくと,

(4.4.2) $\quad (w^j)^{d_j}+(A_1{}^j\circ\tilde{p}|\tilde{X})(w^j)^{d_j-1}+\cdots+(A_{d_j}{}^j\circ\tilde{p}|\tilde{X})=0,$

$\quad A_i{}^j \in \mathcal{O}_{B(1)^m,o} \quad (1\leq i\leq d_j,\ 1\leq j\leq n)$

が成り立つ. 芽 $A_i{}^j \in \mathcal{O}_{B(1)^m,o}$ の代表元が共通にとれる $O\in B(1)^m$ の十分小さな近傍 U' をとり, 同じ $A_i{}^j$ で $A_i{}^j \in \mathcal{O}_{B(1)^m,o}$ を代表する U' 上の正則関数を表わすことにすれば, (4.4.2)は $U'\times B(1)$ 上の正則関数の間の関係式として成立していると考えられる. したがって各 j について

(4.4.3) $\quad (f^j(z))^{d_j}+A_1{}^j(z)(f^j)^{d_j-1}+\cdots+A_{d_j}{}^j(z)=0 \quad (z\in U')$

が成り立つ. 定理(4.2.2), (i)により, (4.4.2)の左辺を $\mathcal{O}_{C^m,o}[w^j]$ の元とみて既約であると仮定できる. w^j を変数とみて方程式(4.4.2)で定まる $B(1)\times U'$ 内の純 m 次元解析的部分集合を Y とする. Y は純 m 次元である. (4.4.2)の左辺を w^j に関して偏微分した式である,

$$d_j(w^j)^{d_j-1}+(d_j-1)A_1{}^j(z)(w^j)^{d_j-2}+\cdots+A_{d_j-1}{}^j(z)=0 \quad (z\in U')$$

で定まる $B(1)\times U'$ 内の解析的部分集合を Z とする. $C=Y\cap Z$ とし, $p: B(1)\times U'\to U'$ を射影とする. すると $C\subsetneq Y$ で, $p|Y: Y\to U'$ はプロパーになる. したがって $p|C: C\to U'$ もプロパーになり, 定理(4.3.3)により, $E=(p|C)(C)\subsetneq U'$ は解析的部分集合になる. $C'=(p|Y)^{-1}(E)$ も Y に含まれる $U'\times B(1)$ 内の解析的部分集合になる. 正則関数についての陰関数定理により

$$p|Y-C': Y-C' \longrightarrow U'-E$$

は局所双正則同相写像, つまり不分枝被覆写像になっている. したがって(4.4.3)と $f^j(z)$ が連続であることより, $f^j(z)$ が $z\in U'-E$ で正則であることがわかる. $f^j(z)$ は U' 上で連続であるので, Riemannの拡張定理により $f^j(z)$ は $z\in U'$ で正則になる. ∎

上記の証明に使ったと同様に, $p: M\times N\to M$, $q: M\times N\to N$ を自然な射影とする. W を M の稠密な開集合とし, $f_W: W\to N$ を正則写像とする. この f_W がつぎの条件を満たすとき, f_W は M に関して**有理型**(meromorphic)であるという:

(4.4.4) $\begin{cases} (\text{i}) \quad f_W \text{ のグラフ } G(f_W)\subset W\times N \text{ の } M\times N \text{ 内における} \\ \qquad \text{閉包 } \overline{G(f_W)} \text{ は } M\times N \text{ 内の解析的部分集合である.} \\ (\text{ii}) \quad p|\overline{G(f_W)}: \overline{G(f_W)}\to M \text{ はプロパーである.} \end{cases}$

いま便宜上
$$\mathcal{M}(M, N) = \{f_W: W \to N;\ W \subset M \text{ は稠密な開集合,}$$
$$f_W \text{ は正則で,}\ M \text{ に関して有理型}\}$$
とおく．$f_W, g_V \in \mathcal{M}(M, N)$ が同値であるとは，$\overline{G(f_W)} = \overline{G(g_V)}$ であることとする．明らかにこれは同値関係で，これに関する $\mathcal{M}(M, N)$ の商集合を
$$Mer(M, N) = \mathcal{M}(M, N)/\sim$$
とおく．$Mer(M, N)$ の元 f を M から N への**有理型写像** (meromorphic mapping) と呼び
$$f: M \xrightarrow[\text{mero}]{} N$$
と書くことにする．$f_W \in \mathcal{M}(M, N)$ の定める同値類を $[f_W] \in Mer(M, N)$ と書き，$[f_W]$ を f_W **が定める有理型写像**ということにする．$f = [f_W]$ のとき，
$$G(f) = \overline{G(f_W)}$$
とおき，これを f の**グラフ**ということとする．この $G(f)$ は代表元 f_W のとり方にはよらない．さて $f: M \xrightarrow[\text{mero}]{} N$ を有理型写像とし $f = [f_W]$ ($f_W \in \mathcal{M}(M, N)$) とする．$M' \subset M$ を M の部分領域とする．すると $f_{W \cap M'} = f_W | W \cap M'$ のグラフについて $M' \times N$ 内で $\overline{G(f_{W \cap M'})} = G(f) \cap p^{-1}(M')$ となり $f_{W \cap M'}$ は M' に関して有理型になる．よって $f_{W \cap M'}$ は，$f|M' = [f_{W \cap M'}] \in Mer(M, N)$ を定める．これを**有理型写像** f **の** M' **上への制限**と呼ぶことにする．さて任意の部分集合 $A \subset M$ に対して
$$f(A) = q((p|G(f))^{-1}(A))$$
とおく．$f(A)$ を A の f による**像**と呼び，とくに $A = \{x\}$ ($x \in M$) のとき，$f(\{x\}) = f(x)$ と書くことにする．また N の部分集合 B に対して
$$f^{-1}(B) = p((q|G(f))^{-1}(B))$$
とおき，これを B の f による**逆像**と呼ぶ．

上述の (4.4.4) で述べた f_W が有理型であるという性質は M 上局所的性質である．つまりつぎの補題が成立する：

(4.4.5) **補題** W を M の稠密な開集合とし，$f_W: W \to N$ を正則写像とする．f_W が M に関して有理型であるための必要十分条件は，任意の点 $x \in M$ に対して，その開近傍 U が存在して正則写像 $f_W|U: W \cap U \to N$ が U に関して有理型になることである．

§4 有理型写像

証明 $G(f_W|U)=G(f_W)\cap(U\times N)$ であり，$\overline{G(f_W|U)}=\overline{G(f_W)}\cap(U\times N)$ となることに注意すれば，主張の成り立つことは明らかである．∎

(4.4.6) **補題** (i) $f(z)$ は N のコンパクトな解析的部分集合である．そして $A\subset M$ がコンパクトならば，$f(A)$ もコンパクトである．

(ii) X を N の解析的部分集合とすると，その f による逆像 $f^{-1}(X)$ は M の解析的部分集合になる．とくに X が解析的超曲面ならば $f^{-1}(X)$ もそうである．

証明 条件 (4.4.4)，(ii) より，解析的部分集合 $(p|G(f))^{-1}(x)=p^{-1}(x)\cap G(f)$ はコンパクトになる．よって $q|(p|G(f))^{-1}(x):(p|G(f))^{-1}(x)\to N$ はプロパーになり，定理 (4.3.3) により，$f(x)=q((p|G(f))^{-1}(x))$ はコンパクトな解析的部分集合になる．後半は明らかであろう．∎

つぎの補題は，後の議論の基礎となる．

(4.4.7) **補題** $f\in Mer(M,N)$ とし $f=[f_W]$，$f_W\in \mathcal{M}(M,N)$ とする．このときつぎが成り立つ．

(i) $G(f_W)=G(f)\cap p^{-1}(W)$ となる．とくに $G(f_W)$ は $G(f)$ の稠密な開集合である．

(ii) $G(f_W)$ は $W\times N$ 内の m 次元複素閉部分多様体で，$p|G(f_W):G(f_W)\to W$ は双正則同相である．

(iii) $p(G(f))=M$．

(iv) $G(f)$ は既約で，$\dim G(f)=m$ である．

(v) $x\in W$ に対しては，$f(x)=f_W(x)$ である．

(vi) $(p|G(f))^{-1}(x)=G(f)\cap p^{-1}(x)$ $(x\in M)$ は連結集合である．

証明 順次示していこう．(i) 定義より $G(f_W)\subset G(f)\cap p^{-1}(W)$ は明らか．$(x,y)\in G(f)\cap p^{-1}(W)$ とする．$G(f)$ の定義より，点列 $\{(x_\nu,y_\nu)\}_{\nu=1}^\infty\subset G(f_W)$ がとれて $\lim x_\nu=x$, $\lim y_\nu=y$ となる．$x\in W$ であるから，$y_\nu=f_W(x_\nu)$ となり，$y=f_W(x)$ となっている．よって $(x,y)\in G(f_W)$ となる．

(ii) 自明である．

(iii) $p|G(f):G(f)\to M$ はプロパーであるから $p(G(f))$ は閉集合になる．一方，$p(G(f))\supset W$ で W は M 内稠密であるから $p(G(f))=M$ でなければならない．

(iv) $G(f)=\bigcup_{\lambda\in\Lambda}G_\lambda$ を既約成分への分解とする．$p|G(f):G(f)\to M$ はプロパーであるから，$p|G_\lambda:G_\lambda\to M$ もプロパーになる．定理(4.3.3)より $p(G_\lambda)$ は M の既約解析的部分集合になる．さらに $M=p(G_f)=\bigcup p(G_\lambda)$ であり，M は既約であるから，ある G_{λ_0} があって $p(G_{\lambda_0})=M$ となる．(i)より $G_{\lambda_0}\supset G(f_W)$ となり，$G_{\lambda_0}\supset\overline{G(f_W)}=G(f)$ となるから，$G_{\lambda_0}=G(f)$ でなければならない．また $\dim G(f)=\dim R(G(f))=\dim G(f_W)=m$ となる．

(v) これは，(i)より明らか．

(vi) ある $x\in M$ について $(p|G(f))^{-1}(x)$ が連結でなかったとする．すると $M\times N$ 内の二つの空でない開集合 U_1,U_2 が存在して
$$U_1\cap U_2=\phi,\quad U_1\cup U_2\supset(p|G(f))^{-1}(x)$$
となる．$p|G(f)$ がプロパーであるから，U_i はつぎの型であるとしてよい：
$$U_i=W'\times V_i\quad(i=1,2),$$
W' は x の開近傍，
$V_i\subset N$ は開集合で $\overline{V}_1\cap\overline{V}_2=\phi.$

$G(f)\cap(U_1\cup U_2)=(G(f)\cap U_1)\cup(G(f)\cap U_2)$ となり各 $G(f)\cap U_i$ は U_i 内の純 m 次元解析的部分集合である．$G(f)\cap U_i\cap G(f_W)\neq\phi$ であるから，$G(f)\cap U_i$ の空でない開集合上 $p|G(f)\cap U_i$ の階数は m となる．定理(4.3.4)により $p|G(f)(G(f)\cap U_i)$ は内点を含む．一方，正則写像
$$p|G(f)\cap U_i:G(f)\cap U_i\longrightarrow W'$$
はプロパーである．したがって $(p|G(f)\cap U_i)(G(f)\cap U_i)=W'$ となる．$W\cap W'\neq\phi$ であるから $x\in W'\cap W$ に対し $(p|G(f))^{-1}(x)$ は $G(f)\cap U_i(i=1,2)$ 内にそれぞれ少なくとも1点ずつ点を含むことになり，(i)に反する．∎

さて，有理型写像が正則写像の拡張概念であることがつぎの定理で示される．

(4.4.8) **定理** $f:M\xrightarrow{\text{mero}}N$ を有理型写像とする．f の代表元として正則写像 $f_M:M\to N$ が選べるための必要十分条件は，すべての $x\in M$ に対して $f(x)$ が1点になることである．

証明 必要性は明らかである．十分性を示すために，写像 $f_M:M\to N$ を，$f_M(x)=f(x)(x\in M)$ と定義する．すると $G(f_M)=G(f)$ である．定理(4.4.7)，(iv)と定理(4.4.1)より f_M は正則写像になる．よって $f=[f_M]$ となる．∎

有理型写像 $f:M\xrightarrow{\text{mero}}N$ に対し $f_M\in\mathcal{M}(M,N)$ が存在して $f=[f_M]$ となる

§4 有理型写像

とき, f は正則写像であるといい, f と f_M を同一視する. 定理(4.4.8)により, 有理型写像 $f: M \xrightarrow{\text{mero}} N$ が正則写像でなければ, 必ず点 $x \in M$ が存在して, $f(x)$ は1点ではなくなる. このような点 x について以下しばらく考察する. $p|G(f): G(f) \to M$ の退化集合 $E(p|G(f))$ を単に E と書く.

(4.4.9) **補題** (i) $E = \{(x, y) \in G(f); (x, y)$ は $(p|G(f))^{-1}((p|G(f))(x, y))$ の孤立点ではない$\}$ となる.

(ii) $G(f) - E$ は $G(f)$ の稠密な連結開集合である.

(iii) $p' = p|(G(f) - E): G(f) - E \to M$ は単射な開写像である.

証明 (i) これは $f(x)$ の定義と補題(4.4.7), (vi) より明らかである.

(ii) 定理(4.3.2), (iv)より E は $M \times N$ の解析的部分集合で, $E \subsetneq G(f)$ である. 定理(4.1.9), (ii)と補題(4.4.7), (iv)より $G(f) - E$ は $G(f)$ の稠密な連結開集合をなす.

(iii) $L = M \times N - E$ は, 定理(4.1.9), (ii)より $M \times N$ 内の稠密な連結開集合である. $A = G(f) \cap L = G(f) - E$ とおく. 補題(4.4.7), (iv)より $G(f)$ は既約であるから, 系(4.1.7)により純 m 次元をもつ. よって定理(4.1.9), (ii)より A も純 m 次元をもつ. 補題(4.4.7), (vi)より, $x \in M$ に関してつぎの二つの場合が起こる: (イ) $(p|G(f))^{-1}(x)$ は1点からなり, したがって $(p|G(f))^{-1}(x) \cap E = \phi$, (ロ) $(p|G(f))^{-1}(x)$ は $M \times N$ 内の正次元連結コンパクト解析的部分集合であり, したがって $(p|G(f))^{-1}(x) \subset E$. これから $p': A \to M$ が単射になる. さらに A のすべての点において p' の階数が m であることがわかる. 定理(4.3.4)により p' は開写像になる. ∎

つぎの定理は, 有理型写像に関して最も基本的な事実を与える.

(4.4.10) **定理** $f \in Mer(M, N)$ とし, $I(f) = p(E(p|G(f)))$ とおく. このとき, つぎが成立する:

(i) $I(f)$ は M の解析的部分集合で, $\dim I(f) \leq m - 2$ である.

(ii) $(p|G(f))^{-1}(I(f)) = E(p|G(f))$ で, $x \in M - I(f)$ ならば $f(x)$ は1点である.

(iii) $x \in I(f)$ ならば, $f(x)$ は N の正次元コンパクトな連結解析的部分集合である.

(iv) 写像 $f_{M-I(f)}: M - I(f) \to N$ を $f_{M-I(f)}(x) = f(x)$ で定義する. このと

き $f_{M-I(f)} \in \mathcal{M}(M, N)$ で, $f = [f_{M-I(f)}]$ となる.

(v) もし $f = [f_W]$, $f_W \in \mathcal{M}(M, N)$ ならば $W \subset M - I(f)$ で $f_W = f_{M-I(f)}|W$ となる.

証明 (i) $E = E(p|G(f))$ とおく. $p|G(f): G(f) \to M$ がプロパーであるから, $p|E: E \to M$ もプロパーになる. 定理(4.3.3), (i)により $(p|E)(E) = p(E) = I(f)$ は M の解析的部分集合であり, $\dim I(f) = \operatorname{rank} p|E$ となる. $R(E) = \bigcup_{\lambda \in \Lambda} E_\lambda'$ を連結成分への分解とする. 定理(4.1.3)により, E_λ' の閉包 $E_\alpha = \bar{E}_\lambda'$ が E の既約成分を与えている. 定理(4.1.3)と定理(4.3.2), (i)より

(4.4.11) $\quad \operatorname{rank} p|E_\lambda = \sup \{\operatorname{rank}_{(x,y)} p|E_\lambda ; (x, y) \in E_\lambda'\}$

となる. 任意の点 $(x, y) \in E_\lambda'$ をとる. 補題(4.4.9), (i)より (x, y) を通る $(p|G(f))^{-1}(x)$ の既約成分 C が存在して, $\dim C = \dim_x C \geqq 1$ となり, $C \subset E$ となっている. よって $C \subset E_\lambda$ でなければならない. したがって $\dim_{(x,y)} (p|E_\lambda)^{-1}(x) \geqq 1$ となる. ゆえに

$$\operatorname{rank}_{(x,y)} p|E_\lambda = \dim_{(x,y)} E_\lambda - \dim_{(x,y)} (p|E_\lambda)^{-1}(x)$$
$$\leqq \dim E_\lambda - 1 \leqq \dim E - 1 \leqq \dim G(f) - 2$$
$$= m - 2$$

となる. (4.4.11)より $\operatorname{rank} p|E_\lambda \leqq m-2$ $(\lambda \in \Lambda)$ となり $\dim I(f) = \operatorname{rank}(p|E) \leqq m-2$ となる.

(ii) 補題(4.4.9), (iii)の証明中の(イ)と(ロ)の事実から, これは明らかである.

(iii) $f(x) = q((p|G(f))^{-1}(x))$ であり, $(p|G(f))^{-1}(x)$ がコンパクトな連結解析的部分集合であるから, $f(x)$ もそうである.

(iv) 写像 $f_{M-I(f)}$ のグラフ $G(f_{M-I(f)})$ は

$$G(f_{M-I(f)}) = G(f) - E = G(f) \cap (M' \times N)$$

で与えられる. ただし $M' = M - I(f)$. M' は M の連結開集合である. したがって $G(f_{M-I(f)})$ は $M' \times N$ の純 m 次元の解析的部分集合になっているから, 定理(4.4.1)により $f_{M-I(f)}$ は正則写像である. $f_{M-I(f)} \in \mathcal{M}(M, N)$ で $f = [f_{M-I(f)}]$ は明らかである.

(v) これは明らか. ∎

上述の, M 内の解析的部分集合 $I(f)$ を有理型写像 f の**不確定点集合** (set of

indeterminancy)と呼ぶ.

(4.4.12) **定理** L, M, N をそれぞれ l, m, n 次元の複素多様体とする. 有理型写像 $f: L \xrightarrow{\text{mero}} M$, $g: M \xrightarrow{\text{mero}} N$ について $W = (f|L-I(f))^{-1}(M-I(g))$ とおく. もし $W \neq \phi$ ならば, W は L の稠密な開集合で, 正則写像 $h_W = (g|M-I(g)) \circ (f|W): W \to N$ は, L に関して有理型である.

証明 $W = (L-I(f))-(f|L-I(f))^{-1}(I(g))$ に注意し, $W \neq \phi$ と仮定する. 定理 (4.1.9), (ii) より $L-I(f)$ は L の稠密な連結開集合になり, ふたたび同定理により W は $L-I(f)$ の稠密な連結開集合になる. これより W は L の稠密な連結開集合であることがわかった.

$$p: L \times M \longrightarrow L, \qquad q: L \times M \longrightarrow M,$$
$$r: M \times N \longrightarrow M, \qquad s: L \times N \longrightarrow N$$

をそれぞれ自然な射影とする. 補題 (4.1.10) より $G(f) \times G(g) \subset L \times M \times M \times N$ は解析的部分集合である. $\varDelta = \{(y, y) \in M \times M; y \in M\}$ とおく. いま

$$H = G(f) \times G(g) \cap (L \times \varDelta \times N)$$

とおく. H はもちろん $L \times \varDelta \times N$ の解析的部分集合である. $H \neq \phi$ に注意する. 実際, $x \in W$ にたいして, $(x, f(x), f(x), h_W(x)) \in H$ である.

$$t: L \times \varDelta \times N \longrightarrow L \times N$$

を自然な射影とする. このとき, $t|H: H \to L \times N$ がプロパーになることを示そう. $K_1 \subset L$, $K_2 \subset N$ をコンパクト部分集合とする. そうすると

$$(t|H)^{-1}(K_1 \times K_2) = \{(x, y, y, z) \in L \times \varDelta \times N; x \in K_1, y \in f(x),$$
$$z \in g(y) \cap K_2\}$$
$$\subset (p|G(f))^{-1}(K_1) \cap (q|G(f))((p|G(f))^{-1}(K_1)) \times K_2$$

であり, $(p|G(f))^{-1}(K_1)$ はコンパクトであるから, 結局 $(t|H)^{-1}(K_1 \times K_2)$ もコンパクトになる. ここで $X = (t|H)(H)$ とおく. 定理 (4.3.3) より, X は $L \times N$ の解析的部分集合である. h_W のグラフ $G(h_W)$ は X に含まれる. $A \subset L$ を任意の部分集合とすると

(4.4.13) $\quad (s|X)^{-1}(A) = \{(x, z) \in L \times N; x \in A, z \in g(f(x))\}$

となる. 実際 "$(x, z) \in H$" $\Leftrightarrow$ "$y \in f(x)$ が存在して $z \in g(y)$ となる" $\Leftrightarrow$ "$z \in g(f(x))$" であるから, 明らかである. さて $s|X: X \to L$ がプロパーな全射写像であることを示す. $K \subset L$ をコンパクト部分集合とする. そうすると (4.4.13) により,

$(s|X)^{-1}(K) = \{(x,z) \in K \times N; z \in g(f(x))\} \subset K \times g(f(K))$ となり，$g(f(K))$ はコンパクトであるから，$(s|X)^{-1}(K)$ はコンパクトである．全射であることは(4.4.13)より明らかである．ふたたび(4.4.13)により

$$(s|X)^{-1}(W) = \{(x,z) \in L \times M; x \in W, z \in g(f(x))\}$$
$$= \{(x,z) \in L \times M; x \in W, z = h_W(x)\}$$
$$= G(h_W)$$

となる．とくに $G(h_W)$ は X の連結開集合であり，したがって $G(h_W) \subset R(X)$ となる．$R(X)$ の連結成分 X_0' で $X_0' \supset G(h_W)$ となるものがただ一つ存在する．定理(4.1.3)より $X_0 = \overline{X_0'}$ は $G(h_W)$ を含むただ一つの X の既約成分である．$s|X_0: X_0 \to L$ はもちろんプロパーになる．$\overline{G(h_W)} = X_0$ を示せば証明が終る．$p|G(f): G(f) \to L$ はプロパーであるから，定理(4.3.3)より $p|G(f)((q|G(f))^{-1}(I(g)))$ は L の解析的部分集合である．さらに

$$W = p|G(f)(G(f|L-I(f)) \cap (q|G(f))^{-1}(M-I(g)))$$
$$= p|G(f)(G(f|L-I(f)) - G(f|L-I(f)) \cap (q|G(f))^{-1}(I(g)))$$
$$\supset (L-I(f)) - p|G(f)((q|G(f))^{-1}(I(g)))$$
$$= L - (I(f) \cup p|G(f)((q|G(f))^{-1}(I(g))))$$

である．ゆえに

$$G(h_W) = (s|X_0)^{-1}(W)$$
$$= X_0 - (s|X_0)^{-1}(I(f) \cup p|G(f)((q|G(f))^{-1}(I(g))))$$

となる．したがって定理(4.1.9), (ii)によって $G(h_W)$ は X_0 の稠密な開集合になり，$\overline{G(h_W)} = X_0$ を得る．∎

上述の定理(4.4.12)で得た有理型写像 $h = [h_W] \in Mer(L, N)$ を f と g の**合成**といい，$h = g \circ f$ と書く．

最後に**有理型写像** $f: M \xrightarrow{\text{mero}} N$ **の階数**を

$$\text{rank } f = \text{rank } q|G(f)$$

と定義する．ただし $G(f) \subset M \times N$ は f のグラフで，$q: M \times N \to N$ は自然な射影である．$G(f)$ が既約であり，したがって純次元であることに注意すれば定理(4.3.2), (i)によって

(4.4.14) $\text{rank } f = \text{rank } q|G(f) - p^{-1}(I(f)) = \text{rank } f|M-I(f)$

が成り立つ．ただし $p: M \times N \to M$ は自然な射影を表わす．

§5 有理型関数と有理型写像

(イ) **正則関数の引き戻し** M と N を複素多様体とし，$f: M \xrightarrow{\text{mero}} N$ を有理型写像，a を N 上の正則関数とする．すると，$M-I(f)$ 上の正則関数 $(f_{M-I(f)})^*a = a \circ f_{M-I(f)}$ を得る．定理 (4.4.10) の (i) により，$\dim I(f) \leq \dim M - 2$ であるから，系 (3.3.43) により $(f_{M-I(f)})^*a$ は M 上の正則関数に一意的に拡張される．これを f^*a と書き，a の f による引き戻しと呼ぶ．

(ロ) **有理型関数の引き戻し** M と N を複素多様体とし，$f: M \xrightarrow{\text{mero}} N$ を有理型写像とする．X を N の解析的超曲面とし，α_{N-X} を $N-X$ 上の正則関数で，X 上高々極をもつものとする．いま $f(M) \not\subset X$ と仮定する．すると $Y = f^{-1}(X)$ は，補題 (4.4.6), (ii) より N の解析的超曲面となる．$M-(I(f) \cup Y)$ 上の正則関数

$$\varphi = \alpha_{N-X} \circ f |(M-(I(f) \cup Y))$$

を考える．φ は $Y' = Y - I(f)$ 上で高々極をもつことが簡単にわかる．定理 (4.4.10), (i) により $\mathrm{codim}\, I(f) \geq 2$ であるから，定理 (4.2.6) により φ は $M-Y$ 上で正則，Y 上で高々極をもつ関数に一意的に拡張される．それを $f^*\alpha_{N-X}$ と書く．もし $[\alpha_{N-X}] = [\beta_{N-Y}]$ で $f(M) \not\subset X$, $f(M) \not\subset Y$ であれば，$[f^*\alpha_{N-X}] = [f^*\beta_{N-Y}]$ となることは容易にわかる．$\alpha \in \mathscr{M}(N)$ が $f(M) \not\subset \mathrm{supp}(\alpha)_\infty$ を満たしたとする．$X = \mathrm{supp}(\alpha)_\infty$ とおくと，X 上で高々極をもつ $\alpha_{N-X} \in Hol(N-X, \boldsymbol{C})$ が存在して $\alpha = [\alpha_{N-X}]$ となる．$f^*\alpha = [f^*\alpha_{N-X}]$ と定義して，α の f による引き戻しと呼ぶ．

$\mathrm{rank}\, f = \dim N$ ならば，(4.4.14) より $\mathrm{rank}\, f |(M-I(f)) = \dim N$ が成り立ち，定理 (4.3.2) の (ii) により $f(M)$ は N の開集合を含む．そうして逆も成り立っている．この場合は，任意の $\alpha \in \mathscr{M}(N)$ に対し $f(M) \not\subset \mathrm{supp}(\alpha)_\infty$ となるから $f^*\alpha \in \mathscr{M}(M)$ が常に定義できる．そうして $f^*\alpha = 0$ ならば $\alpha = 0$ が成り立つから，

$$f^*: \alpha \in \mathscr{M}(N) \longrightarrow f^*\alpha \in \mathscr{M}(M)$$

は体の単射準同型になっている．

(ハ) **因子の引き戻し** M と N を複素多様体とし，$f: M \xrightarrow{\text{mero}} N$ を有理型写像とする．$D \in \mathrm{Div}(N)$ とする．このとき f^*D がつぎのようにして定義さ

れる.まず f が正則写像の場合を考える.定理(4.2.10),(iii)により N の開被覆 $\{U_i\}$ と $\varphi_i \in \mathcal{M}(U_i)$ が存在して $D|U_i=(\varphi_i)$ となる. $V_i=f^{-1}(U_i)$, $\phi_i=f^*\varphi_i$ とおくと,$\{V_i\}$ は M の開被覆であり,φ_i のとり方と補題(4.2.9)よりつぎが成り立つ:

$$V_i \cap V_j \neq \phi \Longrightarrow \begin{cases} \phi_i|(V_i\cap V_j)/\phi_j(V_i\cap V_j) \text{ は } 0 \text{ を} \\ \text{とらない正則関数である.} \end{cases}$$

よって定理(4.2.10),(ii)から M 上の因子 E で,すべての i について $E\cap U_i = (\phi_i)$ となるものが一意的に存在する.E は D のみにより $\{\varphi_i\}$ のとり方にもよらないことが簡単にわかる.したがって

$$E = f^*D$$

と書き,これを D の f による引き戻しと呼ぶ.

つぎに f が有理型写像の場合を考える.$f|(M-I(f)): M-I(f)\to N$ は正則写像であるから,上述のことにより

$$E = (f|(M-I(f)))^*D \in \mathrm{Div}(M-I(f))$$

が定まる.$\mathrm{supp}\, E = \bigcup_\alpha Y_\alpha$ を既約分解とすると,一意的に $\nu_\alpha \in \mathbf{Z}-\{0\}$ があって

$$E = \sum \nu_\alpha Y_\alpha$$

と書かれる.定理(4.1.11)により $\overline{Y_\alpha}$ は M の既約解析的超曲面となり $\overline{\mathrm{supp}\, E} = \bigcup_\alpha \overline{Y_\alpha}$ は M の解析的超曲面となる.そこで

$$f^*D = \sum \nu_\alpha \overline{Y_\alpha} \in \mathrm{Div}(M)$$

とおく.

(ニ) **正則微分型式の引き戻し** M と N を,ともに m 次元複素多様体とし,$f: M \xrightarrow{\mathrm{mero}} N$ を有理型写像とする.ここでは,N 上に正則な微分型式が与えられたとき,その f による引き戻しが正則写像の場合と同様にできることを示す.我々が必要とするのは $\Gamma(N, K(N))$ の元,あるいは $\Gamma(N, K(N)^k)$ ($k\in \mathbf{N}$) の元についてであるので,この場合のみを解説するが,他の正則微分型式についても同様である.さて $\omega \in \Gamma(N, K(N)^k)$ ($k\in \mathbf{Z}$) とする.$f|M-I(f): M-I(f)\to N$ は正則写像であるから

$$(f|M-I(f))^*\omega \in \Gamma(M-I(f), K(M)^k)$$

が定義される.任意の $x\in I(f)$ に対し,そのまわりの正則局所座標系 $(U, \varphi,$

§5 有理型関数と有理型写像

$B(1)^m$), $\varphi=(z^1,\cdots,z^m)$ をとる. $U-I(f)$ 上
$$(f|M-I(f))^*\omega|U = a(z)(dz^1\wedge\cdots\wedge dz^m)^k$$
と書ける. ここで $a(z)$ は $U-I(f)$ 上の正則関数である. 定理 (4.4.10), (i) により $\dim I(f) \leq m-2$ であるから, 系 (3.3.43) によって $a(z)$ は U 上の正則関数に一意的に拡張される. $x \in I(f)$ は任意であったから, $(f|M-I(f))^*\omega$ は, 一意的に $\Gamma(M, K(M)^k)$ の元に拡張される. この拡張されたものを $f^*\omega \in \Gamma(M, K(M)^k)$ と書く. もちろん
$$f^*: \omega \in \Gamma(N, K(N)^k) \longmapsto f^*\omega \in \Gamma(M, K(M)^k)$$
は線型写像である.

(4.5.1) **補題** いま $\Gamma(N, K(N)^k) \neq \{O\}$ とする. $f^*: \Gamma(N, K(N)^k) \to \Gamma(M, K(M)^k)$ が 0 写像でないための必要十分条件は, $\operatorname{rank} f = m$ となることである. そしてこのとき, f^* は単射になる.

証明 定理 (4.3.2), (ii) と (4.4.14) により前半は明らかである. 後半も定理 (4.3.2), (ii) と (4.4.14) により, $\operatorname{rank} f = m$ ならば $f|M-I(f)(M-I(f))$ が N の開集合を含むことがわかり, したがって f^* は単射になる. ∎

(ホ) **有理型写像の例** M, N を m 次元複素多様体とする. 正則写像 $\eta: M \to N$ がつぎの条件を満たすとき, **プロパー改変** (proper modification) という:

(i) η はプロパーで全射である.

(ii) 解析的部分集合 $A \subsetneq N$ が存在して, $\eta|(M-\eta^{-1}(A)): M-\eta^{-1}(A) \to N-A$ は双正則同相写像である.

(4.5.2) **定理** 正則写像 $(\eta|M-\eta^{-1}(A))^{-1}: N-A \to M-\eta^{-1}(A)$ は N に関して有理型である. この有理型写像は A によらない.

証明 $\tau = (\eta|M-\eta^{-1}(A))^{-1}$ とおく. すると
$$G(\tau) = \{(y, \tau(y)) \in N\times M; y\in N-A\}$$
$$= \{(\eta(x), x) \in N\times M; x\in M-\eta^{-1}(A)\}$$
となる. $\sigma: (x,y) \in M\times N \mapsto (y,x) \in N\times M$ は双正則同相である. そして $G(\tau) = \sigma(G(\eta) - A\times N)$ となっている. したがって
$$\overline{G(\tau)} = \overline{\sigma(G(\eta)-A\times N)} = \sigma(\overline{G(\eta)-G(\eta)\cap(A\times N)})$$
$$= \sigma(G(\eta))$$
となり, $\overline{G(\tau)}$ は $N\times M$ の解析的部分集合である. $p: N\times M \to N$ を自然な射影

とする. $p|\overline{G(\tau)}: \overline{G(\tau)} \to N$ がプロパーであることを示す. $K \subset N$ をコンパクト部分集合とすると

$$\begin{aligned}(p|\overline{G(\tau)})^{-1}(K) &= \{(y,x) \in \overline{G(\tau)}; y \in K\} \\ &= \sigma\{(x,y) \in G(\eta); y \in K\} \\ &= \sigma\{(x,\eta(x)) \in M \times N; \eta(x) \in K\} \\ &\subset K \times \eta^{-1}(K)\end{aligned}$$

となる. $\eta^{-1}(K)$ はコンパクトであるから $(p|G(f))^{-1}(K)$ もコンパクトになる. 有理型写像

$$[\tau]: N \xrightarrow[\text{mero}]{} M$$

は, $G([\tau]) = \sigma(G(\eta))$ を満たすから, A の取り方によらない. ∎

上述の有理型写像 $[\tau]$ を $\eta^{-1}: N \xrightarrow[\text{mero}]{} M$ と書く.

さてつぎに複素射影空間への有理型写像 $f: M \xrightarrow[\text{mero}]{} \mathbf{P}^N(\mathbf{C})$ とはどんなものかを調べてみよう. $\rho: \mathbf{C}^{N+1} - \{O\} \to \mathbf{P}^N(\mathbf{C})$ を Hopf ファイバーリングとし, $z = (z^0, \cdots, z^N)$ を $\mathbf{C}^{N+1}$ の自然な正則座標系とする.

(4.5.3) **定理** $\varphi^0, \cdots, \varphi^N$ を M 上の正則関数で, $F = (\varphi^0, \cdots, \varphi^N): M \to \mathbf{C}^{N+1}$ とおくとき, $F(M) \neq \{O\}$ であるとする. $A = \{x \in M; F(x) = O\}$ とおくとき, $f_{M-A} = \rho \circ F|M-A: M-A \to \mathbf{P}^N(\mathbf{C})$ は M に関して有理型である.

証明 $H \to \mathbf{P}^N(\mathbf{C})$ を超平面束とすると, z^j ($0 \leq j \leq N$) は $\Gamma(\mathbf{P}^N(\mathbf{C}), H)$ の元とみなせ, かつ基底をなしている (第2章§1を参照).

$$G^* = \{(x, \rho(z)) \in M \times \mathbf{P}^N(\mathbf{C}); \varphi^i(x)z^j - \varphi^j(x)z^i = 0, 0 \leq i, j \leq N\}$$

とおくと, G^* は $M \times \mathbf{P}^N(\mathbf{C})$ の解析的部分集合で

(4.5.4) $$G(f_{M-A}) = G^* \cap ((M-A) \times \mathbf{P}^N(\mathbf{C}))$$

を満たすことが容易にわかる. 定理 (4.1.9), (ii) により $M-A$ は連結開集合である. したがって $G(f_{M-A})$ も G^* 内の連結開集合で, $G(f_{M-A}) \subset R(G^*)$ である. $R(G^*)$ の連結成分で $G(f_{M-A})$ を含むものの閉包を G_0 とする. G_0 は G^* の一つの既約成分で, (4.5.4) より

$$G(f_{M-A}) = G_0 - G_0 \cap p^{-1}(A)$$

となる. ただし $p: M \times \mathbf{P}^N(\mathbf{C}) \to M$ を自然な射影とする. $G_0 \cap p^{-1}(A) \subsetneq G_0$ は解析的部分集合であり, 定理 (4.1.9), (ii) により $G_0 - G_0 \cap p^{-1}(A)$ は G_0 内で稠密である. よって $\overline{G(f_{M-A})} = G_0$ となる. $\mathbf{P}^N(\mathbf{C})$ はコンパクトであるから $p|G_0$:

§5 有理型関数と有理型写像   137

$G_0 \to M$ がプロパーであることは自明である. ∎

局所的には上記の定理(4.5.3)の逆が成り立つことがつぎの定理でわかる.

(4.5.5) **定理** M を $B(1)^m$ または C^m とする. 任意の有理写像 $f: M \xrightarrow{\text{mero}} P^N(C)$ に対し, M 上の正則関数 $\varphi^0, \cdots, \varphi^N$ が存在して

$$I(f) = \{z \in M; \varphi^0(z) = \cdots = \varphi^N(z) = 0\},$$
$$(f|M - I(f))(z) = \rho(\varphi^0(z), \cdots, \varphi^N(z))$$

となる.

証明 $[w^0: \cdots : w^N]$ を $P^N(C)$ の斉次座標系とする. $X_j = \{[w^0: \cdots : w^N] \in P^N(C); w^j = 0\}$ とおく. 一般性を失うことなく $f(M) \not\subset X_0$ としてよい. w^j/w^0 ($1 \leq j \leq N$) は $P^N(C)$ 上の有理型関数である. $f(M) \not\subset X_0 = \mathrm{supp}(w^j/w^0)_\infty$ であるから, この節(ロ)より M 上の有理型関数 $f^*(w^j/w^0)$ を得る. また(ハ)より M 上の因子 f^*X_0 を得る. 定理(4.2.14)より M 上に正則関数 φ^0 が存在して $f^*X_0 = (\varphi^0)$ となる. $\varphi^j = \varphi^0 \cdot f^*(w^j/w^0)$ ($1 \leq j \leq N$) とおく. $M - I(f)$ 上で φ^j ($1 \leq j \leq N$) が正則関数になることは容易にわかる. したがって φ^j ($1 \leq j \leq N$) は M 上の正則関数となる. 取り方より

(4.5.6) $\qquad f^*X_j = (\varphi^j) \qquad (0 \leq j \leq N)$

が成り立つ. この $\varphi^0, \cdots, \varphi^N$ が求めるものであることを示そう.

$$A = \{z \in M; \varphi^0(z) = \cdots = \varphi^N(z) = 0\}$$

とおく. 任意の $z \in P^N(C) - X_0$ に対して

$$z = \rho(1, (w^1/w^0)(z), \cdots, (w^N/w^0)(z))$$

であることに注意する. さて任意の $x \in M - (I(f) \cup \mathrm{supp}\, f^*X_0)$ に対して, $f(z) \notin X_0$ に注意して

$$\rho(\varphi^0(z), \cdots, \varphi^N(z)) = \rho(1, f^*(w^1/w^0)(z), \cdots, f^*(w^N/w^0)(z))$$
$$= \rho(1, (w^1/w^0)(f(z)), \cdots, (w^N/w^0)(f(z))) = f(z)$$

となる. 定理(4.5.3)より $g: z \in M - A \mapsto \rho(\varphi^0(z), \cdots, \varphi^N(z))$ は有理型であるから, f と g は同値である. 定理(4.4.10)の(v)により $I(f) \subset A$ である. 逆に $z \in M - I(f)$ としよう. ある j に対して $f(z) \notin X_j$ となる. すると(4.5.6)より $\varphi^j(z) \neq 0$ となり, $z \notin A$ となることが容易にわかる. 以上から $A = I(f)$. ∎

上述の $(\varphi^0, \cdots, \varphi^N)$ を f の**被約表現**と呼ぶ.

さて M を一般の複素多様体とする. 有理型写像 $f: M \to P^1(C)$ を考えてみよ

う．記号は定理(4.5.5)の証明で使った通りとする．すなわち w^1/w^0 は $\boldsymbol{P}^1(\boldsymbol{C})$ 上の有理型関数である．さて $f: M \xrightarrow{\text{mero}} \boldsymbol{P}^1(\boldsymbol{C})$ を有理型写像で $f(M) \not\equiv (0,1)$ としよう．そうすれば $f^*(w^1/w^0)$ が定義できて，M 上の有理型関数となる．逆に φ を M 上の有理型関数とする．$\varphi \not\equiv 0$ として，$\varphi = [\xi_{M-X}]$ としよう．任意の $x \in M$ に対し，x の開近傍 U_x と，U_x 上の正則関数 a_x, b_x が存在してつぎが成り立つ：

$$(4.5.7) \quad \begin{cases} a_x \xi_{M-X} = b_x \text{ が } U_x - X \text{ 上で成り立つ}, \\ \gamma_z(a_x) \text{ と } \gamma_z(b_x) \text{ は互いに素である } (z \in U_x). \end{cases}$$

$A_x = \{z \in U_x; a_x(z) = b_x(z) = 0\}$ とおこう．そうすれば

$$A_x = U_x \cap \text{supp}(\varphi)$$

である．一方で写像

$$f_{U_x - A_x}: z \in U_x - A_x \longmapsto \rho(a_x(z), b_x(z)) \in \boldsymbol{P}^1(\boldsymbol{C})$$

は定理(4.5.3)によって U_x 上で有理型である．さて $U_x \cap U_y \not\equiv \phi$ としよう．任意の $z \in U_x \cap U_y - (A_x \cup A_y) = U_x \cap U_y - \text{supp}(\varphi)$ に対して，(4.5.7)より単元 $u \in \mathcal{O}_{M,z}$ が存在して

$$\gamma_z(a_y) = u \gamma_z(a_x), \quad \gamma_z(b_y) = \gamma_z(b_x)$$

となる．したがって，$f_{U_x - A_x}(z) = f_{U_y - A_y}(z)$ が成り立つ．ゆえに正則写像 $f_{M-\text{supp}(\varphi)}: M - \text{supp}(\varphi) \to \boldsymbol{P}^1(\boldsymbol{C})$ が存在して，$f_{M-\text{supp}(\varphi)}|U_x - \text{supp}(\varphi) = f_{U_x - A_x}$ となる．もちろん $f_{M-\text{supp}(\varphi)}$ は M 上で有理型である．$f = [f_{M-\text{supp}(\varphi)}]$ とおく．そうすれば $f(M) \not\equiv (0,1)$，$I(f) \subset \text{supp}(\varphi)$ でかつ $f^*(w^1/w^0) = \varphi$ となる．以上によって M 上の有理型関数は，有理型写像 $f: M \xrightarrow{\text{mero}} \boldsymbol{P}^1(\boldsymbol{C})$，$(f(M) \not\equiv (0,1))$ と同一視されることが容易にわかる．

(4.5.8) **定理** $L \to M$ を正則直線束とする．V は $\Gamma(M, L)$ の部分空間で，$2 \leq \dim V < \infty$ とする．$B = \{x \in M; s(x) = 0, s \in V\}$ とおく．このとき正則写像 $\Phi_V: M - B \to P(V^*)$ は M に関して有理型である．

証明 V の基底 $\{s_0, \cdots, s_N\}$ を一つ定め，対応して $P(V^*)$ に斉次座標系 $[z^0, \cdots, z^N]$ を入れると

$$\Phi_V: x \in M - B \longmapsto \Phi_V(x) = [s_0(x): \cdots : s_N(x)] \in \boldsymbol{P}^N(\boldsymbol{C}) = P(V^*)$$

となる．したがって定理(4.5.3)と補題(4.4.5)を使えば Φ_V が M に関して有理型であることがわかる． ∎

ノート

解析的部分集合については Narasimhan[1] や Gunning-Rossi[1] を参照して欲しい．解析的部分集合の拡張定理については Remmert-Stein による定理(4.1.11)を述べたが，Bishop によるつぎのより一般的拡張定理はたいへん役に立つ．

$U \subset \mathbf{C}^m$ を領域とし，$A \subset U$ を解析的部分集合とする．$V \subset U-A$ を純 k 次元の解析的部分集合とし，$\bar{V}$ を U での位相的閉包とする．このときつぎが成立する．

(i) $\bar{V} \cap A$ の $2k$ 次元 Hausdorff 測度が 0 であるならば，$\bar{V}$ は U の解析的部分集合である．

(ii) 各点 $z \in A$ に対し，$r > 0$ が存在して
$$\int_{(V-A) \cap B(z;r)} \alpha^k < \infty$$
であるならば，$\bar{V}$ は U の解析的部分集合である．

証明については Bishop[1], Stolzenberg[1] をみて欲しい．

有理型写像の定義は Remmert[2] に従った．以前 Stoll[3] による別の定義もあったが，現在では Remmert による定義に落ち着いたようである．有理型写像について解説している本としては Whitney[1] がある．Siu[2] はつぎの有理型写像の拡張定理を示した．

$U \subset \mathbf{C}^m$ を領域とし，$A \subset U$ を解析的部分集合で codim $A \geqq 2$ とする．M をコンパクト Kähler 多様体とする．このとき任意の有理型写像 $f: U-A \xrightarrow[\text{mero}]{} M$ は U から M への有理型写像に一意的に拡張される．

第5章 Nevanlinna の理論

§1 Poincaré–Lelong の公式

M を m 次元複素多様体とする．この節では M 上の因子と $(1,1)$ 型の正カレントの関係を記述する Poincaré–Lelong の公式を証明する．この公式は，本章の目的である Nevanlinna の理論においてもっとも重要な土台になるばかりでなく，複素解析学において広く使われる有用な結果である．

(5.1.1) **補題** X を $B(R)^m \subset C^m$ の純 k 次元の解析的集合とする．十分に小さい $0<r<R$ に対して，

$$0 \leq \int_{B(r)^m \cap R(X)} \alpha^k < \infty$$

である．ただし $\alpha = dd^c \|z\|^2$．

注意 $k=0$ のときは，$R(X)=X$, $\int_{X \cap B(r)^m} \alpha^0 = X \cap B(r)^m$ の元の個数，とする．

証明 任意の $J=(j_1,\cdots,j_k) \in \{m;k\}$ にたいして，

(5.1.2) $\qquad p_J : (z^1,\cdots,z^m) \in C^m \longmapsto (z^{j_1},\cdots,z^{j_k}) \in C^k$

とおく．$\Omega_k = (i/2\pi)dz^1 \wedge d\bar{z}^1 \wedge \cdots \wedge (i/2\pi)dz^k \wedge d\bar{z}^k$ で C^k の通常の体積要素を表わすことにする．便宜上 $(dz \wedge d\bar{z})^J$ で

$$p_J^* \Omega_k = (i/2\pi)dz^{j_1} \wedge d\bar{z}^{j_1} \wedge \cdots \wedge (i/2\pi)dz^{j_k} \wedge d\bar{z}^{j_k}$$

を表わすことにする．そうすれば

(5.1.3) $\qquad \alpha^k = k! \sum_{J \in \{m;k\}} (dz \wedge d\bar{z})^J$

となる．一方で $(m-k)$ 次元の平面 $L(J)$ を

$$L(J) = \{(z^1,\cdots,z^m) \in C^m ; z^{j_1}=\cdots=z^{j_k}=0\}$$

で定義する．さて必要ならユニタリ変換をほどこすことによって，任意の $J \in \{m;k\}$ に対して，C^m の原点が $X \cap L(J)$ の孤立点と仮定して一般性を失わない．

§1 Poincaré-Lelong の公式

$0<r<R$ を十分に小さくとれば,任意の $J\in\{m;k\}$ に対して (5.1.2) で定義した射影の $\overline{B(r)}^m\cap X$ への制限

$$p_J|(\overline{B(r)}^m\cap X): \overline{B(r)}^m\cap X \longrightarrow \overline{B(r)}^k$$

は,プロパー有限写像で全射になることがよく知られている.そうすれば (5.1.3) により

(5.1.4) $$\int_{B(r)^m\cap R(X)}\alpha^k = k!\sum_{J\in\{m;k\}}\int_{B(r)^m\cap R(X)}p_J{}^*\Omega_k \quad (\geqq 0)$$

となる.(分枝) 被覆写像 $p_J: \overline{B(r)}^m\cap X\to\overline{B(r)}^k$ の被覆枚数を m_J とすれば

(5.1.5) $$\int_{B(r)^k\cap R(X)}p_J{}^*\Omega_k = m_J\int_{B(r)^k-p_J(S(X)\cap B(r)^m)}\Omega_k \quad (\geqq 0)$$
$$\leqq m_J\int_{B(r)^k}\Omega_k < \infty$$

である.(5.1.4) と (5.1.5) より,我々の主張は正しい. ∎

(5.1.6) **補題** M を m 次元複素多様体,X を M の純 k 次元の解析的集合とする.任意の $\phi\in\mathcal{D}^{2k}(M)$ に対して

$$X(\phi) = \int_{R(X)}\phi$$

とおく.このとき $|X(\phi)|<\infty$ である.ただし $k=0$ のとき $X(\phi)=\sum_{x\in X}\phi(x)$ とおく.

証明 $\{(U_\lambda,\varphi_\lambda,B(1)^m)\}(\lambda\in\Lambda)$ を M の正則局所座標系の族として,$M=\bigcup_{\lambda\in\Lambda}U_\lambda$ は,M の局所有限な被覆になっているようにとる.$\{a_\lambda\}(\lambda\in\Lambda)$ を被覆 $M=\bigcup U_\lambda$ に従属した 1 の分解とする.このとき

$$\int_{R(X)}\phi = \sum_{\lambda\in\Lambda}\int_{R(X)}a_\lambda\phi = \sum_{\lambda\in\Lambda}\int_{R(U_\lambda\cap X)}a_\lambda\phi$$

となる.したがって任意の正則局所座標系 $(U,\varphi,B(1)^m)$ と任意の $\phi\in\mathcal{D}^{2k}(M)$, $\operatorname{supp}(\phi)\subset U$ にたいして

$$\left|\int_{R(U\cap X)}\phi\right| < \infty$$

がいえれば十分である.$Y=\varphi(U\cap X)$ とおけば,Y は $B(1)^m$ の純 k 次元の解析的集合であり,$(\varphi^{-1})^*\phi\in\mathcal{D}^{2k}(B(1)^m)$ となり,

$$\int_{R(U\cap X)}\phi = \int_{R(Y)}(\varphi^{-1})^*\phi$$

となる. ゆえに任意の $\phi \in \mathscr{D}^{2k}(B(1)^m)$ について

$$\left|\int_{R(Y)} \phi\right| < \infty$$

がいえれば十分である. 一方で $\mathrm{supp}(\phi) \subset B(R)^m$ ($0<R<1$) とすれば,

(5.1.7) $$\left|\int_{R(Y)} \phi\right| \leq c\|\phi\|^0 \int_{\overline{B(R)^m} \cap R(Y)} \alpha^k$$

である. ただし c は m と k のみに依存してきまる定数である. 他方で $\overline{B(R)}^m \cap Y$ はコンパクトであるから補題 (5.1.1) より

$$0 \leq \int_{\overline{B(R)}^m \cap R(Y)} \alpha^k < \infty$$

である. 以上で $|X(\phi)|<\infty$ がいえた. ∎

(5.1.8) **定理** M を m 次元複素多様体とし, X を M の純 k 次元の解析的集合とする. このとき対応

$$X: \phi \in \mathscr{D}^{2k}(M) \longmapsto X(\phi) \in \mathbf{C}$$

は $(m-k, m-k)$ 型の正カレントである.

証明 $(U, \varphi, B(1)^m)$ を M の任意の正則局所座標系, A を $B(1)^m$ の勝手なコンパクト集合とする. 任意の $\phi \in \mathscr{D}_A^{2k}(B(1)^m)$ にたいして

$$|X(\varphi^*(\phi))| = \left|\int_{R(X)} \varphi^*(\phi)\right|$$

((5.1.7)より $A \subset B(R)^m$ ($0<R<1$) とすれば)

$$\leq c\|\phi\|^0 \int_{\overline{B(R)}^m \cap R(\varphi(X))} \alpha^k$$

となる. したがって A のみに依存してきまる正の実数 C_A が存在して, 任意の $\phi \in \mathscr{D}_A^{2k}(B(1)^m)$ にたいして

$$|X(\varphi^*(\phi))| \leq C_A \|\phi\|^0$$

が成り立つ. ゆえに $X \circ \varphi^* \in \mathscr{K}'^{2m-2k}(B(1)^m)$ である. さて ϕ の (k,k) 型の成分を $\phi^{(k,k)}$ とすれば

$$\int_{R(\varphi(X))} \phi = \int_{R(\varphi(X))} \phi^{(k,k)}$$

であるから, $X \circ \varphi^* \in \mathscr{K}'^{(m-k, m-k)}(B(1)^m)$ であり, 実カレントであることもわかる. つぎに任意に $\xi \in \mathscr{D}^{(k,0)}(B(1)^m)$ をとる. $\iota: R(\varphi(X)) \to B(1)^m$ を自然な包含写像と

§1 Poincaré-Lelong の公式

すれば，$\sigma_k \iota^* \xi \wedge \overline{\iota^* \xi}$ は $R(\varphi(X))$ 上の擬体積要素であるから

$$\int_{R(\varphi(X))} \sigma_k \xi \wedge \bar{\xi} = \int_{R(\varphi(X))} \sigma_k \iota^* \xi \wedge \overline{\iota^* \xi} \geqq 0$$

である．以上で我々の主張は証明された． ∎

M 上の因子 $D = \sum_{j=1}^{\infty} \nu_j X_j$ を勝手にとる．任意の $\phi \in \mathscr{D}^{2(m-1)}(M)$ にたいして

$$D(\phi) = \sum_{j=1}^{\infty} \nu_j X_j(\phi)$$

とおく．$\{X_j\}$ は局所有限族であるから，定理 (5.1.8) によって $|D(\phi)| < \infty$ である．

(5.1.9) **系** D を M 上の因子とする．このとき対応

$$D \colon \phi \in \mathscr{D}^{2(m-1)}(M) \longmapsto D(\phi) \in \boldsymbol{C}$$

は $(1,1)$ 型の実カレントである．D が正因子のとき，D は正カレントである．

さて ω を M 上の $(1,1)$ 型の実連続微分型式とし，かつ $\omega \geqq 0$ とする．任意の $(1,1)$ 型の実カレント $T \in \mathscr{D}'^{(1,1)}(M)$ に対して

$$\operatorname{Trace}(\omega; T) = \frac{1}{(m-1)!} T \wedge \omega^{m-1} \in \mathscr{D}(M)'$$

とおく．$T \in \mathscr{K}'^{(1,1)}(M)$ ならば，$\operatorname{Trace}(\omega; T) \in \mathscr{K}(M)'$ となり，第 3 章 §1 の (ホ) より，これは Radon 測度と考えられる．

(5.1.10) **命題** D を M の正因子とする．Y を M の高々 $(m-2)$ 次元の解析的集合とする．このとき，$\operatorname{Trace}(\omega; D)(Y) = 0$ である．とくに $D|U = i \sum T_{j\bar{k}} dz^j \wedge d\bar{z}^k$ と正則局所座標系 $(U, (z^1, \cdots, z^m))$ を使って表わしたとき，

$$\|T_{j\bar{k}}\|(Y \cap U) = 0 \qquad (1 \leqq j, k \leqq m)$$

である．

証明 さて $D = \sum_j \nu_j X_j$ とするとき，M のコンパクト集合 A にたいして，

$$\operatorname{Trace}(\omega; D)(A \cap Y) = D(\chi_{A \cap Y} \omega^{m-1})$$

$$= \sum_{j=1}^{\infty} \nu_j \int_{R(X_j) \cap Y \cap A} \omega^{m-1}$$

となる．$R(X_j) \cap Y$ は高々 $(m-2)$ 次元の解析的集合であるから，

$$\int_{R(X_j) \cap Y \cap A} \omega^{m-1} = 0$$

である．後半は，この結果と系 (3.2.23) より明らかである． ∎

さて f を M 上の有理型関数で恒等的には零でないとする．有理型関数の定

義より，この f に対して M の正則局所座標系の族 $\{(U_\lambda, \varphi_\lambda, B(1)^m)\}$ と U_λ 上の正則関数 g_λ, h_λ が存在して，つぎの条件を満たす（(4.2.7)参照）：

(5.1.11)
$\begin{cases} \text{(i)} & M = \bigcup_\lambda U_\lambda \text{ は局所有限な開被覆である．} \\ \text{(ii)} & U_\lambda \text{ 上で } h_\lambda f = g_\lambda \text{ となる．} \\ \text{(iii)} & \text{任意の } x \in U_\lambda \text{ について } \gamma_x(g_\lambda) \text{ と } \gamma_x(h_\lambda) \text{ は互いに素である．} \end{cases}$

定理(4.2.10)でみたように，各 U_λ 上で

(5.1.12) $\begin{cases} (f)_0|U_\lambda = (g_\lambda), \quad (f)_\infty|U_\lambda = (h_\lambda), \quad (f)|U_\lambda = (g_\lambda) - (h_\lambda), \\ \log|f|^2 = \log|g_\lambda|^2 - \log|h_\lambda|^2 \end{cases}$

であるから，定理(3.3.28)と注意(3.3.33)により，$\log|f|^2$ は局所可積分関数になり，したがって M 上の0次のカレントとなる．

(5.1.13) **定理**(Poincaré-Lelong) f を M 上の有理型関数とする．このときカレントとしての等式

$$dd^c[\log|f|^2] = (f)$$

が成り立つ．

証明に入る前に少し準備をする．u を $B(1)^m$ 上の多重劣調和関数とすると，定理(3.3.28)により，$u \in \mathscr{L}_{\mathrm{loc}}(B(1)^m)$ であり，$dd^c[u]$ は $(1,1)$ 型正カレントになる．

$$dd^c[u] = i \sum_{j,k} T_{j\bar{k}} dz^j \wedge d\bar{z}^k$$

と書くと，系(3.2.23)により $T_{j\bar{k}}$ は Radon 測度と考えられる．このときつぎの補題が成り立つ：

(5.1.14) **補題** X を $B(1)^m$ の高々 $(m-2)$ 次元の解析的集合とする．すると $\|T_{j\bar{k}}\|(X) = 0$ ($1 \leq j, k \leq m$) となる．

証明 系(3.2.23)によって，各測度 $T_{j\bar{k}}$ は，測度 $\sum_j T_{j\bar{j}}$ について絶対連続であったから，$\|T_{j\bar{k}}\|(X) = 0$ をいうためには，$T_{j\bar{j}}(X) = 0$ ($1 \leq j \leq m$) がいえれば十分である．たとえば $j=1$ の場合を与えよう．このとき

$$T_{1\bar{1}} = \frac{\partial^2[u]}{\partial z^1 \partial \bar{z}^1}$$

である．任意の $f \in \mathscr{D}(B(1)^m)$ にたいして，

$$\phi = f \frac{i}{2} dz^2 \wedge d\bar{z}^2 \wedge \cdots \wedge \frac{i}{2} dz^m \wedge d\bar{z}^m$$

とおく．そうすれば

§1 Poincaré-Lelong の公式

$$dd^c[u](\phi) = \int u \frac{\partial^2 f}{\partial z^1 \partial \bar{z}^1} \bigwedge_{j=1}^{m} \frac{i}{2} dz^j \wedge d\bar{z}^j$$

$$= \int_{w \in B(1)^{m-1}} \left\{ \int_{z^1 \in B(1)} u(z^1, w) \frac{\partial^2 f(z^1, w)}{\partial z^1 \partial \bar{z}^1} \frac{i}{2} dz^1 \wedge d\bar{z}^1 \right\} \bigwedge_{j=2}^{m} \frac{i}{2} dw^j \wedge d\bar{w}^j$$

$$= \int_{w \in B(1)^{m-1}} \left\langle \frac{\partial^2 [u(\cdot, w)]}{\partial z^1 \partial \bar{z}^1}, f(\cdot, w) \right\rangle \bigwedge_{j=2}^{m} \frac{i}{2} dw^j \wedge d\bar{w}^j$$

となる. Fubini の定理から, 関数

$$\tau(f): w \in B(1)^{m-1} \longmapsto \left\langle \frac{\partial^2 [u(\cdot, w)]}{\partial z^1 \partial \bar{z}^1}, f(\cdot, w) \right\rangle$$

は $B(1)^{m-1}$ 上可積分になる. また関数 $u(\cdot, w): z \mapsto u(z, w)$ はほとんどすべての w について, $B(1)$ 上の劣調和関数であるから,

(5.1.15) もし $B(1)^m$ 上 $f \geqq 0$ ならば, ほとんどすべての点で $\tau(f) \geqq 0$ である.

さらに,

(5.1.16) $\operatorname{supp} \tau(f) \subset p(\operatorname{supp} f)$

も明らかである. ただし $p: (z^1, w) \in B(1)^m \mapsto w \in B(1)^{m-1}$. さて A を $B(1)^m$ のコンパクト集合とする. $f_j \in \mathcal{D}(B(1)^m)$ を $f_j(x) \searrow \chi_A(x)$ $(x \in B(1)^m)$ になるようにとる. (5.1.15) より

(5.1.17) $\tau(f_1)(x) \geqq \tau(f_2)(x) \geqq \cdots \geqq 0$ $(x \in B(1)^{m-1})$

である. また Lebesgue の収束定理より

(5.1.18) $$\lim_{j \to \infty} \tau(f_j)(w) = \left\langle \frac{\partial^2 [u(\cdot, w)]}{\partial z^1 \partial \bar{z}^1}, \chi_A(\cdot, w) \right\rangle$$

である. 同じく Lebesgue の収束定理より

(5.1.19) $$\lim_{j \to \infty} \langle T_{1\bar{1}}, f_j \rangle = \langle T_{1\bar{1}}, \chi_A \rangle$$

であり, (5.1.17) により

(5.1.20) $$\lim_{j \to \infty} \langle T_{1\bar{1}}, f_j \rangle = \lim_{j \to \infty} \int_{w \in B(1)^{m-1}} \tau(f_j) \bigwedge_{j=2}^{m} \frac{i}{2} dw^j \wedge d\bar{w}^j$$

$$= \int_{w \in B(1)^{m-1}} \lim_{j \to \infty} \tau(f_j) \bigwedge_{j=2}^{m} \frac{i}{2} dw^j \wedge d\bar{w}^j$$

となる. (5.1.18) と (5.1.19) より

(5.1.21) $$\langle T_{1\bar{1}}, \chi_A \rangle = \int_{w \in B(1)^{m-1}} \left\langle \frac{\partial^2 [u(\cdot, w)]}{\partial z^1 \partial \bar{z}^1}, \chi_A(\cdot, w) \right\rangle \bigwedge_{j=2}^{m} \frac{i}{2} dw^j \wedge d\bar{w}^j$$

となる. Fubini の定理より, 関数

$$\tau(\chi_A): w \in B(1)^{m-1} \longmapsto \left\langle \frac{\partial^2 [u(\cdot, w)]}{\partial z^1 \partial \bar{z}^1}, \chi_A(\cdot, w) \right\rangle$$

は $B(1)^{m-1}$ 上可積分関数になる.また明らかに

(5.1.22) $\qquad\qquad\qquad \operatorname{supp} \tau(\chi_A) \subset p(A)$

となる.$0 < r < 1$ にたいして,$A(r) = X \cap \overline{B(r)}^m$ とおく.X の次元は高々 $(m-2)$ であるから,$p(A(r))$ の Lebesgue 測度は 0 である.したがって (5.1.21) と (5.1.22) より

$$\begin{aligned} \langle T_{1\bar{1}}, \chi_X \rangle &= \lim_{r \to 1} \langle T_{1\bar{1}}, \chi_{A(r)} \rangle \\ &= \lim_{r \to 1} \int_{w \in B(1)^{m-1}} \tau(\chi_{A(r)}) \bigwedge_{j=2}^m \frac{i}{2} dw^j \wedge d\bar{w}^j \\ &= \lim_{r \to 1} \int_{w \in p(A(r))} \tau(\chi_{A(r)}) \bigwedge_{j=2}^m \frac{i}{2} dw^j \wedge d\bar{w}^j = 0 \end{aligned}$$

となる.∎

定理 (5.1.13) の証明 (5.1.12) での記号をそのまま使うことにする.$\{a_\lambda\}$ を被覆 $M = \bigcup U_\lambda$ に従属した 1 の分解とする.任意の $\phi \in \mathcal{D}^{2(m-1)}(M)$ にたいして,

$$\langle dd^c[\log|f|^2], \phi \rangle = \sum_\lambda \langle dd^c[\log|f|^2], a_\lambda \phi \rangle,$$
$$\langle (f), \phi \rangle = \sum_\lambda \langle [(f)], a_\lambda \phi \rangle$$

となる.したがって $\operatorname{supp} \phi \subset U_\lambda$ のときに

(5.1.23) $\qquad\qquad \langle dd^c[\log|f|^2], \phi \rangle = \langle (f), \phi \rangle$

が成り立つことを示せばよい.そのとき,(5.1.12) より

$$\langle dd^c[\log|f|^2], \phi \rangle = \langle dd^c[\log|g_\lambda|^2], \phi \rangle - \langle dd^c[\log|h_\lambda|^2], \phi \rangle,$$
$$\langle (f), \phi \rangle = \langle (g_\lambda), \phi \rangle - \langle (h_\lambda), \phi \rangle$$

となる.したがって (5.1.23) が成り立つためには,U_λ 上で

(5.1.24) $\qquad dd^c[\log|g_\lambda|^2] = (g_\lambda), \qquad dd^c[\log|h_\lambda|^2] = (h_\lambda)$

が成り立つことを示せばよい.すなわち f が零でない $B(1)^m$ 上の正則関数のとき

(5.1.25) $\qquad\qquad\qquad dd^c[\log|f|^2] = (f)$

を示せばよい.いま $(f) = i \sum T_{j\bar{k}} dz^j \wedge d\bar{z}^k$ とおく.このとき

$$\sum_{j=1}^m T_{j\bar{j}} = \operatorname{Trace}\left(i \sum_{j=1}^m dz^j \wedge d\bar{z}^j ; [(f)] \right)$$

であるから,命題 (5.1.10) により,

(5.1.26) $\qquad [(f)](S(\mathrm{supp}(f))) = 0$

を得る. 系(3.3.13)と補題(5.1.14)より

(5.1.27) $\qquad dd^c[\log |f|^2](S(\mathrm{supp}(f))) = 0$

である. したがって, (5.1.25)をいうためには, $B(1)^m - S(\mathrm{supp}(f))$ 上で(5.1.25)がいえればよい. $R(\mathrm{supp}(f))$ は $B(1)^m - S(\mathrm{supp}(f))$ の $(m-1)$ 次元複素部分多様体である. 任意の点 $z_0 \in R(\mathrm{supp}(f))$ の近傍 $U \subset B(1)^m - S(\mathrm{supp}(f))$ で(5.1.25)を示せば十分である. U を適当にとれば, U 上の正則局所座標系 $z=(z^1, \cdots, z^m)$ があって

$$f(z) = (z^1)^\nu h(z) \qquad (\nu \in \mathbf{N}, \, h \neq 0)$$

と書ける. $\phi \in \mathscr{D}^{2m-2}(U)$ に対してつぎが成り立つ:

$$\langle dd^c[\log |f|^2], \phi \rangle = \langle dd^c[\log |z^1|^{2\nu}], \phi \rangle$$
$$= \langle \log |z^1|^{2\nu}, dd^c\phi \rangle = \int_U \log |z^1|^{2\nu} dd^c\phi$$
$$= \lim_{\varepsilon \to 0} \int_{U-\{|z^1| \leq \varepsilon\}} \log |z^1|^{2\nu} dd^c\phi$$
$$= \lim_{\varepsilon \to 0} \Bigl[\int_{U-\{|z^1| \leq \varepsilon\}} \{d(\log |z^1|^{2\nu} d^c\phi) - d\log |z^1|^{2\nu} \wedge d^c\phi\} \Bigr]$$
$$= \lim_{\varepsilon \to 0} \Bigl\{ -\int_{\{|z^1|=\varepsilon\}} 2\nu \log \varepsilon d^c\phi + \int_{U-\{|z^1| \leq \varepsilon\}} 2\nu d^c \log |z^1| \wedge d\phi \Bigr\}$$
$$= \lim_{\varepsilon \to 0} \Bigl\{ O(\varepsilon \log \varepsilon) - 2\nu \int_{U-\{|z^1| \geq \varepsilon\}} d(d^c \log |z^1| \wedge \phi) \Bigr\}$$
$$= \lim_{\varepsilon \to 0} 2\nu \int_{\{|z^1|=\varepsilon\}} d^c \log |z^1| \wedge \phi.$$

ここで $z^1 = re^{i\theta}$ と極座標表示すると, $\{|z^1|=r\}$ 上

$$d^c \log |z^1| = \frac{1}{4\pi} r \frac{\partial}{\partial r} \log r d\theta = \frac{1}{4\pi} d\theta$$

となるので, 結局つぎを得る:

$$\langle dd^c[\log |f|^2], \phi \rangle = \nu \int_{\{z^1=0\}} \phi = \langle (f), \phi \rangle.$$

すなわち(5.1.25)が示された. ∎

(5.1.28) 系 M 上の因子 D で定まるカレント D は, $dD=0$ を満たす.

証明 M の開被覆 $M = \bigcup U_\lambda$ と, U_λ 上の有理型関数 f_λ が存在して, $D|U_\lambda$

$=(f_\lambda)$ となる. 定理(5.1.14)により $d(D|U_\lambda)=d(dd^c[\log|f_\lambda|^2])=0$ である. したがって $d[D]=0$ である. ∎

D を単位球 $B(1)$ 上の正因子とする. D の定義するカレント D は閉正カレントであるから, 原点での Lelong 数 $\mathcal{L}(z;D)$ が定義できる(第3章§2の(ハ)参照). 一方, 正因子 D の原点における**重複度**(multiplicity) $\nu=\nu(z;D)$ をつぎのように定義する: 平行移動により $z=O$ としてよい. 原点の近傍 $B(r)$ $(0<r<1)$ の上に定義された正則関数 f が存在して, $D|B(r)=(f)$ となる. f の $B(r)$ 上での Taylor 展開を

$$f(z^1,\cdots,z^m) = \sum_{\lambda\geq\nu} P_\lambda(z^1,\cdots,z^m)$$

とする. ただし $P_\lambda(z^1,\cdots,z^m)$ は λ 次の同次多項式であり, $P_\nu\not=0$ とする. この ν を正因子 D の原点での**重複度**という. この ν は f のとり方によらないことは容易にわかる.

さて Lelong 数 $\mathcal{L}(O;D)$ を計算してみよう. $0<t<r$ にたいして $B(1)$ 上の正則関数 f_t を $f_t(z)=f(tz)t^{-\nu}$ で定義する. すなわち

$$f_t(z) = \sum_{\lambda\geq\nu} t^{\lambda-\nu} P_\lambda(z)$$

である. 定義および定理(5.1.13)より $0<t<r$ にたいして

$$n(O;t,D) = \frac{1}{t^{2(m-1)}}\langle dd^c[\log|f|^2],\chi_{B(t)}\alpha^{m-1}\rangle$$

である. この右辺で $z=tw$ と変数変換すると,

$$n(O;t,D) = \langle dd^c[\log|f_t|^2],\chi_{B(1)}\alpha^{m-1}\rangle$$

を得る. $t\to0$ のとき, f_t は $\overline{B(1)}$ 上一様に $f_0=P_\nu$ に収束する. したがって $\log|f_t|^2$ は $\log|f_0|^2$ に $\mathcal{L}(\overline{B(1)})$ で収束する. ゆえにカレントとして $[\log|f_t|^2]$ は $[\log|f_0|^2]$ に収束する. とくにカレントとして $dd^c[\log|f_t|^2]$ は $dd^c[\log|f_0|^2]$ に収束する. よって

(5.1.29) $$\mathcal{L}(O;D) = \lim_{t\to0} n(O;t,D)$$
$$= \langle dd^c[\log|P_\lambda|^2],\chi_{B(1)^m}\alpha^{m-1}\rangle$$

である. さて一変数 C^∞ 級関数 $\chi_\delta(t)$ を, $0\leq\chi_\delta(t)\leq1$ で

$$\chi_\delta(t) = \begin{cases} 0 & (t\geq1), \\ 1 & (t\leq1-\delta) \end{cases}$$

となるようにとる. (5.1.29)より

$$\mathcal{L}(O; D) = \lim_{\delta \to 0} \langle dd^c[\log|P_\nu|^2], \chi_\delta(||z||^2)\alpha^{m-1}\rangle$$

$$= \lim_{\delta \to 0} \int_{C^m} \log|P_\nu|^2 dd^c(\chi_\delta(||z||^2)\alpha^{m-1})$$

$$= \lim_{\delta \to 0} \int_{C^m} \log|P_\nu|^2 dd^c \chi_\delta(||z||^2) \wedge \alpha^{m-1}$$

$$= \lim_{\delta \to 0} \int_{C^m} \log|P_\nu|^2 \Big\{\chi_\delta'(||z||^2) + \frac{||z||^2}{m}\chi_\delta''(||z||^2)\Big\}\alpha^m$$

$$= \lim_{\delta \to 0} \int_0^\infty dt \int_{\Gamma(t)} \log|P_\nu|^2 \Big\{\chi_\delta'(t^2) + \frac{t^2}{m}\chi_\delta''(t^2)\Big\} 2mt^{2m-1}\eta$$

$$= \lim_{\delta \to 0} \int_0^\infty 2mt^{2m-1}\Big\{\chi_\delta'(t^2) + \frac{t^2}{m}\chi_\delta''(t^2)\Big\}dt \int_{\Gamma(t)} \log|P_\nu|^2 \eta$$

$$= \lim_{\delta \to 0} \int_0^\infty 2mt^{2m-1}\Big\{\chi_\delta'(t^2) + \frac{t^2}{m}\chi_\delta''(t^2)\Big\}dt \int_{\Gamma(1)} (\log|P_\nu|^2 + 2\nu \log t)\eta$$

$$= \lim_{\delta \to 0}\Big\{\int_{\Gamma(1)} \log|P_\nu|^2 \eta \int_0^\infty (t^{2m}\chi_\delta'(t^2))' dt + 2\nu \int_0^\infty \log t (t^{2m}\chi_\delta'(t^2))' dt\Big\}$$

$$= \lim_{\delta \to 0}\Big\{0 - 2\nu \int_0^\infty \frac{1}{t} \cdot t^{2m}\chi_\delta'(t^2) dt\Big\}$$

$$= \lim_{\delta \to 0} -\nu \int_0^\infty t^{2m-2}(\chi_\delta(t^2))' dt$$

$$= \lim_{\delta \to 0} \nu \int_0^\infty (2m-2)t^{2m-3}\chi_\delta(t^2) dt$$

$$= \nu \int_0^1 (2m-2)t^{2m-3} dt = \nu$$

となる. 以上をまとめてつぎの定理を得る.

(5.1.30) **定理** D を $B(1)$ 上の正因子とする. 正カレント D の $z \in B(1)$ における Lelong 数 $\mathcal{L}(z; D)$ は, 因子 D の z における重複度 $\nu(z; D)$ に等しい.

§2 有理型写像の特性関数と第1主要定理

この節では, 一変数関数論で有名な, いわゆる Nevanlinna の第1主要定理の多変数関数への拡張を説明する. また, ここでは, M を m 次元コンパクト Kähler 多様体とし, $f: \boldsymbol{C}^n \xrightarrow{\text{mero}} M$ を有理型写像とする. さらに, $W = \boldsymbol{C}^n - I(f), f_0 = f|W$ とおく.

(5.2.1) **補題** 任意の $\omega \in \mathcal{K}^k(M)$ に対して，$f_0^*\omega \in \mathcal{L}^k{}_{\mathrm{loc}}(C^n)$ である.

証明 任意の $\phi \in \mathcal{D}^{2n-k}(C^n)$ に対して

$$\left|\int_W f_0^*\omega \wedge \phi\right| < \infty$$

を示せば十分である. $G(f_0) \subset W \times M$, $G(f) \subset C^n \times M$ を，それぞれ f_0, f のグラフとする. $G(f_0)$ は $G(f)$ の開集合で $G(f_0) \subset R(G(f))$ である. $p: C^n \times M \to C^n$, $q: C^n \times M \to M$ を自然な射影とする. まず

$$\int_W f_0^*\omega \wedge \phi = \int_{G(f_0)} q^*\omega \wedge p^*\phi$$

に注意する. $p|G(f)$ はプロパーであったから，$p^{-1}(\mathrm{supp}\,\phi) \cap G(f)$ はコンパクトである. $h \in \mathcal{D}(C^n \times M)$ を，$p^{-1}(\mathrm{supp}\,\phi) \cap G(f)$ 上で $h \equiv 1$ となるようにとる. このとき

$$\int_{G(f_0)} q^*\omega \wedge p^*\phi = \int_{G(f_0)} hq^*\omega \wedge p^*\phi$$

である. $G(f)$ は $C^n \times M$ の純 n 次元の解析的集合で，$hq^*\omega \wedge p^*\phi \in \mathcal{K}^{2n}(C^n \times M)$ であるから，補題(5.1.6)によって

$$\left|\int_{R(G(f))} hq^*\omega \wedge p^*\phi\right| < \infty$$

である. $G(f_0) \subset R(G(f))$ より我々の主張は正しい. ∎

以後 $f_0^*\omega$ のかわりに $f^*\omega$ と書くことにする.

さて任意の $T \in \mathcal{K}'^{(1,1)}(C^n)$ に対して

$$n(t, T) = \frac{\langle T \wedge \alpha^{n-1}, \chi_{B(t)} \rangle}{t^{2n-2}}$$

とおく. ただし $\alpha = dd^c\|z\|^2$, $B(t) = \{z \in C^n;\ \|z\| < t\}$.

(5.2.2) **補題** $T \in \mathcal{K}'^{(1,1)}(C^n)$ とする. もし $T \in \mathcal{L}^{(1,1)}{}_{\mathrm{loc}}(C^n)$ か，または正の閉カレントならば，積分

$$\int_1^r n(t, T) \frac{dt}{t}$$

が定義できる. $T \geq 0$ ならば上の積分は $\log r$ に関して凸増加関数になる.

証明 T が正な閉カレントの場合，定理(3.2.31)によって，関数 $t \in (0, \infty) \mapsto n(t, T)$ は単調増加関数である. したがって上記の積分は定義できる. 一方で

§2 有理型写像の特性関数と第1主要定理

$T \in \mathcal{L}^{(1,1)}{}_{\mathrm{loc}}(\boldsymbol{C}^n)$ の場合は $T \wedge \alpha^{n-1} \in \mathcal{L}^{(n,n)}{}_{\mathrm{loc}}(\boldsymbol{C}^n) = \mathcal{L}_{\mathrm{loc}}(\boldsymbol{C}^n)$ であるから，関数 $t \mapsto \langle T, \chi_{B(t)} \alpha^{n-1} \rangle$ は，Lebesgue の収束定理より連続関数となる．よって上記の積分

$$\int_1^r n(t, T) \frac{dt}{t}$$

は定義できる．$T \geq 0$ ならば $n(t, T) \geq 0$ であるから，最後の主張も明らかである． ∎

例えば E を $\boldsymbol{C}^n$ 上の正因子とする．系(5.1.28)に注意して $T = E \in \mathcal{K}'^{(1,1)}(\boldsymbol{C}^n)$ の場合に補題(5.2.2)を使うと，

(5.2.3) $$N(r; E) = \int_1^r n(t, E) \frac{dt}{t}$$

が定義できる．$N(r; E)$ を正因子 E の**個数関数**(counting function)と呼ぶ．他方で ϕ を M 上の $(1,1)$ 型の連続実微分型式とするとき，補題(5.2.1)に注意して補題(5.2.2)を使うと

(5.2.4) $$T_f(r; \phi) = \int_1^r n(t, [f^*\phi]) \frac{dt}{t}$$

が定義できる．$T_f(r; \phi)$ を有理型写像 f の ϕ に関する**特性関数**(characteristic function)と呼ぶ．

さて $\{L, H\}$ を M 上の正則 Hermite 直線束とする．ω で $\{L, H\}$ の Chern 型式を表わす．$D \in |L|$ とする．以下しばらくつぎの仮定が満されているとする：

(5.2.5) $$\begin{cases} \text{(i)} & \omega \geq 0. \\ \text{(ii)} & f(\boldsymbol{C}^n) \not\subset \mathrm{supp}\, D. \end{cases}$$

したがってとくに $\boldsymbol{C}^n$ 上の正因子 f^*D が定義できることに注意しておく(第4章§5の(ハ)参照)．

(5.2.6) **補題** 仮定(5.2.5)のもとに，$\sigma \in \Gamma(M, L)$ が $D = (\sigma)$ を満たしたとする．このとき，つぎが成り立つ：

(i) $\log \|\sigma \circ f_0\|^2$ は $\boldsymbol{C}^n$ 上の多重劣調和関数の差に表わされる．$\log \|\sigma \circ f_0\|^2 \in \mathcal{L}_{\mathrm{loc}}(\boldsymbol{C}^n)$ で，$\log \|\sigma \circ f_0\| \in \mathcal{L}_{\mathrm{loc}}(\Gamma(r))(r>0)$ となる．(以後 $\log \|\sigma \circ f_0\|^2$ のかわりに $\log \|\sigma \circ f\|^2$ と書くことにする．)

(ii) $f^*\omega \in \mathcal{L}^{(1,1)}{}_{\mathrm{loc}}(\boldsymbol{C}^n)$ であり，カレント $[f^*\omega]$ は $\boldsymbol{C}^n$ 上で $(1,1)$ 型の正な

閉カレントである.

(iii) $\boldsymbol{C}^n$ 上のカレントとして
$$dd^c[\log\|\sigma\circ f\|^2] = f^*D - [f^*\omega]$$
となる.

証明 $\{U_\lambda, s_\lambda\}$ を $\boldsymbol{L}$ の局所自明化被覆とする. $\sigma|U_\lambda = \sigma_\lambda s_\lambda$ とおく. σ_λ は U_λ 上の正則関数である. そうすれば
$$f_0^*D|f_0^{-1}(U_\lambda) = (\sigma_\lambda \circ f_0)$$
$$f_0^*\omega|f_0^{-1}(U_\lambda) = -dd^c \log\|s_\lambda \circ f_0\|^2$$
となる. 定理(5.1.13)により, $f_0^{-1}(U_\lambda)$ 上のカレントとして
$$f_0^*D|f_0^{-1}(U_\lambda) = dd^c[\log|\sigma_\lambda\circ f_0|^2] = dd^c\left[\log\frac{\|\sigma\circ f_0\|^2}{\|s_\lambda\circ f_0\|^2}\right]$$
$$= dd^c[\log\|\sigma\circ f_0\|^2] + [f_0^*\omega]|f_0^{-1}(U_\lambda)$$
を得る. したがって W 上のカレントとして

(5.2.7) $\qquad dd^c[\log\|\sigma\circ f_0\|^2] = f_0^*D - [f_0^*\omega]$

を得る. 定理(4.2.11)によって $\boldsymbol{C}^n$ 上の正則関数 F で $(F) = f^*D$ となるものが存在する. $(f^*D)|W = f_0^*D$ に注意して, 定理(5.1.13)を使うと, W 上
$$dd^c[\log|F|^2] = [f_0^*D]$$
となる. これと(5.2.7)により, W 上で

(5.2.8) $\qquad dd^c\left[\log\dfrac{|F|^2}{\|\sigma\circ f_0\|^2}\right] = [f_0\omega]$

となる. さて

(5.2.9) $\qquad \log\dfrac{|F|^2}{\|\sigma\circ f_0\|^2} \in C^\infty(W)$

は容易にわかる. 一方で仮定(5.2.5)の(i)より, $f_0^*\omega \geq 0$ となるから, (5.2.8)と(5.2.9)は $\log(|F|^2/\|\sigma\circ f_0\|^2)$ が W 上の C^∞ 級多重劣調和関数であることを示している(補題(3.3.34)参照). $\dim(\boldsymbol{C}^n - W) = \dim I(f) \leq n-2$ であるから, 定理(3.3.41)によって, つぎを得る:

(5.2.10) $\quad\begin{cases} \log(|F|^2/\|\sigma\circ f_0\|^2) \text{ は } \boldsymbol{C}^n \text{ 上の多重劣調和関数} \\ \text{に一意的に拡張される.} \end{cases}$

$\log|F|^2$ は $\boldsymbol{C}^n$ 上の多重劣調和関数であるから, 我々の主張(i)の前半は証明された. (i)の後半は定理(3.3.28)よりでる. つぎに(ii)を示す. ω は(1,1)型の

実微分型式であるから補題(5.2.1)より $f^*\omega \in \mathcal{L}^{(1,1)}{}_{\text{loc}}(\boldsymbol{C}^n)$ であり，$[f^*\omega]$ が正カレントになることは明らかである．codim $I(f) \geqq 2$ に注意して，補題(5.1.14)を使うと，(5.2.8)より $\boldsymbol{C}^n$ 上のカレントとして

$$[f^*\omega] = dd^c[\log(|F|^2/\|\sigma\circ f\|^2)]$$

となる．したがって，$[f^*\omega]$ は閉カレントとなる．また，定理(5.1.13)より $dd^c[\log|F|^2] = f^*D$ であるから，上式より (iii) がでる． ∎

さて M はコンパクトであるから，$D=(\sigma)$ となる $\sigma \in \Gamma(M, \boldsymbol{L})$ を

(5.2.11) $$\|\sigma(x)\| \leqq 1 \quad (x \in M)$$

を満たすようにとれる．補題(5.2.6)の(i)によって

$$m_f(r; D) = \int_{\Gamma(r)} \log \frac{1}{\|\sigma\circ f\|} \eta \geqq 0$$

が定義できる．他の $\sigma' \in \Gamma(M, \boldsymbol{L})$，$(\sigma')=D$，$\|\sigma'(x)\|\leqq 1 (x\in M)$ をとると，$a \in \boldsymbol{C}-\{0\}$ が存在して $\sigma'=a\sigma$ となるから，**定数の差を除いて**，$m_f(r; D)$ は D のみできまる．この $m_f(r; D)$ を，写像 f の正因子 $D\in|L|$ に関する**接近関数** (proximity function) と呼ぶ．

さて $T_f(r;\omega), N(r; f^*D), m_f(r; D)$ の間の関係式を求めてみよう．補題(5.2.6)の(iii)より

(5.2.12) $$T_f(r;\omega) - N(r; f^*D) = -\int_1^r \frac{\langle dd^c \log\|\sigma\circ f_0\|^2 \wedge \alpha^{n-1}, \chi_{B(t)}\rangle}{t^{2n-1}} dt$$

となる．補題(5.2.6)の(i)に注意して，(5.2.12)の右辺に補題(3.3.37)を適用して，

(5.2.13) $$T_f(r;\omega) - N(r; f^*D) = m_f(r; D) - m_f(1; D)$$

となる．

ところで任意に $(1,1)$ 型の実閉型式 $\omega' \geqq 0$ を $[\omega']=c_1(\boldsymbol{L})$ となるようにとる．M がコンパクト Kähler 多様体であったから，$\boldsymbol{L}$ 上の Hermite 計量 H' が存在して，ω' は $\{\boldsymbol{L}, H'\}$ の Chern 型式になる(Weil [1] 参照)．そうすれば，M 上で 0 をとらない有界な C^∞ 級関数 $b>0$ が存在して $H'=bH$ となる．したがって (5.2.4), (5.2.13) より

$$\begin{aligned}T_f(r;\omega) - T_f(r;\omega') &= \int_{\Gamma(r)} \log(b\circ f_0)\eta - \int_{\Gamma(1)} \log(b\circ f_0)\eta \\ &= O(1) \quad (r\to\infty)\end{aligned}$$

を得る.以後,本書では $O(\cdot)$ は $r\to\infty$ とするときの評価を表わすことにする.したがって仮定(5.2.5)のもとで r について $O(1)$ 項の差を除いて,L に関する f の特性関数 $T_f(r;L)$ が

(5.2.14) $$T_f(r;L) = T_f(r;\omega)$$

で定義できる.ただしここで ω は $(1,1)$ 型の閉実型式で,$\omega\geqq 0$ かつ $[\omega]=c_1(L)$ なるものとする.(5.2.13)より,つぎの第1主要定理を得る.

(5.2.15) **定理**(第1主要定理) L をコンパクト Kähler 多様体 M 上の正則直線束で $c_1(L)\geqq 0$ とする.有理型写像 $f: C^n \xrightarrow[\text{mero}]{} M$ と $D\in|L|$ が $f(C^n)\not\subset \mathrm{supp}\,D$ を満たすとする.このとき r の関数として
$$T_f(r;L) = N(r;f^*D)+m_f(r;D)+O(1)$$
となる.

さらに $m_f(r;D)\geqq 0$ であることに注意すれば,つぎのいわゆる Nevanlinna の不等式を得る.

(5.2.16) **系** 定理(5.2.15)と同じ仮定のもとで,
$$N(r;f^*D) \leqq T_f(r;L)+O(1)$$
となる.

定理(5.2.15)の結果は $c_1(L)\geqq 0$ の条件なしでも成り立つがその証明はここでは与えない.しかし後の利用のために,とくに M が複素射影的代数多様体である場合の証明を与えておこう.$E_0\to M$ を十分豊富な正則直線束とする.$c_1(E_0)>0$ で $|E_0|\neq\phi$ である.E_0 はある Hermite 計量 $\|\cdot\|$ でその Chern 型式 ω_0 が正値,$\omega_0>0$,となるものが存在する.$\sigma_0\in\Gamma(M,E)-\{O\}$ を $\|\sigma_0\|<1$ となるように一つとっておく.さて $E\to M$ を任意の正則直線束,$\|\cdot\|$ を E の Hermite 計量とし,ω をその Chern 型式とする.$\sigma\in\Gamma(M,E)-\{O\}$ を $\|\sigma\|<1$ となるようにとり $D=(\sigma)$ とおく.$f: C^n\to M$ を任意の有理型写像とする.このとき,$m_f(r;D)$ が定義され(5.2.13)を得るためには,$\log\|\sigma\circ f\|^2$ が C^n 上の多重劣調和関数の差で書かれ,補題(5.2.6),(iii)が成り立つことが示されれば十分であった.いまの場合でも,補題(5.2.6),(iii)は,そこの証明と同じ理由で,$C^n-I(f)$ 上で成立しているから,命題(5.1.10)と補題(5.1.14)を考慮すれば,$\log\|\sigma\circ f\|^2$ が C^m 上の多重劣調和関数の差で書かれることを示せば十分である.自然数 k を十分大きくとれば,$\omega+k\omega_0>0$ とできる.$E\otimes E_0^k$ には $\omega+k\omega_0$ を

Chern 型式とするような Hermite 計量を自然に定めることができる．それを やはり $\|\cdot\|$ で表わす．したがって $c_1(\boldsymbol{E}\otimes\boldsymbol{E}_0{}^k)>0$ である．$\sigma_0{}^k$ を

$$\sigma_0{}^k = \underbrace{\sigma_0\otimes\cdots\otimes\sigma_0}_{k} \in \varGamma(M, \boldsymbol{E}_0{}^k)$$

とおくと

$$\log\|\sigma\|^2 = \log\|\sigma\otimes\sigma_0{}^k\|^2 - k\log\|\sigma_0\|^2$$

が成立する．よってつぎを得る：

$$\log\|\sigma\circ f\|^2 = \log\|(\sigma\otimes\sigma_0{}^k)\circ f\|^2 - k\log\|\sigma_0\circ f\|^2.$$

ここで $c_1(\boldsymbol{E}\otimes\boldsymbol{E}_0)>0$, $c_1(\boldsymbol{E}_0)>0$ であるから上述の議論により $\log\|(\sigma\otimes\sigma_0{}^k)\circ f\|^2$ と $\log\|\sigma_0\circ f\|^2$ はそれぞれ $\boldsymbol{C}^n$ 上の多重劣調和関数の差で書かれる．よってつぎを得る．

(5.2.17) $\begin{cases} \text{(i)} & \log\|\sigma\circ f\|^2 \text{ は } \boldsymbol{C}^n \text{ 上の多重劣調和関数の差で表わされる．} \\ \text{(ii)} & dd^c[\log\|\sigma\circ f\|^{-2}] = [f^*\omega] - f^*D. \end{cases}$

これからつぎの定理を定理(5.2.15)と同様にして得る．

(5.2.18) **定理** M を複素射影的代数多様体，$E\to M$ を任意の正則直線束，ω を $\boldsymbol{E}$ の Chern 型式, $D\in|E|$ とする．$f: \boldsymbol{C}^n\to M$ は有理型写像で $f(\boldsymbol{C}^n)\not\subset \mathrm{supp}\,D$ となっているものとする．このときつぎが成立する：

(i) (第1主要定理) $r>1$ に対し

$$T_f(r;\omega) = N(r; f^*D) + m_f(r; D) - m_f(1; D)$$

となる．とくに

$$T_f(r;\boldsymbol{E}) = N(r; f^*D) + m_f(r; D) + O(1)$$

である．

(ii) (Nevanlinna 不等式) $N(r; f^*D) \leq T_f(r;\boldsymbol{E}) + O(1)$ が成立する．

さて $f: \boldsymbol{C}^n\to M$ が正則写像の場合について少し述べよう．$\varOmega, \varOmega'$ は M 上の Kähler 型式で $\{\varOmega\}=\{\varOmega'\}$ とする．M 上の C^∞ 級関数 a が存在して

$$\varOmega - \varOmega' = dd^c a$$

と書ける．補題(3.3.37)より

$$(5.2.19) \quad T_f(r;\varOmega) - T_f(r;\varOmega') = \int_1^r \frac{\langle dd^c a\circ f \wedge \alpha^{n-1}, \chi_{B(t)}\rangle}{t^{2n-1}} dt$$

$$= \frac{1}{2}\int_{\varGamma(r)} a\circ f\eta - \frac{1}{2}\int_{\varGamma(1)} a\circ f\eta$$

となる．a は有界だから，結局
$$T_f(r;\Omega) = T_f(r;\Omega')+O(1)$$
となる．したがって正則写像 $f: \mathbf{C}^n \to M$ の，コホモロジー類 $\{\Omega\} \in H^{1,1}(M, \mathbf{R})$ に関する特性関数 $T_f(r;\{\Omega\})$ が $O(1)$ 項の差を無視して

(5.2.20) $$T_f(r;\{\Omega\}) = T_f(r;\Omega)$$

で定義できる(実は，これは f が有理型写像でも成り立つことである(Shiffman [1]参照))．こんどは Ω' を他の任意の Hermite 型式としよう．M のコンパクト性に注意すれば，正の実数 a, b が存在して
$$a\Omega' \leqq \Omega \leqq b\Omega'$$
となる．したがって
$$aT_f(r;\Omega') \leqq T_f(r;\Omega) \leqq bT_f(r;\Omega')$$
となる．ゆえに正則写像 $f: \mathbf{C}^n \to M$ の**位数**(order) ρ_f を

(5.2.21) $$\rho_f = \varlimsup_{r\to\infty} \frac{\log T_f(r;\Omega)}{\log r}$$

で定義すれば，これは M 上の Hermite 型式 Ω の取り方によらずきまる．

以下において，基本的な場合である，M が複素射影空間 $\mathbf{P}^m(\mathbf{C})$，$L \to \mathbf{P}^m(\mathbf{C})$ が超平面束である場合を考える．$\rho: \mathbf{C}^{m+1} - \{O\} \to \mathbf{P}^m(\mathbf{C})$ を Hopf ファイバーリングとする．$\mathbf{P}^m(\mathbf{C})$ の解析的超曲面 $X_0, \cdots, X_m$ を
$$X_j = \rho(\{(z^0, \cdots, z^m) \in \mathbf{C}^{m+1} - \{O\}, z^j = 0\}) \qquad (0 \leqq j \leqq m)$$
で定義する．$\Gamma(\mathbf{P}^m(\mathbf{C}), \mathbf{L})$ は $\mathbf{C}^{m+1}$ と自然に同一視される．$\mathbf{L}$ には自然に Hermite 内積 H が定義された．任意の $\sigma \in \Gamma(\mathbf{P}^m(\mathbf{C}), \mathbf{L}) = \mathbf{C}^{m+1}$ に対して，
$$H(\sigma(\rho(Z)), \sigma(\rho(Z)))^{1/2} = \frac{|\langle \sigma, Z\rangle|}{\sqrt{\langle Z, Z\rangle}} \qquad (Z \in \mathbf{C}^{m+1} - \{O\})$$
である．ただし $\langle,\rangle$ は $\mathbf{C}^{m+1}$ 上の自然な Hermite 内積を表わす．

さて $f: \mathbf{C}^n \xrightarrow{\text{mero}} \mathbf{P}^m(\mathbf{C})$ を有理型写像とする．$\bigcap_{j=0}^m X_j = \phi$ であるから，ある X_j が存在して $f(\mathbf{C}^n) \not\subset X_j$ となる．簡単のため $f(\mathbf{C}^n) \not\subset X_0$ とするが，一般の場合もまったく同じである．$\varphi_j \in Hol(\mathbf{P}^m(\mathbf{C}) - X_0, \mathbf{C})$ $(1 \leqq j \leqq m)$ を $\varphi_j(\rho(z^0, \cdots, z^m)) = z^j/z^0$ で定義する．そうすれば φ_j は $\mathbf{P}^m(\mathbf{C})$ 上で有理型で，$(\varphi_j)_0 = X_j, (\varphi_j)_\infty = X_0$ が成り立つ．$\mathbf{C}^n$ 上の正則関数 f_0 を $(f_0) = f^*X_0$ となるようにとる．また $f^*\varphi_j$ $(1 \leqq j \leqq m)$ も定義され $f_j = f_0 \cdot f^*\varphi$ $(1 \leqq j \leqq m)$ とおく．このとき, f_j $(1 \leqq j \leqq m)$

は C^n 上の正則関数であり, $(f_0, \cdots, f_m)$ は f の被約な表現であった. すなわち
$$I(f) = \{x \in C^n ; f_0(x) = \cdots = f_m(x) = 0\},$$
$$f(x) = \rho(f_0(x), \cdots, f_m(x)) \qquad (x \in C^n - I(f))$$
が成り立つ(定理(4.5.5)参照). Chern 型式 $\omega_{(L,H)}$ は
$$\rho^* \omega_{(L,H)} = dd^c \log \langle Z, Z \rangle$$
で与えられるから, r の関数として
$$T_f(r; L) = \int_1^r \frac{\left\langle \left(dd^c \left(\log\left(\sum_{j=0}^m |f_j|^2\right)\right)\wedge \alpha^{n-1}, \chi_{B(t)}\right\rangle}{t^{2n-1}} dt + O(1)$$
となる. $\log\left(\sum_{j=0}^m |f_j|^2\right)$ は C^n 上の多重劣調和関数で, $C^n - I(f)$ 上で C^∞ 級である. codim $I(f) \geq 2$ であるから補題(5.1.14)より C^n 上のカレントとして $[dd^c \log(\sum|f_j|^2)] = dd^c[\log(\sum|f_j|^2)]$ となる. よって補題(3.3.37)より
$$T_f(r; L) = \int_{\Gamma(r)} \log\left(\sum_{j=0}^m |f_j|^2\right)^{1/2} \eta + O(1)$$
となる. ここで
$$A(z) = \log(\max_{0 \leq j \leq m} |f_j(z)|)$$
とおくと,
$$A(z) \leq \log\left(\sum_{j=0}^m |f_j|^2\right)^{1/2} \leq A(z) + \log(N+1)^{1/2}$$
が成り立つ. したがって r の関数として

(5.2.22) $$T_f(r; L) = \int_{\Gamma(r)} A(z) \eta + O(1)$$

となる. この式の右辺は H. Cartan[1]が定義した f の特性関数である. すなわち, C^n から $P^m(C)$ への有理型写像の場合には, (5.2.14)で定義された特性関数は, H. Cartan が定義した特性関数と(有界関数の差を無視して)同じであることがわかった.

ここで一変数関数論における値分布論でよく使われる記号を用意しよう. $t \geq 0$ に対し
$$\log^+ t = \log \max\{t, 1\}$$
とおく. そうすれば
$$\log t = \log^+ t - \log^+ \frac{1}{t}, \qquad |\log t| = \log^+ t + \log^+ \frac{1}{t}$$

となる．$t_1, \cdots, t_l \geq 0$ に対し

(5.2.23)
$$\begin{cases} \log^+ \prod_{j=1}^l t_j \leq \sum_{j=1}^l \log^+ t_j, \\ \log^+ \sum_{j=1}^l t_j \leq \log^+ \{l \max_{1 \leq j \leq l} \{t_j\}\} \leq \sum_{j=1}^l \log^+ t_j + \log l \end{cases}$$

に注意する．一般に C^n 上の有理型関数 F に対して

(5.2.24)
$$\begin{cases} m(r; F) = \int_{\Gamma(r)} \log^+ |F| \eta, \\ T(r; F) = N(r; (F)_\infty) + m(r; F) \end{cases}$$

とおく．この $T(r; F)$ は **Nevanlinna** の特性関数と呼ばれる．

さて説明の途中であった有理型写像 $f: C^n \xrightarrow{\text{mero}} P^m(C)$ の場合に戻ろう．簡単のため $F_j = f^* \varphi_j = f_j/f_0 \,(1 \leq j \leq m)$ とおこう．F_j は C^n 上の有理型関数であった．(5.2.23) より

(5.2.25) $\quad \log^+ |F_k| \leq \log \left(\sum_{j=1}^m |F_j|^2 + 1 \right)^{1/2} \leq \sum_{j=1}^m \log^+ |F_j| + \frac{1}{2} \log(m+1)$

となる．したがって

(5.2.26) $\quad m(r; F_k) \leq \int_{\Gamma(r)} \log \left(\sum_{j=1}^m |F_j|^2 + 1 \right)^{1/2} \eta \leq \sum_{j=1}^m m(r; F_j) + \frac{1}{2} \log(m+1)$

である．定義と $I(f) = \{x \in C^n; f_0(x) = \cdots = f_m(x) = 0\}$ に注意して，

(5.2.27) $\quad N(r; (F_k)_\infty) \leq N(r; (f_0)) \leq \sum_{j=1}^m N(r; (F_j)_\infty)$

となる．一方で，(5.2.23) を使い，そうして，補題 (3.3.37) を $dd^c [\log |f_0|^2]$ $= (f_0)$ に適用して，

(5.2.28) $\quad T_f(r; L) = \int_{\Gamma(r)} \log \left(\sum_{j=1}^m |F_j|^2 + 1 \right)^{1/2} \eta + \int_{\Gamma(r)} \log |f_0| \eta + O(1)$

$$\leq \sum_{j=1}^m \int_{\Gamma(r)} \log^+ |F_j| \eta + \int_{\Gamma(r)} \log |f_0| \eta + O(1)$$

$$= \sum_{j=1}^m m(r; F_j) + N(r; (f_0)) + O(1)$$

を得る．以上 (5.2.26), (5.2.27) と (5.2.28) をまとめてつぎの定理を得る．

(5.2.29) **定理** $f_0, \cdots, f_m$ を C^n 上の正則関数とし，$(f_0, \cdots, f_m)$ が有理型写像 $f: C^n \xrightarrow{\text{mero}} P^m(C)$ の既約な表現とする．$f_k \not\equiv 0$ として，$F_1 = f_0/f_k, \cdots, F_k$ $= f_{k-1}/f_k, F_{k+1} = f_{k+1}/f_k, \cdots, F_m = f_m/f_k$ とおくとき，

§2 有理型写像の特性関数と第1主要定理

$$T(r; F_j)+O(1) \leq T_f(r; L) \leq \sum_{j=1}^{m} T(r; F_j)+O(1)$$

が成り立つ.

(5.2.30) **系** F を C 上の有理型関数で $F \not\equiv 0, \infty$ とする. F を C から $P^1(C)$ への正則写像と考えると，つぎの不等式が成り立つ:

$$T_F(r; L) = T(r; F)+O(1) = T\left(r; \frac{1}{F}\right)+O(1).$$

証明 よく知られたように C 上の正則関数 $f_0 \not\equiv 0$, $f_1 \not\equiv 0$ が存在して，$F = f_0/f_1$, $\{x \in C; f_0(x) = f_1(x) = 0\} = \phi$ となる. 正則写像 $f: C \to P^1(C)$ を $f(x) = \rho(f_0(x), f_1(x))$ で定義する. この f によって F は C から $P^1(C)$ への正則写像と考えるのであった. (f_0, f_1) は f の既約な表現である. 定理(5.2.29)を使えば，$f(C) \not\subset X_0$ より第1番目の等式が，$f(C) \not\subset X_1$ より第2番目の等式がでる. ∎

さてつぎの例として，M が複素トーラス C^m/Γ の場合を考える. $\pi: C^m \to C^m/\Gamma$ を普遍被覆写像，$(w^1, \cdots, w^m)$ を C^m の自然な座標系とする. また $f: C^n \xrightarrow[\text{mero}]{} M$ を有理型写像とする. codim $I(f) \geq 2$ より，$C^n - I(f)$ は単連結である. $f|C^n - I(f): C^n - I(f) \to M$ は正則写像であるから，その持ち上げ(lifting) $(f|C^n - I(f))\tilde{} : C^n - I(f) \to C^m$ を得る. codim $I(f) \geq 2$ より，系(3.3.43)によって $(f|C^n - I(f))\tilde{}$ は正則写像 $\tilde{f}: C^n \to C^m$ に拡張される. $f = \pi \circ \tilde{f}$ となるので，結局 f は必然的に正則写像となる. したがってつぎが示された.

(5.2.31) **定理** 有理型写像 $f: C^n \xrightarrow[\text{mero}]{} C^m/\Gamma$ は必然的に正則写像になる.

さて M 上の Kähler 型式 Ω を

$$\pi^*\Omega = \frac{i}{2\pi} \sum_{j=1}^{m} dw^j \wedge d\overline{w}^j$$

で一意的に定めておく.

(5.2.32) **補題** 正則写像 $f: C^n \to C^m/\Gamma$ が定数写像でなければ，正の定数 C, r_0 が存在して，$r \geq r_0$ に対して

$$T_f(r; \{\Omega\}) \geq Cr^2$$

となる((5.2.20)参照).

証明 $\tilde{f}: C^n \to C^m$ を f の持ち上げとし，$\tilde{f} = (f^1, \cdots, f^m)$ とする. そうすれば

$$T_f(r;\{\Omega\}) = \int_1^r \frac{\left\langle \sum_{j=1}^m dd^c|f^j|^2 \wedge \alpha^{n-1}, \chi_{B(t)} \right\rangle}{t^{2n-1}} dt$$

となる．f は定数写像ではないから，ある f^j は定数でない．したがって $\boldsymbol{C}^n$ 上の定数でない一般の正則関数 F に対して，定数 $C>0,\ r_0>0$ が存在して，任意の $r\geqq r_0$ について

(5.2.33) $$\int_1^r \frac{\langle dd^c|F|^2 \wedge \alpha^{n-1}, \chi_{B(t)}\rangle}{t^{2n-1}} dt \geqq Cr^2$$

が示されればよい．補題(3.3.37)より

$$\int_1^r \frac{\langle dd^c|F|^2 \wedge \alpha^{n-1}, \chi_{B(t)}\rangle}{t^{2n-1}} dt = \frac{1}{2}\int_{\Gamma(r)}|F|^2\eta - \frac{1}{2}\int_{\Gamma(1)}|F|^2\eta$$

となる．いま $F(z) = \sum_{\lambda\geqq 0} P_\lambda(z^1,\cdots,z^n)$ ($\deg P_\lambda = \lambda$) と同次多項式に展開する．ある $\mu\geqq 1$ が存在して $P_\mu \not\equiv 0$ となるとき，

$$\frac{1}{2}\int_{\Gamma(r)}|F(z)|^2\eta = \frac{1}{2}\sum_{\lambda\geqq 0}r^{2\lambda}\int_{\Gamma(1)}|P_\lambda|^2\eta \geqq \frac{r^{2\mu}}{2}\int_{\Gamma(1)}|P_\mu|^2\eta$$
$$\geqq \frac{r^2}{2}\int_{\Gamma(1)}|P_\mu|^2\eta$$

となる．よって(5.2.32)が示された．∎

(5.2.34) 系 正則写像 $f\colon \boldsymbol{C}^n \to \boldsymbol{C}^m/\Gamma$ が定数写像でなければ $\rho_f \geqq 2$ となる ((5.2.21)参照)．

ノート

ここで特性関数 $T(r;F)$ や個数関数 $N(r;E)$ と F や E の代数性についての関係を述べておく．ページ数の都合で証明を与えられないのが残念であるが，Griffiths-King [1] 等を参照して欲しい．まず E を $\boldsymbol{C}^n$ の正因子とする．E が $\boldsymbol{C}^n$ の多項式で定まる因子となっているとき，E は代数的であるという．このときつぎが成立する：

$$N(r;E) = O(\log r) \iff E \text{ は代数的である．}$$

$n=1$ のときは簡単に証明できるので読者自ら示して欲しい．また $\boldsymbol{C}^n$ 上の有理型関数 F についてもつぎがわかる：

$$T(r;F) = O(\log r) \iff F \text{ は有理式である．}$$

この事実を用いると，有理型写像 $f\colon \boldsymbol{C}^n \to \boldsymbol{P}^m(\boldsymbol{C})$ に対しつぎが成立する：

$$T_f(r;\boldsymbol{L}) = O(\log r) \iff \begin{cases} f \text{ の既約表現}(f_0,\cdots,f_m) \text{ ですべての } f_j \text{ が} \\ \text{多項式であるものがある．} \end{cases}$$

§3 Casorati-Weierstrass の定理

この節では，M をコンパクト Kähler 多様体とし，L は M 上の正則直線束で，つぎの条件を満たすとする：

(5.3.1) $\begin{cases} \Gamma(M,L) \text{ は，任意の点 } x \in M \text{ で } L_x \text{ を生成している．すな} \\ \text{わち線型写像 } e_x: \sigma \in \Gamma(M,L) \mapsto \sigma(x) \in L_x \text{ は全射である．} \end{cases}$

便宜上 $V = \Gamma(M,L)$ とおき，$\dim V = N+1$ とする．V に一つ Hermite 内積 $\langle , \rangle$ を固定しておく．以下しばらく第2章§1 で説明したことを思い起こす．任意の $x \in M$ に対して $V(x) = \{\sigma \in V; e_x(\sigma) = 0\}$ とおき，$V(x)^{\perp} = \{\alpha \in V^*; \alpha(V(x)) = 0\}$ とすると，正則写像

$$\Phi_V: M \longrightarrow P(V^*)$$

が $\Phi_V(x) = V(x)^{\perp}$ で定義できる．そうして $E_{V^*} \to P(V^*)$ を $P(V^*)$ 上の超平面束とするとき，

(5.3.2) $\qquad\qquad \Phi_V^* E_{V^*} = L$

となる．V 上の内積 $\langle , \rangle$ によって，E_{V^*} 上に自然に Hermite 内積 H_{V^*} が導入された．(5.3.2) により L 上に H_{V^*} より導かれた Hermite 内積を H で表わすことにする．Hermite 直線束 $\{E_{V^*}, H_{V^*}\}$，$\{L, H\}$ の Chern 型式をそれぞれ ω_{V^*}，ω で表わすと，

(5.3.3) $\qquad\qquad \omega = \Phi_V^* \omega_{V^*}$

である．$\omega_{V^*} > 0$ であったから，つぎを得る：

(5.3.4) $\qquad\qquad \omega \geq 0.$

さて $E_V \to P(V)$ を $P(V)$ 上の超平面束とする．V 上の Hermite 内積 $\langle , \rangle$ によって，E_V は自然に Hermite 内積 H_V をもつ．Hermite 直線束 $\{E_V, H_V\}$ の Chern 型式を ω_V で表わす．$x \in M$ を任意にとる．$\rho: V - \{O\} \to P(V)$ を Hopf ファイバーリングとして，C^{∞} 級関数

$$S_x: P(V) \longrightarrow \mathbf{R}$$

を $S_x(\rho(\sigma)) = H(\sigma(x), \sigma(x))/\langle \sigma, \sigma \rangle$ で定義できる，

(5.3.5) **補題** (i) $0 \leq S_x \leq 1$ である，

(ii) 関数：$(x, D) \in M \times P(V) \mapsto \log S_x(D)$ は，$M \times P(V)$ 上で可積分である．

(iii) 積分

$$A(x) = \int_{D \in P(V)} \log S_x(D)(\omega_V)^N$$

は x に依存しない.

証明 V の正規直交基底 $\{\sigma_0, \cdots, \sigma_N\}$ を一つ固定する. $\{U_\lambda, s_\lambda\}$ を L の局所自明化被覆とする. 任意の $\tau \in V$ に対して U_λ 上の正則関数 τ_λ を $\tau|U_\lambda = \tau_\lambda s_\lambda$ で定め, 同様に $\sigma_j|U_\lambda = \sigma_{j\lambda}s_\lambda$ とおく. 直接に計算して, 任意の $(x, \tau) \in U_\lambda \times V$ に対して

(5.3.6) $$H(\tau(x), \tau(x)) = \frac{|\tau_\lambda(x)|^2}{\sum_{j=0}^{N}|\sigma_{j\lambda}(x)|^2}$$

となる. 基底 $\{\sigma_0, \cdots, \sigma_N\}$ によって $P(V) = \boldsymbol{P}^N(\boldsymbol{C})$ とする. $V_j = \{[z^0 : \cdots : z^N]; z^j \neq 0\}$ $(0 \leq j \leq N)$ とおけば, 任意の $(x, [z^0 : \cdots : z^N]) \in U_\lambda \times V_k$ に対して

(5.3.7) $$S_x([z^0 : \cdots : z^N]) = \frac{\left|\sum_{j=0}^{N} z^j \sigma_{j\lambda}(x)\right|^2}{\left(\sum_{j=0}^{N}|\sigma_{j\lambda}(x)|^2\right)\left(\sum |z^j|^2\right)}$$

$$= \frac{\left|\sum_{j=0}^{N} \varphi^j(z)\sigma_{j\lambda}(x)\right|^2}{\left(\sum_{j=0}^{N}|\sigma_{j\lambda}(x)|^2\right)\left(\sum |\phi^j(z)|^2\right)}$$

となる. ただしここで $z = [z^0 : \cdots : z^N]$, $\varphi^j(z) = z^j/z^k$ とおいた. (5.3.7) より主張 (i), (ii) は明らかである. (iii) を示そう. $y \in U_\mu$ とする. ユニタリ行列 $g = (g_{ij})$ と定数 $a \in \boldsymbol{C}$ が存在して,

$$\sigma_{j\mu}(y) = a \sum_{k=0}^{N} g_{jk} \sigma_{k\lambda}(x)$$

が成り立つ. $g: \boldsymbol{P}^N(\boldsymbol{C}) \to \boldsymbol{P}^N(\boldsymbol{C})$ を $g\rho(z) = \rho(gz)$ で定義すれば, (5.3.7) より

(5.3.8) $$S_y(z) = S_x(g^{-1}(z)) \qquad (z \in \boldsymbol{P}^N(\boldsymbol{C}))$$

となる. $g^*\omega_V = \omega_V$ であるから, (5.3.8) より (iii) は明らかである. ∎

さて $f: \boldsymbol{C}^n \xrightarrow[\text{mero}]{} M$ を有理型写像とする. $P(V)$ の部分集合 $X(f)$ を

$$X(f) = \{D \in P(V); f(\boldsymbol{C}^n) \subset \operatorname{supp} D\}$$

とおく. $X(f)$ が $P(V)$ の解析的部分集合で $X(f) \subsetneq P(V)$ なることは容易にわかる. (5.3.4) によって, 任意の $D \in P(V) - X(f)$ に対して, L, ω, D は仮定 (5.2.5) を満たすから, $T_f(r; \omega)$, $N(r; f^*D)$, $m_f(r; D)$ が定義でき, (5.2.13) より

§3 Casorati–Weierstrass の定理

(5.3.9) $\quad T_f(r;\omega) = N(r; f^*D) + m_f(r; D) - m_f(1; D)$

となる．補題(5.3.5)に注意して，Fubini の定理を使って，

(5.3.10) $\displaystyle\int_{D\in P(V)} m_f(r; D)(\omega_V)^N = \int_{D\in P(V)}\Big\{\int_{z\in\Gamma(r)} \log\frac{1}{S_{f(z)}(D)}\eta(z)\Big\}(\omega_V)^N$

$\displaystyle\qquad = -\int_{z\in\Gamma(r)}\Big\{\int_{D\in P(V)} \log S_{f(z)}(D)(\omega_V)^N\Big\}\eta(z) = -A\int_{z\in\Gamma(r)}\eta(z)$

$\qquad = -A$

となる($A=$定数)．つぎに写像

$$D \in P(V) \longmapsto [f^*D]\wedge \alpha^{n-1} \in \mathcal{K}'(\mathbf{C}^n)$$

は $X(f)$ の外で連続であることは容易にわかる．閉集合 $X(f)$ は体積要素 $(\omega_V)^N$ にとって，測度 0 の部分集合である．したがって関数 $D\in P(V)\mapsto N(r; f^*D)$ は可測関数である．以上の考察から，(5.3.9) の両辺を $P(V)$ 上で積分して，

$$T_f(r;\omega) = \int_{P(V)} T_f(r;\omega)(\omega_V)^N = \int_{D\in P(V)} N(r; f^*D)(\omega_V)^N$$

を得る．(5.2.14)に注意して，結局つぎを得る．

(5.3.11) **定理** 記号は上記の通りとする．有理型写像 $f: \mathbf{C}^n \xrightarrow[\text{mero}]{} M$ に対し

$$T_f(r; \mathbf{L}) + O(1) = \int_{D\in P(V)} N(r; f^*D)(\omega_V)^N$$

となる．

さて(5.2.4)の定義より $T_f(r;\omega)$ は $\log r$ に関して凸増加関数であるから，つぎを得る：

(5.3.12) $T_f(r;\omega)\not\equiv 0$ ならば，$r\nearrow\infty$ とするとき $T_f(r;\omega)\nearrow\infty$ となる．

このとき，任意の $D\in P(V) - X(f)$ に対して，f の D に関する**欠除指数**(defect index) $\delta_f(D)$ を

(5.3.13) $\quad\displaystyle \delta_f(D) = 1 - \varlimsup_{r\to\infty}\frac{N(r; f^*D)}{T_f(r;\omega)} = 1 - \varlimsup_{r\to\infty}\frac{N(r; f^*D)}{T_f(r; \mathbf{L})}$

で定義する．系(5.2.16)より，つぎを得る：

(5.3.14) $\quad\begin{cases} 0\leq \delta_f(D)\leq 1, \\ f(\mathbf{C}^n)\cap \mathrm{supp}\, D = \phi \text{ ならば } \delta_f(D)=1 \text{ となる．}\end{cases}$

(5.3.15) **定理** 記号はいままで通りとする．$T_f(r; \mathbf{L})\not\equiv 0$ ならば，

$$\int_{D \in P(V)} \delta_f(D)(\omega_V)^N = 0$$

となる.

証明 $T_f(r; \omega)$ は $\log r$ に関して凸増加関数であったから, $R>0$ が存在して $r \geq R$ ならば $T_f(r; \omega) \geq 1$ となる. したがって, $D \in P(V) - X(f)$, $r \geq R$ に対して (5.3.9) より

(5.3.16) $\quad \dfrac{-m_f(1; D)}{T_f(r; \omega)} \leq 1 - \dfrac{N(r; f^*D)}{T_f(r; \omega)} = \dfrac{m_f(r; D) - m_f(1; D)}{T_f(r; \omega)}$

$\qquad\qquad\qquad \leq \dfrac{m_f(r; D)}{T_f(r; \omega)}$

となる. (5.3.10) より

(5.3.17) $\quad \displaystyle\int \left(1 - \dfrac{N(r; f^*D)}{T_f(r; \omega)}\right)(\omega_V)^N \leq \dfrac{-A}{T_f(r; \omega)}$

となる. (5.3.16) により Fatou の補題を使え, (5.3.14), (5.3.17) と (5.3.12) を用いて

$$0 \leq \int_{D \in P(V)} \delta_f(D)(\omega_V)^N \leq \varliminf_{r \to \infty} \int_{D \in P(V)} \left(1 - \dfrac{N(r; f^*D)}{T_f(r; \omega)}\right)(\omega_V)^N$$
$$\leq \varliminf_{r \to \infty} \dfrac{-A}{T_f(r; \omega)} = 0$$

を得る. ∎

(5.3.18) **補題** $\omega > 0$ かつ $f: \boldsymbol{C}^n \xrightarrow[\text{mero}]{} M$ が定数写像でなければ, $T_f(r; \omega) \not\equiv 0$ である.

証明 Kähler 型式 α と ω に対応する, それぞれ $\boldsymbol{C}^n, M$ 上の Kähler 計量を g と h とする. $f_0 = f|(\boldsymbol{C}^n - I(f))$ とおく. 任意の $x \in \boldsymbol{C}^n - I(f)$ に対して

$$e(x) = \sum_{j=1}^n h(f_*(u_j), \overline{f_*(u_j)})$$

とおく. ただし $\{u_1, \cdots, u_n\}$ は $T(\boldsymbol{C}^n)_x$ の基底で $g(u_i, \bar{u}_j) = \delta_{ij}$ なるものとする. $e(x)$ は $\{u_1, \cdots, u_n\}$ の選び方によらずきまる. $e(x) \geq 0$ であり, 簡単な計算より,

$$f_0^* \omega \wedge \alpha^{n-1} = \dfrac{e(x)\alpha^n}{n!}$$

となる. $\omega > 0$ で f が定数写像でなければ, $e \not\equiv 0$ であるから, 十分大きな t に対して

$$n(t, [f^*\omega]) = \frac{1}{t^{2n-2}} \int_{B(t)-I(f)} f_0^*\omega \wedge \alpha^{n-1} > 0$$

となる．したがって $T_f(r;\omega)>0$ である．∎

補題(5.3.18), 定理(5.3.15)と(5.3.14)よりつぎの系を得る．

(5.3.19) **系**(Casorati-Weierstrass の定理) M を射影的代数多様体とし，$f: C^n \xrightarrow{\text{mero}} M$ を有理型写像とする．L を M 上の豊富な正則直線束とする．$V = \Gamma(M, L)$ (dim $V = N+1$) とおく．もし部分集合 $E \subset P(V)$ で

$$\int_E (\omega_V)^N > 0$$

となるものが存在して，任意の $D \in E$ に対し $f(C^n) \cap \text{supp } D = \phi$ ならば，f は定数写像である．

$M = P^1(C)$ で，L が超平面束のとき，上記の系は，古典的によく知られた Casorati-Weierstrass の定理になっている．上述の定理(5.3.15)は，測度論的にほとんどすべての $D \in |L|$ に対し $\delta_f(D)=0$ となる，あるいは $\delta_f(D)=1$ となる D は測度 0 の集合にしかならないことを主張している．これをもっと精密にしたのが，次節で扱う第 2 主要定理および欠除指数関係式(defect relation)である．

§4 第 2 主要定理

この節では，M を m 次元複素射影的代数多様体とする．M 上の解析的超曲面 D(正因子とも考える)が **単純正規交叉的** (simple normal crossing) とは，まず D が正規交叉的でありかつ D の各既約成分が非特異となることである．

さて D は M の単純正規交叉的な解析的超曲面で，$D = \sum_{j=1}^l D_j$ を既約成分への分解とする．(4.2.12)での記法にしたがい D および D_j のきめる正則直線束を $[D], [D_j]$ で表わす．このとき $\sigma \in \Gamma(M, [D])$, $\sigma_j \in \Gamma(M, [D_j])$ が存在して

$$(\sigma) = D, \quad (\sigma_j) = D_j,$$
$$[D] = [D_1] \otimes \cdots \otimes [D_l],$$
$$\sigma = \sigma_1 \otimes \cdots \otimes \sigma_l$$

となる．

(5.4.1) **補題** $c_1([D]) + c_1(K(M)) > 0$ ならば，C^∞ 級体積要素 Ω と正則直

線束 $[D], [D_j]$ に Hermite 計量 H, H_j が存在して，$\|\sigma\|^2 = H(\sigma, \sigma)$, $\|\sigma_j\|^2 = H_j(\sigma_j, \sigma_j)$ とおくとき

(5.4.2) $$\Psi = \frac{\Omega}{\prod_{j=1}^{l} \|\sigma_j\|^2 (\log \|\sigma_j\|^2)^2}$$

が $M-D$ 上でつぎを満たすようにできる：

(i) $-\operatorname{Ric} \Psi > 0$.

(ii) $(-\operatorname{Ric} \Psi)^m \geqq \Psi$.

(iii) $\int_{M-D} (-\operatorname{Ric} \Psi)^m < \infty$.

証明 $c_1([D]) + c_1(K(M)) > 0$ であるから，$[D]$ 上の Hermite 計量 H と M 上の体積要素 Ω が存在して

$$\omega_0 = \omega - \operatorname{Ric} \Omega > 0$$

となるようにできる．ただし ω は $\{[D], H\}$ の Chern 型式である．このとき各 $[D_j]$ に Hermite 計量 H_j を適当にとれば

$$\|\sigma\| = \|\sigma_1\| \cdots \|\sigma_l\|,$$
$$\omega = \omega_1 + \cdots + \omega_l$$

が成り立つ．ただし，ここで ω_j は $\{[D_j], H_j\}$ の Chern 型式である．いま $0 < \delta < 1$ を定数とし，以下できめていくものとする．各 Hermite 計量を正数倍することにより，$\|\sigma_j\| \leqq \delta$ となっているとしてよい．(5.4.2) より $M-D$ 上で，

(5.4.3) $$-\operatorname{Ric} \Psi = \omega - \operatorname{Ric} \Omega - \sum_{j=1}^{l} dd^c \log (\log \|\sigma_j\|^2)^2$$

となる．ところで

(5.4.4)
$$-dd^c \log(\log \|\sigma_j\|^2)^2 = \frac{-2 dd^c \log \|\sigma_j\|^2}{\log \|\sigma_j\|^2} + \frac{2 d \log \|\sigma_j\|^2 \wedge d^c \log \|\sigma_j\|^2}{(\log \|\sigma_j\|^2)^2}$$
$$= \frac{2\omega_j}{\log \|\sigma_j\|^2} + \frac{2 d \log \|\sigma_j\|^2 \wedge d^c \log \|\sigma_j\|^2}{(\log \|\sigma_j\|^2)^2}$$

である．$\omega_j / \log \|\sigma_j\|^2$ は連続であるから，δ を十分小さくとっておけば，正の定数 C_1 が存在して，M 上で

(5.4.5) $$\omega_0 - 2 \sum_{j=1}^{l} \frac{\omega_j}{\log \|\sigma_j\|^2} \geqq C_1 \omega_0$$

となる.また

$$d\log\|\sigma_j\|^2 \wedge d^c \log\|\sigma_j\|^2 = \frac{i}{2\pi}\partial\log\|\sigma_j\|^2 \wedge \overline{\partial\log\|\sigma_j\|^2} \geqq 0$$

であるから,(5.4.3)〜(5.4.5)より

(5.4.6) $\quad -\mathrm{Ric}\,\Psi \geqq C_1\omega_0 + 2\sum_{j=1}^{l}\dfrac{d\log\|\sigma_j\|^2 \wedge d^c\log\|\sigma_j\|^2}{(\log\|\sigma_j\|^2)^2} > 0$

となる.したがって主張(i)が証明された.つぎに任意の点 $x \in D$ の近傍で考える. x を含む D の既約成分が $D_1, \cdots, D_k$ であったとする. x のまわりの正則局所座標系 $(U,(z^1,\cdots,z^m))$ を $x=(0,\cdots,0)$ かつ

$$U \cap D = U \cap \left(\bigcup_{j=1}^{k} D_j\right), \quad U \cap D_j = \{(z^1,\cdots,z^m)\in U;\ z^j=0\} \quad (1\leqq j\leqq k)$$

となるようにとる. U 上の C^∞ 級関数 $b_j > 0$ が存在して,

(5.4.7) $\quad\quad\quad \log\|\sigma_j\|^2 = \log b_j + \log|z^j|^2$

となっている.したがって U 上で

(5.4.8) $\quad d\log\|\sigma_j\|^2 \wedge d^c\log\|\sigma_j\|^2 = \dfrac{i}{2\pi}\left(\dfrac{dz^j \wedge d\bar{z}^j}{|z^j|^2} + \rho_j\right)$

となる.ここで

$$\rho_j = \frac{\partial b_j \wedge \bar{\partial} b_j}{b_j^2} + \frac{\partial b_j \wedge d\bar{z}^j}{b_j \bar{z}^j} + \frac{dz^j \wedge \overline{\partial b_j}}{b_j z^j}$$

とおいた. $|z^j|^2 \rho_j$ は U 上の C^∞ 級微分形式であり, D_j 上で 0 になることに注意する.(5.4.6)と(5.4.8)より $\omega_0 > 0$ に注意して

(5.4.9) $\quad (-\mathrm{Ric}\,\Psi)^m \geqq \left(C_1\omega_0 + 2\sum_{j=1}^{k}\dfrac{d\log\|\sigma_j\|^2 \wedge d^c\log\|\sigma_j\|^2}{(\log\|\sigma_j\|^2)^2}\right)^m$

$\quad\quad\quad\quad\quad\quad\quad = \left(C_1\omega_0 + \dfrac{i}{2\pi}\sum_{j=1}^{k}\dfrac{dz^j \wedge d\bar{z}^j + |z^j|^2 \rho_j}{|z^j|^2(\log\|\sigma_j\|^2)^2}\right)^m$

$\quad\quad\quad\quad\quad\quad\quad = C_2(i)^m \dfrac{dz^1 \wedge d\bar{z}^1 \wedge \cdots \wedge dz^m \wedge d\bar{z}^m + \Lambda}{\prod_{j=1}^{k}|z^j|^2(\log\|\sigma_j\|^2)^2}$

となる. C_2 は m のみによる正定数で, Λ は連続な (m,m) 型式で $\Lambda(x)=0$ である.したがって x の近傍 $U' \subset U$ を十分小さくとれば, U に依存してきまる正の定数 C_4 が存在して, $U' - D$ 上で

(5.4.10) $\quad\quad\quad\quad (-\mathrm{Ric}\,\Psi)^m \geqq C_4 \Psi$

となる. D はコンパクトであるから,結局 D の近傍 V と正の定数 C_5 が存在

して，$V-D$ 上で
$$(-\mathrm{Ric}\,\Psi)^m \geqq C_5 \Psi$$
が成り立つ．一方，$M-V$ 上では，(5.4.6) より $-\mathrm{Ric}\,\Psi \geqq C_1\omega_0 > 0$ であるから，必要ならば C_5 をさらに小さくとることにより，$M-D$ 上で
$$(-\mathrm{Ric}\,\Psi)^m \geqq C_5 \Psi$$
が成り立つ．したがって，あらたに $C_5\Omega$ を Ω ととり直すことによって(ii)を得る．(iii)については，(5.4.3), (5.4.4), (5.4.7), (5.4.8) より，つぎのことを確認すればよい：$w \in \mathbf{C}$ を変数として
$$\int_{\{|w|\leq 1/2\}} \frac{\frac{i}{2}dw \wedge d\bar{w}}{|w|^2 (\log|w|^2)^2} < \infty.$$
これは
$$\int_0^{1/2} \frac{dt}{t(\log t)^2} < \infty$$
なる事実よりでる．∎

補題 (5.4.1) の (ii) は，$\dim M=1$ のとき，Ψ できまる Hermite 計量の Gauss 曲率が -1 以下であることを意味し，以下において本質的な役割を果たす．

さて $f: \mathbf{C}^m \xrightarrow[\mathrm{mero}]{} M$ ($m=\dim M$) を有理型写像とする．便宜上 $W=\mathbf{C}^m-I(f)$, $f_0=f|W$ とおく．そうすれば $f_0: W \to M$ は正則写像である．f がある点 $z \in W$ で，その微分 df の階数 (rank) が m になるとき，つまり $\mathrm{rank}\,f = \dim M$ のとき f は非退化といい，そうでないとき f は退化しているという．

以下つぎの状況で議論を進めていく．

(5.4.11) $\begin{cases} \text{(i)} & f: \mathbf{C}^m \xrightarrow[\mathrm{mero}]{} M\,(m=\dim M) \text{ は非退化な有理型写像とする．} \\ \text{(ii)} & D \subset M \text{ は，単純正規交叉的な解析的超曲面とする．} \end{cases}$

(i) の仮定より $f(\mathbf{C}^m) \not\subset \mathrm{supp}\,D$ である．$f_0 = f|(\mathbf{C}^m - I(f))$ とおく．記号 Ω, Ψ 等は補題(5.4.1)のものとする．また第3章の§2の(ハ)の記法をそのまま用いる．

$$f_0^*\Omega = a(z)\alpha^m, \quad f_0^*\Psi = \xi(z)\alpha^m$$

とおく．(5.4.2) より W 上で

(5.4.12) $$\xi = \frac{a}{\displaystyle\prod_{j=1}^{l} \|\sigma_j \circ f_0\|^2 (\log \|\sigma_j \circ f_0\|^2)^2}$$

§4 第2主要定理

となる．$J(f_0)=\det(df_0)$ で f_0 のヤコビアンを表わすとする．codim $I(f)\geqq 2$ であることより，W 上の正因子 $(J(f_0))$ は $\mathbf{C}^m$ 上の正因子 (R_f と書く) に一意的に拡張される (第4章§5の (ハ) 参照)．また第4章の§5, (ハ) によって $\mathbf{C}^m$ 上の正因子 f^*D も定義できる．また $f_0^*(-\mathrm{Ric}\,\Psi)$ は $\mathbf{C}^m-I(f)$ 上で定義されている．$I(f)$ は測度 0 の閉集合であるから，これを $\mathbf{C}^m$ 上の Borel 可測な $(1,1)$ 型の微分型式と考える．以後 $f_0^*(-\mathrm{Ric}\,\Psi)$ のかわりに $f^*(-\mathrm{Ric}\,\Psi)$ と書くことにする．関数 ξ, a 等についても同様に $\mathbf{C}^m$ 上の Borel 可測関数と考える．

(5.4.13) **補題** (i) $\log\xi \in \mathcal{L}_{\mathrm{loc}}(\mathbf{C}^m)$ である．

(ii) $f^*(-\mathrm{Ric}\,\Psi)\in\mathcal{L}^{(1,1)}{}_{\mathrm{loc}}(\mathbf{C}^m)$ であり，カレント $[f^*(-\mathrm{Ric}\,\Psi)]$ は正の閉カレントである．

(iii) $\mathbf{C}^m$ 上のカレントとして，

$$(5.4.14) \qquad dd^c[\log\xi] = [f^*(-\mathrm{Ric}\,\Psi)] - f^*D + R_f$$

が成り立つ．

証明 $S=I(f)\cup S(\mathrm{supp}\,f^*D)$ とおく．codim $S\geqq 2$ である．まず $\mathbf{C}^m-S$ 上で主張 (i), (ii) と (iii) を証明しよう．任意に点 $z_0\in\mathbf{C}^m-S$ をとる．$(U, (w^1, \cdots, w^m))$ を点 $f(z_0)$ のまわりの M の正則局所座標系とする．

$$\Omega|U = b(w)\bigwedge_{j=1}^m\left(\frac{i}{2}dw^j\wedge d\overline{w}^j\right)$$

とおくと，$b(w)\in\mathcal{E}(U), b(w)>0$ である．z_0 の近傍 $V\subset\mathbf{C}^m-S$ を $f(V)\subset U$ ととれば，V 上で

$$(5.4.15)\qquad \xi(z) = \frac{b(f(z))|J(f)(z)|^2}{\prod_{j=1}^l \|\sigma_j\circ f(z)\|^2(\log\|\sigma_j\circ f(z)\|^2)^2}$$

が成り立つ．ここで $J(f)=\det(\partial w^j\circ f/\partial z^k)$ である．また (5.2.17) によって $\log\|\sigma_j\circ f(z)\|^2\in\mathcal{L}_{\mathrm{loc}}(\mathbf{C}^m)$ がわかる．補題 (5.4.1) の証明中で，$0<\delta<1$ があって，

$$(5.4.16)\qquad \|\sigma_j\| < \delta \qquad (1\leqq j\leqq l)$$

となっていた．測度正のコンパクト集合 $K\subset\mathbf{C}^m$ に対し (5.4.16) と $\log$ の凹性を用いて

$$-\infty < \log(\log\delta^2)^2\int_K\alpha^m \leqq \int_K\log(\log\|\sigma_j\circ f\|^2)^2\alpha^m$$
$$\leqq 2\left(\int_K\alpha^m\right)\log\left(\int_K\log\|\sigma_j\circ f\|^{-2}\alpha^m\bigg/\int_K\alpha^m\right) < \infty$$

となる. よって $\log(\log\|\sigma_j\circ f\|^2)^2 \in \mathcal{L}_{\text{loc}}(C^m)$ となる. 以上よりつぎが示された:

(5.4.17) $\quad\begin{cases} \log \xi \in \mathcal{L}_{\text{loc}}(C^m-S), \\ \log(\log\|\sigma_j\circ f\|^2)^2 \in \mathcal{L}_{\text{loc}}(C^m) \qquad (1\leq j\leq l). \end{cases}$

C^m-S 上, (5.4.15) と定理(5.1.13), (5.4.14) より次式を得る:

(5.4.18) $\quad dd^c[\log \xi] = [f^*\omega - f^*\text{Ric}\,\Omega] - f^*D + R_f$
$$-\sum_{j=1}^{l} dd^c[\log(\log\|\sigma_j\circ f\|^2)^2].$$

さて, ここでつぎのことを示そう: $j=1, 2, \cdots, l$ について,

(5.4.19) $\quad\begin{cases} \text{(i)} \quad dd^c \log(\log\|\sigma_j\circ f\|^2)^2 \in \mathcal{L}^{(1,1)}{}_{\text{loc}}(C^m-S). \\ \text{(ii)} \quad C^m-S \text{ 上}; dd^c[\log(\log\|\sigma_j\circ f\|^2)^2] \\ \qquad = [dd^c \log(\log\|\sigma_j\circ f\|^2)^2] \text{ が成立する.} \end{cases}$

任意に点 $z_0 \in C^m-S$ をとる. $C^m-(S \cup \text{supp}\,f^*D_j)$ では, 上記(i), (ii) の成立することは明らかであるから, $z_0 \in \text{supp}\,f^*D_j$ とする. $z_0 \notin S$ より, $z_0 \notin S(\text{supp}\,f^*D_j)$ である. z_0 のまわりの C^m-S における正則局所座標近傍 $(V, \phi, B(1)^m)$ を $\phi(z_0)=0$ ととり, $\phi=(x^1, \cdots, x^m)$ とおくとき,
$$\text{supp}\,f^*D_j \cap V = \{(x^1, \cdots, x^m); x^1=0\}$$
となるようにとる. このとき自然数 k と, 正値実関数 $B \in C^\infty(V)$ が存在して, V 上で

(5.4.20) $\quad \|\sigma_j\circ f(x)\|^2 = |x^1|^{2k}B(x)$

と書ける. これより直接計算で V 上 $dd^c\log(\log\|\sigma_j\circ f\|^2)^2$ の係数は
$$\frac{A}{|x^1|^2(\log|x^1|^2)^2} \qquad (A \in \mathcal{C}(V))$$
の型で書かれることがわかる. よって(5.4.19), (i) が示された. (ii)を示すために, 任意に $\phi \in \mathcal{D}^{(m-1, m-1)}(V)$ をとる. (5.4.20) と Stokes の定理を使い計算してゆく:

(5.4.21) $\quad\displaystyle\int \log(\log\|\sigma_j\circ f\|^2)^2 dd^c\phi = \lim_{\varepsilon\to 0}\left\{\int_{\{|x^1|\geq \varepsilon\}} d(\log(\log|x^1|^{2k}B)^2 \wedge d^c\phi)\right.$
$$\left. -\int_{\{|x^1|\geq \varepsilon\}} d\log(\log|x^1|^{2k}B)^2 \wedge d^c\phi\right\}$$
$$=\lim_{\varepsilon\to 0}\left\{-\int_{\{|x^1|=\varepsilon\}} \log(\log \varepsilon^{2k}B)^2 d^c\phi\right.$$

§4 第2主要定理

$$+\int_{\{|x^1|\geq\varepsilon\}} d^c\log(\log|x^1|^{2k}B)^2 \wedge d\phi\Big\}$$

$$=\lim_{\varepsilon\to 0}\Big\{O(\varepsilon\log(\log\varepsilon)^2) - \int_{\{|x^1|\geq\varepsilon\}} d(d^c\log(\log|x^1|^{2k}B)^2\wedge\phi)$$

$$+\int_{\{|x^1|\geq\varepsilon\}} dd^c\log(\log|x^1|^{2k}B)^2\wedge\phi\Big\}$$

$$=\lim_{\varepsilon\to 0}\Big\{\int_{\{|x^1|=\varepsilon\}} d^c\log(\log|x^1|^{2k}B)^2\wedge\phi$$

$$+\int_{\{|x^1|\geq\varepsilon\}} dd^c\log(\log|x^1|^{2k}B)^2\wedge\phi\Big\}.$$

ここで $x^1=re^{i\theta}$ とおくと，$\{|x^1|=r\}$ 上で

$$d^c = \frac{r}{4\pi}\frac{\partial}{\partial r}d\theta + d_{x'}{}^c$$

となる．ただし $x'=(x^2,\cdots,x^m)$ で $d_{x'}{}^c$ は変数 $x^2,\bar{x}^2,\cdots,x^m,\bar{x}^m$ に関する d^c 微分を表わす．したがって

$$\left|\int_{\{|x^1|=\varepsilon\}} d^c\log(\log|x^1|^{2k}B)^2\wedge\phi\right| = \left|\int_{\{|x^1|=\varepsilon\}}\left(\frac{1}{\log\varepsilon}\frac{1}{2\pi}d\theta + 2d^c\log B\right)\wedge\phi\right|$$

$$= O\Big(\frac{1}{|\log\varepsilon|}\Big)$$

となる．これと (5.4.21) と (5.4.19), (i) より

$$\int\log(\log\|\sigma_j\circ f\|^2)^2 dd^c\phi = \int dd^c\log(\log\|\sigma_j\circ f\|^2)^2\wedge\phi$$

となり，(5.4.19), (ii) が示された．

C^m-S 上で

$$f^*(-\mathrm{Ric}\,\Psi) = f^*\omega - f^*\mathrm{Ric}\,\Omega - \sum_{j=1}^{l} dd^c\log(\log\|\sigma_j\circ f\|^2)^2$$

であるから，(5.4.18) と (5.4.19) より，(5.4.14) が C^m-S 上で成り立つことが示された．

C^m 上の正則関数 F を $(F)=f^*D$ となるようにとる．すると C^m-S 上で

$$dd^c[\log(\xi|F|^2)] = [f^*(-\mathrm{Ric}\,\Psi)] + R_f$$

となり，補題(5.4.1), (i) よりこの右辺は正カレントである．codim $S\geq 2$ であるから，定理(3.3.41) より $\log(\xi|F|^2)$ は C^m 上の多重劣調和関数 ξ_1 に一意的に拡張される．$\xi_2=\log|F|^2$ ももちろん C^m 上の多重劣調和関数で，C^m 上で

(5.4.22) $$\log\xi = \xi_1 - \xi_2$$
となる．したがって $\log\xi \in \mathcal{L}_{\mathrm{loc}}(C^m)$ となり (i) が示された．(5.4.22) と $C^m - S$ 上で (5.4.14) が成立していることと，命題 (5.1.10) および補題 (5.1.14) を適用すると (ii) がわかり，そして C^m 全体の上で (5.4.14) が成り立つ．∎

上記証明中の，(5.4.22) によって，つぎを得る：
(5.4.23) **系** C^m 上の多重劣調和関数 ξ_1, ξ_2 が存在して，
$$\log\xi = \xi_1 - \xi_2$$
と表わせる．

(5.4.24) **補題** つぎの不等式
$$\xi^{1/m}\alpha^m \leqq f^*(-\mathrm{Ric}\,\Psi)\wedge\alpha^{m-1}$$
が C^m 上で成り立つ．とくに $\xi^{1/m}\in\mathcal{L}_{\mathrm{loc}}(C^m)$ である．

証明 まず補題 (5.4.13) の (ii) と補題 (5.4.1) の (i) より，
$$f^*(-\mathrm{Ric}\,\Psi) = \frac{i}{2\pi}\sum_{j,k=1}^{m} A_{j\bar k}dz^j\wedge d\bar z^k$$
とおけば，$A_{j\bar k}\in\mathcal{L}_{\mathrm{loc}}(C^m)$ で，かつほとんどすべての点 $x\in C^m$ で $(A_{j\bar k}(x))$ は半正定値 Hermite 行列である．よく知られているように
$$\{\det(A_{j\bar k}(x))\}^{1/m} \leqq \mathrm{Trace}(A_{j\bar k}(x))/m$$
となることに注意しておく．補題 (5.4.1) の (ii) より
$$\xi\alpha^m = f^*\Psi \leqq (f^*(-\mathrm{Ric}\,\Psi))^m = \det(A_{j\bar k})\alpha^m$$
である．すなわち $\xi \leqq \det(A_{j\bar k})$ である．一方で
$$f^*(-\mathrm{Ric}\,\Psi)\wedge\alpha^{m-1} = \frac{1}{m}\mathrm{Trace}(A_{j\bar k})\alpha^m \geqq (\det(A_{j\bar k}))^{1/m}\alpha^m \geqq \xi^{1/m}\alpha^m$$
である．$0\leqq \xi^{1/m}\leqq \frac{1}{m}\sum A_{j\bar j}$ より，$\xi^{1/m}\in\mathcal{L}_{\mathrm{loc}}(C^m)$ となる．∎

(5.4.25) **補題** (i) $\sum_{j=1}^{l}\log(\log\|\sigma_j\circ f\|^2)^2$ は多重劣調和関数の差で表わされる．

(ii) $dd^c\sum\log(\log\|\sigma_j\circ f\|^2)^2 \in \mathcal{L}^{(1,1)}_{\mathrm{loc}}(C^m)$ で，C^m 上
$$dd^c\left[\sum_{j=1}^{l}\log(\log\|\sigma_j\circ f\|^2)^2\right] = \left[dd^c\sum_{j=1}^{l}\log(\log\|\sigma_j\circ f\|^2)^2\right]$$
が成り立つ．

証明 (5.4.22) の記号をそのまま使うことにする．C^m 上の正則関数 F を $f^*D = (F)$ となるようにとり，

§4 第2主要定理

$$\xi_2 = \log |F|^2, \quad \xi_3 = \log \frac{|F|^2 a}{\prod_{j=1}^{l} \|\sigma_j \circ f\|^2}$$

とおく。$\xi_3 \in \mathscr{L}_{\mathrm{loc}}(\boldsymbol{C}^m - I(f))$ であり，$\boldsymbol{C}^m - I(f)$ 上で

$$dd^c[\xi_3] = dd^c[\log a] + dd^c[\log |F|^2] - dd^c\left[\sum_{j=1}^{l}\log\|\sigma_j \circ f\|^2\right]$$
$$= [f^*(-\mathrm{Ric}\,\Omega)] + R_f + f^*D + [f^*\omega] - f^*D$$
$$= [f^*(-\mathrm{Ric}\,\Omega + \omega)] + R_f$$

となる．仮定より $-\mathrm{Ric}\,\Omega + \omega > 0$ であるから，$dd^c[\xi_3] \geqq 0$ を得る．すなわち ξ_3 は $\boldsymbol{C}^m - I(f)$ 上の多重劣調和関数である．定理(3.3.41)より $\xi_3 \in \mathscr{L}_{\mathrm{loc}}(\boldsymbol{C}^m)$ で，ξ_3 は $\boldsymbol{C}^m$ 上の多重劣調和関数になる．さて

$$\sum_{j=1}^{l}\log(\log\|\sigma_j \circ f\|^2)^2 = \xi_3 - \xi_2 - \log \xi$$

であるから，系(5.4.23)に注意すれば，(i)を得る．$\boldsymbol{C}^m - S$ 上では(5.4.19)により(ii)は成立している．このことと(i)と補題(5.1.14)から codim $S \geqq 2$ を考慮して $\boldsymbol{C}^m$ 上で(ii)が成立していることがわかる． ∎

つぎの定理は，この節の主目的である．

(5.4.26) **定理(第2主要定理)** M を m 次元複素射影的代数多様体とし，$f: \boldsymbol{C}^m \xrightarrow{\mathrm{mero}} M$ を非退化な有理型写像，D を M 上の解析的超曲面で単純正規交叉的かつ $c_1(\boldsymbol{K}(M)) + c_1([D]) > 0$ とする．任意の $0 < \varepsilon < 1$ に対して，

$$T_f(r; \boldsymbol{K}(M)) + T_f(r; [D])$$
$$\leqq N(r; f^*D) - N(r; R_f) + \frac{m(2m-1)\varepsilon \log r}{2}$$
$$+ O(\log^+\{T_f(r; \boldsymbol{K}(M)) + T_f(r; [D])\}) + O(1)\|_{E(\varepsilon)}$$

となる．ここで $O(*)$ は r, ε によらない評価で，"$\|_{E(\varepsilon)}$" とは，$E(\varepsilon)$ は $[1, \infty)$ の長さ有限な Borel 集合で $r \notin E(\varepsilon)$ に対し不等式の成立することを意味する．

証明 (5.4.12)の ξ をとる．補題(5.4.13)，系(5.4.23)と補題(3.3.37)より，

$$(5.4.27)\quad \frac{1}{2}\int_{\Gamma(r)}(\log \xi)\eta - \frac{1}{2}\int_{\Gamma(1)}(\log \xi)\eta$$
$$= \int_1^r \frac{\langle [f^*(-\mathrm{Ric}\,\Psi)] \wedge \alpha^{m-1}, \chi_{B(t)}\rangle}{t^{2m-1}} dt - N(r; f^*D) + N(r; R_f)$$

となる．一方，$\boldsymbol{C}^m - (I(f) \cup \mathrm{supp}\, f^*D)$ 上で

第5章 Nevanlinna の理論

$$f^*(-\operatorname{Ric}\Psi) = f^*(-\operatorname{Ric}\Omega) + f^*\omega - \sum_{j=1}^{l} dd^c \log(\log\|\sigma_j \circ f\|^2)^2$$

となるが，補題(5.2.1)，補題(5.4.25) より C^m 上のカレントとして，

(5.4.28)　　$[f^*(-\operatorname{Ric}\Psi)]$
$$= [f^*(-\operatorname{Ric}\Omega)] + [f^*\omega] - dd^c\left[\sum_{j=1}^{l} \log(\log\|\sigma_j \circ f\|^2)^2\right]$$

を得る．(5.4.27) と (5.4.28) を使って証明をする．便宜上

$$\mu(r) = \frac{1}{2}\int_{\Gamma(r)} (\log\xi)\eta,$$

$$U(r) = \int_1^r \frac{\langle [f^*(-\operatorname{Ric}\Psi)] \wedge \alpha^{m-1}, \chi_{B(t)}\rangle}{t^{2m-1}} dt$$

とおく．(5.4.27) より

(5.4.29)　　$U(r) = N(r; f^*D) - N(r; R_f) + \mu(r) - \mu(1)$

となる．まずつぎの評価式を証明しよう：

(5.4.30)　　$T_f(r; K(M)) + T_f(r; [D]) \leqq U(r) + O(1)$
$$\leqq T_f(r; K(M)) + T_f(r; [D]) + l\log^+(T_f(r; K(M))$$
$$+ T_f(r; [D])) + O(1).$$

実際(5.4.28)，(5.4.14)，(5.4.27) と補題(3.3.37) を用いて

(5.4.31)　　$U(r) = T_f(r; K(M)) + T_f(r; [D]) + O(1)$
$$- \int_1^r \frac{\left\langle dd^c\left[\sum_{j=1}^{l}\log(\log\|\sigma_j \circ f\|^2)^2\right] \wedge \alpha^{m-1}, \chi_{B(t)}\right\rangle}{t^{2m-1}} dt$$
$$= T_f(r; K(M)) + T_f(r; [D])$$
$$+ \int_{\Gamma(r)} \left(\sum_{j=1}^{l}\log\left|\frac{1}{\log\|\sigma_j \circ f\|^2}\right|\right)\eta + O(1)$$

を得る．$0 \leqq \|\sigma_j\| < \delta < 1$ になっていたから，$\log(\log(1/\|\sigma_j\|^2)) \geqq 0$ となる．これと log が凹関数であることを使い，計算を進めるとつぎを得る：

(5.4.32)　　$O(1) \leqq \int_{\Gamma(r)}\sum_{j=1}^{l}\left(\log\log\frac{1}{\|\sigma_j \circ f\|^2}\right)\eta + O(1)$
$$\leqq \sum_{j=1}^{l}\log\left(\int_{\Gamma(r)} \log\frac{1}{\|\sigma_j \circ f\|^2}\eta\right) + O(1)$$
$$\leqq \sum_{j=1}^{l}\log(m_f(r; D_j)) + O(1)$$

§4 第2主要定理

$$\leq \sum_{j=1}^{l} \log^+ T_f(r; [D_j]) + O(1) \quad (\because \text{定理}(5.2.18)).$$

一方で $c_1(K(M))+c_1([D])>0$ より，十分に大きな正の整数 k をとれば，$\omega_i < k(-\text{Ric}\,\Omega+\omega)$ となるから，

(5.4.33) $\log^+ T_f(r; [D_j]) \leq \log^+\{T_f(r; K(M))+T_f(r; [D])\}+O(1)$

となる．(5.4.31)，(5.4.32) と (5.4.33) より (5.4.30) が証明される．

つぎに $\mu(r)$ について下記の評価を証明しよう：$\varepsilon>0$ を固定した定数とするとき，

(5.4.34) $\quad \mu(r) \leq \dfrac{m(2m-1)}{2}\varepsilon\log r + \dfrac{m(1+\varepsilon)^2}{2}\log U(r)\|_{E(\varepsilon)}$

となる．まずつぎの準備をする．

(5.4.35) **補題** $h(r)>0$，$r\geq 1$ を単調増加な関数とする．ほとんどすべての点で $h(r)$ は可微分になり，$\delta>0$ に対し

$$\frac{d}{dr}h(r) \leq (h(r))^{1+\delta}\|_{E(\delta)}$$

となる．

証明 $E(\delta)=\{r\geq 1; dh(r)/dr > h(r)^{1+\delta}\}$ とおく．そうすれば

$$\int_{E(\delta)} dr \leq \int_{E(\delta)} \frac{dh(r)}{h(r)^{1+\delta}} \leq \int_1^\infty \frac{dh(r)}{h(r)^{1+\delta}} = \left[-\frac{1}{\delta}h(r)^{-\delta}\right]_1^\infty \leq \frac{h(1)}{\delta}$$

である．∎

さて $\mu(r)$ の評価に移ろう．補題 (5.4.24) によって，$\xi^{1/m}\in\mathscr{L}_{\text{loc}}(C^m)$ である．$\log$ の凹性を使って

$$\mu(r) = \frac{m}{2}\int_{\Gamma(r)}\log\xi^{1/m}\eta \leq \frac{m}{2}\log\left\{\int_{\Gamma(r)}\xi^{1/m}\eta\right\}$$
$$= \frac{m}{2}\log\left(r^{1-2m}\frac{1}{2m}\frac{d}{dr}\int_{B(r)}\xi^{1/m}\alpha^m\right)$$

である．ここで $h(r)=\displaystyle\int_{B(r)}\xi^{1/m}\alpha^m$ とおいて補題 (5.4.35) を適用すると，

$$\mu(r) \leq \frac{m}{2}\log\left\{\frac{r^{1-2m}}{2m}\left(\int_{B(r)}\xi^{1/m}\alpha^m\right)^{1+\varepsilon}\right\}\Big\|_{E_1(\varepsilon)}$$

となる．これと補題 (5.4.24) によって，

(5.4.36) $\quad \mu(r) \leq \dfrac{m}{2}\log\left\{\dfrac{r^{1-2m}}{2m}\left(\displaystyle\int_{B(r)} f^*(-\text{Ric}\,\Psi)\wedge\alpha^{m-1}\right)^{1+\varepsilon}\right\}\Big\|_{E_1(\varepsilon)}$

$$= \frac{m}{2}\log\Bigl\{\frac{r^{1-2m}}{2m}\Bigl(r^{2m-1}\frac{d}{dr}\int_1^r\frac{dt}{t^{2m-1}}\int_{B(t)}f^*(-\mathrm{Ric}\,\Psi)$$
$$\wedge\alpha^{m-1}\Bigr)^{1+\varepsilon}\Bigr\}\Bigr\|_{E_1(\varepsilon)}$$

である．ふたたび補題(5.4.35)を使うと

(5.4.37) $\displaystyle\frac{d}{dr}\int_1^r\frac{dt}{t^{2m-1}}\int_{B(t)}f^*(-\mathrm{Ric}\,\Psi)\wedge\alpha^{m-1}$
$$\leqq \Bigl(\int_1^r\frac{dt}{t^{2m-1}}\int_{B(t)}f^*(-\mathrm{Ric}\,\Psi)\wedge\alpha^{m-1}\Bigr)^{1+\varepsilon}\Bigr\|_{E_2(\varepsilon)}$$

を得る．$E(\varepsilon)=E_1(\varepsilon)\cup E_2(\varepsilon)$ とおくと，(5.4.36)と(5.4.37)によって，

$$\mu(r)\leqq \frac{m}{2}\log\Bigl\{\frac{r^{(2m-1)\varepsilon}}{2m}\Bigl(\int_1^r\frac{\langle[f^*(-\mathrm{Ric}\,\Psi)\wedge\alpha^{m-1}],\chi_{B(t)}\rangle}{t^{2m-1}}dt\Bigr)^{(1+\varepsilon)^2}\Bigr\}\Bigr\|_{E(\varepsilon)}$$
$$\leqq \frac{m(2m-1)}{2}\varepsilon\log r+\frac{m}{2}(1+\varepsilon)^2\log U(r)\|_{E(\varepsilon)}$$

となり，(5.4.34)を得る．(5.4.30)より，

(5.4.38) $\log U(r)\leqq \log^+\{T_f(r;K(M))+T_f(r;[D])\}+O(1)$.

(5.4.29), (5.4.30), (5.4.34), (5.4.38)より，我々の第2主要定理を得る．∎

さて有理型写像 $f\colon \boldsymbol{C}^m\xrightarrow[\mathrm{mero}]{}M$, 解析的超曲面 $D=\sum_{j=1}^l D_j$ は，いままで通り仮定(5.4.11)を満たしているとし，さらにつぎも仮定する：

(5.4.39) $H^{1,1}(M,\boldsymbol{R})$ の元として $c_1([D_1])=\cdots=c_1([D_l])>0$ である．

便宜上 $\gamma=c_1([D_j])(1\leqq j\leqq l)$ とおく．また正の(1,1)型の実閉微分型式 ω_0 を $\gamma=\{\omega_0\}$ となるように，一つ固定しておく．ここで

$$\Bigl[\frac{c_1(K(M)^{-1})}{\gamma}\Bigr]=\inf\{a\in\boldsymbol{R};\,a\gamma+c_1(K(M))>0\}$$

とおく．補題(5.3.18)と $f(\boldsymbol{C}^m)\not\subset\mathrm{supp}\,D$ に注意すれば，(5.3.13)により欠除指数 $\delta_f(D_j)$ が

(5.4.40) $\displaystyle\delta_f(D_j)=1-\varlimsup_{r\to\infty}\frac{N(r;f^*D_j)}{T_f(r;[D_j])}=1-\varlimsup_{r\to\infty}\frac{N(r;f^*D_j)}{T_f(r;\omega_0)}$

で定義された．さらに

$$\Theta_f(D_j)=1-\varlimsup_{r\to\infty}\frac{N(r;\mathrm{supp}\,f^*D_j)}{T_f(r;[D_j])}$$

も定義できる．もちろん

§4 第2主要定理

(5.4.41) $$0 \leqq \delta_f(D_j) \leqq \Theta_f(D_j) \leqq 1$$

が成り立つ．第2主要定理のもっとも重要な帰結の一つは，つぎの結果である．

(5.4.42) **系**（欠除指数関係式） 仮定(5.4.11), (5.4.39)のもとにつぎの不等式が成立する：

(i) $\displaystyle\sum_{j=1}^{l}\delta_f(D_j) \leqq \left[\frac{c_1(K(M)^{-1})}{\gamma}\right] - \varlimsup_{r\to\infty}\frac{N(r;\,R_f)}{T_f(r;\,\omega_0)}.$

(ii) $\displaystyle\sum_{j=1}^{l}\delta_f(D_j) \leqq \sum_{i=1}^{l}\Theta_f(D_j) \leqq \left[\frac{c_1(K(M)^{-1})}{\gamma}\right].$

証明 整数 $l_0 \geqq 0$ をつぎのように一つ定めておく．まず $l > [c_1(K(M)^{-1})/\gamma]$ のときは $l_0 = 0$ とおく．$l \leqq [c_1(K(M)^{-1})/\gamma]$ のとき，$[l_0 D_1]$ が十分に豊富であり $l + l_0 > [c_1(K(M)^{-1})/\gamma]$ となるように選んでおく（定理(2.1.18)を参照）．このとき $D_{l+1} \in |l_0 D_1|$ を適当に選んで $\sum_{j=1}^{l+1} D_j$ が単純正規交叉的になるようにする．以下

$$p = \begin{cases} l, & l_0 = 0 \text{ のとき,} \\ l+1, & l_0 > 0 \text{ のとき,} \end{cases}$$

とおく．このとき $c_1(K(M)) + c_1\left(\sum_{j=1}^{p} D_j\right) = c_1(K(M)) + (l+l_0)\gamma > 0$ であるから，定理(5.4.26)によって，

(5.4.43) $T_f(r;\,K(M)) + (l+l_0)T_f(r;\,\omega_0) \leqq \displaystyle\sum_{j=1}^{p} N(r;\,f^*D_j) - N(r;\,R_f)$
$$+ \frac{m(2m-1)\varepsilon \log r}{2} + O(\log^+\{T_f(r;\,K(M)) + T_f(r;\,[D])\})$$
$$+ O(1)\|_{E(\varepsilon)}$$

を得る．M のコンパクト性と $\omega_0 > 0$ とにより，十分に大きな実数 a をとれば $c_1(K(M) \otimes [D]) < a\{\omega_0\}$ となり，

(5.4.44) $$T_f(r;\,K(M)) + T_f(r;\,[D]) < aT_f(r;\,\omega_0)$$

となる．系(5.2.16)または，定理(5.2.18)の(ii)によって

(5.4.45) $$N(r;\,f^*D_{l+1}) \leqq l_0 T_f(r;\,\omega_0) + O(1)$$

である．一方，f が非退化，$\omega_0 > 0$ であるから，任意の $t > 0$ に対し

$$\int_{B(t)} f^*\omega_0 \wedge \alpha^{m-1} > 0$$

である．定義より

第5章 Nevanlinna の理論

(5.4.46) $$T_f(r;\omega_0) \geqq \left(\int_{B(1)} f^*\omega_0 \wedge \alpha^{m-1}\right)\log r$$

である．さて $D=\sum_{j=1}^{l} D_j$ が正規交叉的であることより，

(5.4.47) $$f^*D - R_f \leqq \operatorname{supp} f^*D$$

となる．これは $R(\operatorname{supp} f^*D)$ の各点で調べれば十分であり簡単にわかる．
(5.4.43), (5.4.44), (5.4.45) と (5.4.47) により

(5.4.48) $$\sum_{j=1}^{l}\left\{1-\frac{N(r;\operatorname{supp} f^*(D_j))}{T_f(r;\omega_0)}\right\} \leqq \sum_{j=1}^{l}\left\{1-\frac{N(r;f^*D_j)}{T_f(r;\omega_0)}\right\} + \frac{N(r;R_f)}{T_f(r;\omega_0)}$$

$$\leqq \frac{T_f(r;K(M)^{-1})}{T_f(r;\omega_0)} + \frac{m(2m-1)\varepsilon \log r}{2T_f(r;\omega_0)} + \frac{O(\log^+ T_f(r;\omega_0))}{T_f(r;\omega_0)}$$

$$+ \frac{O(1)}{T_f(r;\omega_0)}\bigg\|_{E(\varepsilon)}$$

となる．定義より任意の $\kappa>0$ について

(5.4.49) $$\frac{T_f(r;K(M)^{-1})}{T_f(r;\omega_0)} \leqq \left[\frac{c_1(K(M)^{-1})}{\gamma}\right] + \kappa + \frac{O(1)}{T_f(r;\omega_0)}$$

となる．(5.4.46), (5.4.48) と (5.4.49) により定数 $C>0$ があって

$$\sum_{j=1}^{l}\Theta_f(D_j) \leqq \sum_{j=1}^{l}\delta_f(D_j) + \varlimsup_{r\to\infty}\frac{N(r;R_f)}{T_f(r;\omega_0)} \leqq \left[\frac{c_1(K(M)^{-1})}{\gamma}\right] + \kappa + C\varepsilon$$

を得る．$\varepsilon\to 0$, $\kappa\to 0$ とすることにより，我々の主張が証明される．∎

(5.4.50) 系(分岐定理) 仮定(5.4.11), (5.4.39)の仮定のもとで，さらに各 j について

$$f^*D_j \geqq \nu_j \operatorname{supp} f^*D_j$$

であるならば，

$$\sum_{j=1}^{l}\left(1-\frac{1}{\nu_j}\right) \leqq \left[\frac{c_1(K(M)^{-1})}{\gamma}\right]$$

となる．

証明 実際に，系(5.2.16)に注意して

$$\sum_{j=1}^{l}\left(1-\frac{1}{\nu_j}\right) \leqq \sum_{j=1}^{l}\left(1-\varlimsup_{r\to\infty}\frac{N(r;\operatorname{supp} f^*D_j)}{N(r;f^*D_j)}\right)$$

$$\leqq \sum_{j=1}^{l}\left(1-\varlimsup_{r\to\infty}\frac{N(r;\operatorname{supp} f^*D_j)}{T_f(r;\omega_0)}\right) = \sum_{j=1}^{l}\Theta_f(D_j)$$

§4 第2主要定理

$$\leq \left[\frac{c_1(K(M)^{-1})}{r}\right]$$

を得る. ∎

(5.4.51) 系(退化定理) D が M 上の単純正規交叉的な解析的超曲面で $c_1(K(M))+c_1([D])>0$ ($c_1(K(M))>0$ のときは, $D=\phi$ でよい)と仮定する. 有理型写像 $f: C^m \to M$ が $f(C^m) \cap D = \phi$ ならば, f は退化している.

つぎに述べる例のうち, 初めの三つは, D が単純正規交叉的であるという条件を落とせないことを示している.

(5.4.52) 例(酒井-小平[2]) $P^2(C)$ の斉次座標系を $[u^0:u^1:u^2]$ で表わす. $L \to P^2(C)$ を超平面束とする. $D_d \in |L^d|$ を

$$D_d = \{[u^0:u^1:u^2] \in P^2(C); (u^0)^{d-1}u^2 - (u^1)^d = 0\}$$

で定義する. ここで d は正の整数. D_d は $[0:0:1]$ で特異点をもつ.

$$f: (z^1, z^2) \in C^2 \longmapsto [1:z^1:(z^1)^d + e^{z^2}] \in P^2(C)$$

とおく. このとき f は C^2 上のいたるところで非退化である. 一方で

$$(1)^{d-1}((z^1)^d + e^{z^2}) - (z^1)^d = e^{z^2} \neq 0$$

であるから, $f(C^2) \cap D_d = \phi$ である. 命題(2.1.10)より $K(P^2(C)) = 3L$ であるから, $d \geq 4$ ならば $c_1([D_d]) + c_1(K(M)) > 0$ である.

(5.4.53) (Green-Shiffman[2]) 同様に $P^2(C)$ 内でつぎを考える:

$$C_d = \{[u^0:u^1:u^2] \in P^2(C); (u^1)^d - u^0\{(u^1)^{d-1} + (u^2)^{d-1}\} = 0\}.$$

$C_d \in |L^d|$ である. C_d は $[1:0:0]$ で特異点をもつ既約曲線で, 点 $[1:0:0]$ では $d-1$ 個の曲線が相異なる接線をもって交叉している. さて

$$g: (z^1, z^2) \in C^2 \longmapsto \left[\frac{1-\exp\{z^2(1+(z^1)^{d-1})\}}{1+(z^1)^{d-1}}:1:z^1\right]$$

とおく. g はいたるところで非退化で, $g(C^2) \cap C_d = \phi$ がわかる.

(5.4.54) (Green[2]) $P^2(C)$ の中で, つぎのことを考える:

$$D = \{[u^0:u^1:u^2] \in P^2(C); u^0u^1\{(u^0+u^1)^2 - u^2(u^0-u^1)\} = 0\}.$$

また

$$f: (z^1, z^2) \in C^2 \longmapsto \left[e^{z^1}:1:e^{z^1}+3+\frac{e^{\phi}+4}{e^{z^1}-1}\right]$$

$$\phi = z^2(e^{z^1}-1)$$

とおく. $J(f) = e^{z^1}e^{\phi} \neq 0$, $f(C^2) \cap D = \phi$ となっている.

(5.4.55) 例 M が $\boldsymbol{P}^3(\boldsymbol{C})$ の次数 d の非特異解析的超曲面の場合を考える. $L\to M$ を超平面束の M への制限とすると，命題(2.1.20)より $K(M)=(d-4)L$ となる．$1\leqq d\leqq 3$ の場合は，M が有理曲面であることが知られている(Shafarevich[1]参照)．したがって非退化有理写像 $f\colon \boldsymbol{C}^2\hookrightarrow\boldsymbol{P}^2(\boldsymbol{C})\xrightarrow[\text{mero}]{}M$ が存在する．$d\geqq 5$ に対しては，$c_1(K(M))>0$ となり，系(5.4.51)から，有理型写像 $f\colon \boldsymbol{C}^2\xrightarrow[\text{mero}]{}M$ はすべて退化している．$d=4$ のとき，
$$M=\{[u^0:u^1:u^2:u^3]\in\boldsymbol{P}^3(\boldsymbol{C});\,(u^0)^4+(u^1)^4+(u^2)^4+(u^3)^4=0\}$$
とおく．M は Kummer 曲面と呼ばれ，ある Abel 多様体 $A=\boldsymbol{C}^2/\Gamma$ をインボリューション $a\in A\mapsto -a\in A$ で割った商空間の特異点を解消したものになっていることが知られている．したがって $\boldsymbol{C}^2$ から M へ，それぞれの写像を合成することにより，非退化有理型写像 $f\colon \boldsymbol{C}^2\xrightarrow[\text{mero}]{}M$ を得る．正則写像でこのようなものがあるかどうか知られていない．

(5.4.56) 例 $L\to \boldsymbol{P}^m(\boldsymbol{C})$ を超平面束，$D_j\,(1\leqq j\leqq l)$ は次数 d の既約非特異解析的超曲面で，$D=\sum_{j=1}^{l}D_j$ は正規交叉的であるとする．$[D_j]=L^d$, 直接計算により $K(\boldsymbol{P}^m(\boldsymbol{C}))=L^{-m-1}$ であるから，
$$[c_1(K(\boldsymbol{P}^m(\boldsymbol{C}))^{-1})/c_1([D_j])]=(m+1)/d$$
となる．したがって例えば，系(5.4.42)の(ii)は
$$\sum_{j=1}^{l}\delta_f(D_j)\leqq\sum_{j=1}^{l}\Theta_f(D_j)\leqq\frac{m+1}{d}$$
となる．$d=1$ のとき，$D=\sum_{j=1}^{l}D_j$ が正規交叉的であることは，$D_1,\cdots,D_l$ が一般の位置(in general position)にあることである．

(5.4.57) 例 $M=\boldsymbol{C}^m/\Gamma$ を複素トーラス，また D を $\boldsymbol{C}^m/\Gamma$ の非特異解析的超曲面で $c_1([D])>0$ とする(したがって $\boldsymbol{C}^m/\Gamma$ は Abel 多様体となる)．$c_1(K(M))=0$ であるから $[c_1(K(M)^{-1})/c_1([D])]=0$ になる．よって任意の非退化正則写像 $f\colon \boldsymbol{C}^m\to M$(定理(5.2.31)参照)に対して，
$$\delta_f(D)=\Theta_f(D)=0$$
である．系(5.4.50)では，すべての j について $\nu_j=1$ でなければならない．

(5.4.58) 例($m=1$の場合) M を種数 g のコンパクト Riemann 面とする．$D_j=a_j\in M\,(1\leqq j\leqq l)$ を相異なる点とする．$\gamma=c_1([a_1])=\cdots=c_1([a_l])=[\omega_0]\in H^{1,1}(M;\boldsymbol{C})$ とする．このとき $[c_1(K(M)^{-1})/\gamma]=2-2g=\chi(M)$ となる．ここで

$\chi(M)$ は M の Euler 数である. したがって定理(5.4.26)より, 非退化正則写像 $f: C \to M$ に対し, つぎが成立する:

$$(5.4.59) \quad \{l-\chi(M)\}T_f(r;\omega_0) \leq \sum_{j=1}^{l} N(r; f^*a_j)$$
$$-N(r; R_f)+\frac{\varepsilon \log r}{2}+O(\log^+ T_f(r;\omega_0))+O(1)\|_{E(\varepsilon)}.$$

上式は, $M=P^1(C)$ のとき Nevanlinna の第2主要定理と同じであり, また一般の M については, Ahlfors や Chern によって得られたものと同等である. このとき欠除指数関係式はつぎのようになる:

$$\sum_{j=1}^{l} \delta_f(a_j) \leq \sum_{j=1}^{l} \Theta_f(a_j) \leq \chi(M).$$

ノート

イ) Poincaré-Lelong の等式(定理(5.1.13))は, 一変数のとき, Poincaré により得られたものである. C^m 上の正因子 D に対しその位数 ρ_D をつぎで定義する:

$$\rho_D = \varlimsup_{r \to \infty} N(r; D)/\log r.$$

F を C^m 上の正則関数で, $D=(F)$ であるならば, 第1主要定理により $\rho_D \leq \rho_F$ である. そこで D が与えられたときに, C^m 上の正則関数 F で $(F)=D$, $\rho_D=\rho_F$ となるものが存在するかどうかが問題となる. もちろん $\rho_D<\infty$ のときが問題となる. $m=1$ のときは, F はいわゆる Weierstrass 積で与えられ, $N(r; D)$ と $T(r; F)$ の比較もきちんとできることが知られている(Hayman[1]を参照). $m \geq 2$ のとき初めてこの問題を解いたのは, Stoll[1]である. 後に Lelong[1]がポテンシャル論的方法により見通しのよい証明を与えた. この拡張された Weierstrass 積を用いて(または第4章のノートで述べた Bishop の定理を用いて), C^m 上の正因子 D に対し D が代数的因子(多項式で決まる因子)であることと

$$N(r; D) = O(\log r) \quad (\Longleftrightarrow n(r; D)=O(1))$$

であることは同値であることが示される. さらに C^m の純 k 次元の解析的部分集合の正整数係数の局所有限和(正の解析的サイクル)E に対しても, E が代数的であることと

$$N(r; E) = O(\log r) \quad (\Longleftrightarrow n(r; E)=O(1))$$

であることは同値である. これは初め Stoll[4]により示された.

ロ) F を C^m 上の正則関数とし, $M(r; F)=\max\{|F(z)|; \|z\| \leq r\}$ とおく. 正則関数 F の増大度を測る特性関数としてまず初めにだれでもが考えるのが, この $M(r; F)$ であろう. 実際 Borel や Hadamard は ($m=1$ のとき) この $M(r; F)$ を用いて F の値分布を調べた. しかし F が有理型関数になったとたんに $M(r; F)$ は意味を失う. Jensen の公

式より新たな特性関数 $T(r;F)$ を導入したのは R. Nevanlinna[1] である. $m\geq 1$ とし, F が正則なとき, 両者の間に次の関係式がある(たとえば, 野口[1]を参照): $0<r<R$ に対し

$$T(r;F) \leq \log M(r;F) \leq \frac{1-(r/R)^2}{(1-r/R)^{2m}} T(R;F).$$

ハ) ここで述べた第1主要定理は, 正則写像に対しては Griffiths 等(Carlson-Griffiths[1], Griffiths-King[1])によるもので, 有理型写像に対して拡張したのは Shiffman[1]である. R. Nevanlinna[1] は一変数有理型関数 F に対し, 特性関数 $T(r;F)$ を用いて第1および第2主要定理を証明し現代有理型関数論の基礎を創った. その理論がいかに有効であるか R. Nevanlinna[2]をみるとよくわかる. そのようなわけで多変数関数論においても第1主要定理を得ることは, 値分布論を考えるに当たってまず第一に重要なことである.

ここに述べた第1主要定理以外にも Stoll[5], Chern[2], Wu[2]等によるものがある.

ニ) 第2主要定理と欠除指数関係式こそは, Nevanlinna 理論における真髄である. 一変数の場合は, C 上の有理型関数に対し R. Nevanlinna[1] が証明した. これに対し彼の兄 F. Nevanlinna[1]は本質的には Hermite 計量を用いた証明を与えている(R. Nevanlinna[2]のノートを参照). Ahlfors[1]はさらにこの第2主要定理と欠除指数関係式を Gauss-Bonnet の定理を用いて証明することにより, Picard の定理および欠除指数関係式 ($\sum \delta_F(a) \leq 2$)に現われる "2" という数が $P^1(C)$ の Euler 数 $\chi(P^1(C))$ であることを明らかにした.

ここで述べた第2主要定理は Griffiths 等(Carlson-Griffiths[1], Griffiths-King[1])によるもので, 第2主要定理と欠除指数関係式がうまく多変数化された稀な例である. Griffiths 等は正則写像を扱ったが, 有理型写像に対しては Shiffman[1]が示した. 野口[2]は有理型写像の定義域を C^m 上の有限葉被覆空間の場合に拡張した. さらに Stoll[6]はこれが放物型空間(parabolic space)にした場合を扱っている.

因子 D はここでは単純正規交叉的である場合を考えたが, より複雑な特異点をもつ場合に関しては Shiffman[1], 酒井[3]をみられたい.

この理論を用いて小平[1](小平[2]も参照)は, C^2 および $C \times C^*$ のコンパクト化が有理曲面であることを示した.

第6章　正則曲線の値分布

§1　一変数複素関数論からの準備

この節では，後に使う一変数関数論についての基本的補題および定理を解説する．

C 上の有理型関数 F の Nevanlinna 特性関数 $T(r;F)$ を(5.2.24)で定義した．系(5.2.30)により $T(r;1/F)=T(r;F)+O(1)$ となるが，もう少し詳しく述べてみよう．定理(5.1.13)により，

$$dd^c\left[\log^+|F|^2 - \log^+\frac{1}{|F|^2}\right] = dd^c[\log|F|^2] = (F)_0 - (F)_\infty$$

であるから，補題(3.3.20)を使って

$$(6.1.1) \qquad T(r;F) - T\left(r;\frac{1}{F}\right) = \frac{1}{2\pi}\int_0^{2\pi} \log|F(e^{i\theta})|d\theta$$

を得る．さて $a \in C$ に対して，$(F)_\infty = (F+a)_\infty$ であるから，(5.2.23)に注意すれば，定義より

$$(6.1.2) \qquad |T(r;F+a) - T(r;F)| \leq \log^+|a| + \log 2$$

となる．さらに C 上の有理型関数 $F_1, \cdots, F_l$ に対し

$$(6.1.3) \qquad \begin{cases} T\left(r;\sum_{j=1}^l F_j\right) \leq \sum_{j=1}^l T(r;F_j) + \log l, \\ T\left(r;\prod_{j=1}^l F_j\right) \leq \sum_{j=1}^l T(r;F_j) \end{cases}$$

となる．上記(6.1.1)～(6.1.3)の式は今後たびたび断わることなく使う．つぎの等式は Cauchy の積分定理より容易に証明できる．

(6.1.4)　**補題**　$a \in C$ に対し，つぎの等式が成立する：

$$\frac{1}{2\pi}\int_0^{2\pi} \log|e^{i\theta} - a|d\theta = \log^+|a|.$$

(6.1.5) **補題** F を $\boldsymbol{C}$ 上の有理型関数, $A_0, \cdots, A_l$ を $\boldsymbol{C}$ 上の正則関数, $A_0 \not\equiv 0$ かつ代数的関係
$$A_0 F^l + A_1 F^{l-1} + \cdots + A_{l-1} F + A_l \equiv 0$$
が成り立つとする. このときつぎが成立する:
$$T(r; F) \leq \sum_{j=0}^{l} T(r; A_j) - \frac{1}{2\pi} \int_0^{2\pi} \log|A_0(e^{i\theta})| d\theta + \log(l+1).$$

証明 $z \in \boldsymbol{C}$ を $A_0(z) \neq 0$ なるものとする. 多項式 $B(z; T)$ を
$$B(z; T) = A_0(z) T^l + \cdots + A_{l-1}(z) T + A_l(z)$$
で定義する. $B(z; T) = 0$ の根を重複度を込めて $F(z), F_2(z), \cdots, F_l(z)$ とする. すると
$$B(z; T) = A_0(z)(T - F(z))(T - F_2(z)) \cdots (T - F_l(z))$$
となる. したがって
$$\begin{aligned}\frac{1}{2\pi}\int_0^{2\pi} \log|B(z; e^{i\theta})|d\theta &= \log|A_0(z)| + \frac{1}{2\pi}\int_0^{2\pi} \log|e^{i\theta} - F(z)|d\theta \\ &\quad + \sum_{j=2}^{l} \frac{1}{2\pi}\int_0^{2\pi} \log|e^{i\theta} - F_j(z)|d\theta \\ &= \log|A_0(z)| + \log^+|F(z)| + \sum_{j=2}^{l} \log^+|F_j(z)|\end{aligned}$$
$$(\because \text{補題}(6.1.4))$$
である. したがって
(6.1.6) $\quad \dfrac{1}{2\pi}\displaystyle\int_0^{2\pi} \log|B(z; e^{i\theta})|d\theta \geq \log|A_0(z)| + \log^+|F(z)|$

である. 一方でつぎを得る:
$$\begin{aligned}\log|B(z; e^{i\theta})| &= \log|A_0(z)e^{il\theta} + \cdots + A_l(z)| \\ &\leq \log^+ \sum_{j=0}^{l} |A_j(z)| \leq \sum_{j=0}^{l} \log^+|A_j(z)| + \log(l+1).\end{aligned}$$
したがって
(6.1.7) $\quad \dfrac{1}{2\pi}\displaystyle\int_0^{2\pi} \log|B(z; e^{i\theta})|d\theta \leq \sum_{j=0}^{l} \log^+|A_j(z)| + \log(l+1)$

である. (6.1.6) と (6.1.7) により
(6.1.8) $\quad m(r; F) + \dfrac{1}{2\pi}\displaystyle\int_0^{2\pi} \log|A_0(re^{i\theta})|d\theta \leq \sum_{j=0}^{l} T(r; A_j) + \log(l+1)$

§1 一変数複素関数論からの準備

となる. 定理(5.1.13),補題(3.3.20)より,

$$(6.1.9) \quad \frac{1}{2\pi}\int_0^{2\pi} \log|A_0(re^{i\theta})|d\theta = N(r;(A_0)) + \frac{1}{2\pi}\int_0^{2\pi} \log|A_0(e^{i\theta})|d\theta$$

となる. また $N(r;(F)_\infty) \leq N(r;(A_0))$ であるから, (6.1.8)と(6.1.9)より

$$T(r;F) \leq \sum_{j=0}^{l} T(r;A_j) - \frac{1}{2\pi}\int_0^{2\pi} \log|A_0(e^{i\theta})|d\theta + \log(l+1)$$

を得る. ∎

F を C 上の有理型関数とする. F を C から $P^1(C)$ への正則写像と考え, 系(5.2.16)に注意して定理(5.2.29)を使うと

$$N(r;(F-a)_0) \leq T(r;F) + O(1)$$

を得るが, これをもっと詳しく調べてみよう.

(6.1.10) **補題** F を C 上の有理型関数とする. F のみに依存してきまる定数 $C>0$ が存在して, 任意の $a \in C$ に対し

$$N(r;(F-a)_0) \leq T(r;F) + C$$

となる.

証明 定理(5.1.13)と補題(3.3.20)より(6.1.1)を得たように, 任意の $0<\delta<1$ に対し,

$$T(r;F-a) + \int_\delta^1 \frac{n(t,(F-a)_\infty)}{t}dt$$
$$= T\left(r;\frac{1}{F-a}\right) + \int_\delta^1 \frac{n(t,(F-a)_0)}{t}dt + \frac{1}{2\pi}\int_0^{2\pi} \log|F(\delta e^{i\theta}) - a|d\theta$$

となる. $(F-a)_\infty = (F)_\infty$ であるから, (6.1.2)より

$$(6.1.11) \quad N(r;(F-a)_0) \leq T\left(r;\frac{1}{F-a}\right) \leq T(r;F) + \log^+|a| + \log 2$$
$$+ \int_\delta^1 \frac{n(t,(F)_\infty)}{t}dt - \int_\delta^1 \frac{n(t,(F-a)_0)}{t}dt$$
$$+ \frac{1}{2\pi}\int_0^{2\pi} \log|F(\delta e^{i\theta}) - a|^{-1}d\theta$$

となる. さて以下 $C_1, C_2, \cdots$ は r や a に関係しない定数を表わすことにする. まず $|a| \leq 1$ の場合を考える. もし F が 0 を極とするならば, $0<\delta<1$ を適当にとれば, $|F(\delta e^{i\theta})| \geq 2$ $(0 \leq \theta < 2\pi)$ とできるから, $\log|F(\delta e^{i\theta}) - a|^{-1} \leq 0$ となり, (6.1.11)と(6.1.2)より, 我々の主張が正しいことがわかる. つぎに F は 0 で

正則であるとすると

(6.1.12) $\quad N(r;(F-a)_0) \leq T(r;F) + \log 2 + \int_0^1 \frac{n(t,(F)_\infty)}{t}dt$

$\qquad - \int_\delta^1 \frac{n(t,(F-a)_0)}{t}dt + \frac{1}{2\pi}\int_0^{2\pi}\log|F(\delta e^{i\theta})-a|^{-1}d\theta$

を得る. いま

$$S(a) = \varlimsup_{\delta\to 0}\left\{\frac{1}{2\pi}\int_0^{2\pi}\log|F(\delta e^{i\theta})-a|^{-1}d\theta - \int_\delta^1 \frac{n(t,(F-a)_0)}{t}dt\right\}$$

とおく. $S(a)$ が $|a|\leq 1$ で上に有界であることを示そう. そのために 0 の近傍で

$$F(z)-F(0) = z^\nu G(z) \qquad (G(0) \neq 0)$$

と書こう. $a=F(0)$ ならば

(6.1.13) $\qquad\qquad\qquad S(a) \leq \log|G(0)|$

となり, $a \neq F(0)$ ならば

(6.1.14) $\qquad S(a) = \log|F(0)-a|^{-1} - \int_0^1 \frac{n(t,(F-a)_0)}{t}dt$

である. $|F(0)|>1$ ならば, (6.1.14) より $S(a)$ は $|a|\leq 1$ で上に有界となることがわかる. $|F(0)|\leq 1$ としよう. (6.1.13) と (6.1.14) より $a \to F(0)$ となるとき $S(a)$ が上に有界であることをいえば十分である. 原点 0 の十分に小さな近傍 $U \subset B(1)$ をとれば正則関数 $\Phi(z)=z(G(z))^{1/\nu}$ が定義できる. $\Phi'(0) \neq 0$ より, U をさらに適当に小さくとって, $\Phi: U \to B(\varepsilon)$ ($\varepsilon>0$) が双正則同相写像になるようにできる. 正則写像 $\alpha: B(\varepsilon) \to B(\varepsilon^\nu)$ を $\alpha(z)=z^\nu$ で定義すると, $F-F(0)=\alpha\circ\Phi$ である. $\lambda=|a-F(0)|<\varepsilon^\nu$ とする. すると, $\{z \in U; F(z)=a\}$ は ν 個の元 $z_1,\cdots,z_\nu$ からなり, $|z_\nu|=\sqrt[\nu]{\lambda}|G(z_\nu)|^{-1/\nu}=\sqrt[\nu]{\lambda}(1+o(1))|G(0)|^{-1/\nu}$ となる. ただし $\lambda \to 0$ のとき $o(1) \to 0$ である. したがって

$$\int_0^1 \frac{n(t,(F-a)_0)}{t}dt = \int_{\sqrt[\nu]{\lambda}(1+o(1))|G(0)|^{-1/\nu}}^1 \frac{n(t,(F-a)_0)}{t}dt$$

$$\geq \int_{\sqrt[\nu]{\lambda}(1+o(1))|G(0)|^{-1/\nu}}^1 \frac{\nu dt}{t} = -\log\lambda + \log|G(0)| - \nu\log(1+o(1))$$

となる. (6.1.14) より結局 $|F(0)-a|<\varepsilon^\nu$ なる限り, $S(a) \leq C_2$ となる. 以上で $|a|\leq 1$ なる限り $S(a)$ が上に有界であることが示された. (6.1.12) より, $|a|\leq 1$

§1 一変数複素関数論からの準備

なる限り

(6.1.15) $\qquad N(r;(F-a)_0) \leq T(r;F)+C_3$

がわかる. $|a|>1$ に対しては, $1/F$ を考えれば上述の場合に帰着するので, 我々の主張が証明された. ∎

つぎは, いわゆる Nevanlinna の対数微分に関する補題である. F. Selberg [1] による証明を与える.

(6.1.16) **補題**(Nevanlinna) F を $\boldsymbol{C}$ 上の有理型関数とする. 任意の $0<\delta\leq 1$ に対して,

$$m\left(r;\frac{F'}{F}\right) \leq 3\log^+ T(r;F)+\delta \log r+O(1)\|_{E(\delta)}$$

となる.

証明 対応 $w\in\boldsymbol{C}\mapsto[1:w]\in\boldsymbol{P}^1(\boldsymbol{C})$ によって, $\boldsymbol{C}$ を $\boldsymbol{P}^1(\boldsymbol{C})-\{[0:1]\}$ と同一視する. 共通零点のない正則関数 f_1, f_2 でもって $F=f_2/f_1$ と書ける. 正則写像 $f:\boldsymbol{C}\to\boldsymbol{P}^1(\boldsymbol{C})$ を $f(z)=[f_1(z):f_2(z)]$ で定義する. $\boldsymbol{P}^1(\boldsymbol{C})$ 上の特異点をもつ体積要素 Ω を

$$\Omega|\boldsymbol{C} = \frac{1}{(1+(\log|w|)^2)|w|^2}\cdot\frac{i}{2\pi}dw\wedge d\overline{w}$$

と定義する. 簡単な計算より

$$\int_{\boldsymbol{P}^1(\boldsymbol{C})}\Omega = C_0 < \infty$$

がわかる. さて $f^*\Omega = \{|F'|^2/(1+(\log|F|)^2)\}(i/2\pi)dz\wedge d\bar{z}$ であるから,

(6.1.17) $\qquad \displaystyle\int_{B(r)}\frac{|F'|^2}{(1+(\log|F|)^2)|F|^2}\frac{i}{2\pi}dz\wedge d\bar{z}$

$$= \int_{B(r)} F^*\Omega = \int_{w\in\boldsymbol{P}^1(\boldsymbol{C})} n(r,(f-w)_0)\Omega$$

である. Fubini の定理と補題(6.1.10)を使えば(6.1.17)より,

(6.1.18) $\qquad \displaystyle\int_1^r\frac{dt}{t}\int_{B(t)} f^*\Omega = \int_{w\in\boldsymbol{P}^1(\boldsymbol{C})} N(r;(F-w)_0)\Omega$

$$\leq C_0(T(r;F)+C)$$

を得る. さて log の凹性を使って, $m(r;F'/F)$ を評価する.

$$m\left(r;\frac{F'}{F}\right) = \frac{1}{4\pi}\int_{\{|z|=r\}}\log^+\left\{(1+(\log|F|)^2)\frac{|F'|^2}{(1+(\log|F|)^2)|F|^2}\right\}d\theta$$

$$\leqq \frac{1}{2}\log 2 + \frac{1}{2\pi}\int_{\{|z|=r\}}\log(1+|\log|F||)d\theta$$
$$+ \frac{1}{4\pi}\int_{\{|z|=r\}}\log\left\{1+\frac{|F'|^2}{(1+(\log|F|)^2)|F|^2}\right\}d\theta$$
$$\leqq \frac{1}{2}\log 2 + \log\left[\frac{1}{2\pi}\int_{\{|z|=r\}}\left\{1+\log^+|F|+\log^+\frac{1}{|F|}\right\}d\theta\right]$$
$$+ \frac{1}{2}\log\left[\frac{1}{2\pi}\int_{\{|z|=r\}}\left\{1+\frac{|F'|^2}{(1+(\log|F|)^2)|F|^2}\right\}d\theta\right]$$
$$\leqq \log^+ T(r;F) + O(1) + \frac{1}{2}\log^+\left\{\frac{1}{r}\frac{d}{dr}\int_{B(r)}F^*\Omega\right\}$$

である. $0<\delta\leqq 1$ に対して補題(5.4.35)を使うと,

$$m\left(r;\frac{F'}{F}\right) \leqq \log^+ T(r;F) + \frac{1}{2}\log^+\left\{\frac{1}{r}\left(\int_{B(r)}F^*\Omega\right)^{1+\delta}\right\} + O(1)\Big\|_{E_1(\delta)}$$
$$\leqq \log^+ T(r;F) + \frac{1}{2}\log^+\left\{r^\delta\left(\frac{d}{dr}\int_1^r\frac{dt}{t}\int_{B(t)}F^*\Omega\right)^{1+\delta}\right\} + O(1)\Big\|_{E_1(\delta)}$$
$$\leqq \log^+ T(r;F) + \frac{\delta}{2}\log r + \frac{1}{2}\log^+\left\{\int_1^r\frac{dt}{t}\int_{B(t)}F^*\Omega\right\}^{(1+\delta)^2} + O(1)\Big\|_{E_2(\delta)}$$

となる. ここで(6.1.18)を使うと, 結局

$$m\left(r;\frac{F'}{F}\right) \leqq \log^+ T(r;F) + \frac{\delta}{2}\log r + 2\log^+ T(r;F) + O(1)\|_{E_2(\delta)}$$
$$\leqq 3\log^+ T(r;F) + \delta\log r + O(1)\|_{E_2(\delta)}$$

となる. ∎

(6.1.19) 系 F を $\boldsymbol{C}$ 上の有理型関数とする. F の k 階微分を $F^{(k)}$ で表わす. $0<\delta<1$ に対して,

(i) $T(r;F^{(k)}) \leqq (k+1)T(r;F) + O(\log^+ T(r;F) + \delta\log r)\|_{E(\delta)}$,

(ii) $m\left(r;\frac{F^{(k)}}{F}\right) \leqq O(\log^+ T(r;F) + \delta\log r)\|_{E(\delta)}$

となる.

証明 $k=1$ のとき, (ii)は補題(6.1.6)で示された. (i)については, $N(r;(F^{(1)})_\infty) \leqq 2N(r;(F)_\infty)$ と,

$$m(r;F^{(1)}) = m\left(r;F\cdot\frac{F^{(1)}}{F}\right) \leqq m(r;F) + m\left(r;\frac{F^{(1)}}{F}\right)$$
$$\leqq 2m(r;F) + O(\log^+ T(r;f) + \delta\log r)\|_{E(\delta)}$$

§1 一変数複素関数論からの準備

より正しいことがわかる. $(k-1)$ まで(i)と(ii)が成立したとする. そうすれば

$$m\left(r; \frac{F^{(k)}}{F}\right) = m\left(r; \frac{F^{(k)}}{F^{(k-1)}}\frac{F^{(k-1)}}{F}\right) \leq m\left(r; \frac{F^{(k)}}{F^{(k-1)}}\right) + m\left(r; \frac{F^{(k-1)}}{F}\right)$$
$$\leq O(\log^+ T(r; F^{(k-1)}) + \delta \log r) + O(\log^+ T(r; F) + \delta \log r)\|_{E(\delta)}$$

となる. ここで(i)についての帰納法の仮定を使うと,

$$m\left(r; \frac{F^{(k)}}{F}\right) \leq O(\log^+ T(r; F) + \delta \log r)\|_{E(\delta)}$$

となる. また $N(r; (F^{(k)})_\infty) \leq (k+1)N(r; (F)_\infty)$ であり,

$$m(r; F^{(k)}) = m\left(r; F \cdot \frac{F^{(k)}}{F}\right) \leq (k+1)m(r; F) + m\left(r; \frac{F^{(k)}}{F}\right)$$

であるから, いま示した(i)と合わせて(ii)を得る. ∎

(6.1.20) **補題**(Borel) $F_1, \cdots, F_N (N \geq 2)$ が C 上の 0 をとらない正則関数で

(6.1.21) $$F_1 + \cdots + F_N = 1$$

を満たすならば, それらは C 上で 1 次従属である.

証明 $F_1, \cdots, F_N$ が 1 次独立であったとする. すると, ある F_j は定数でない. そしてまた, それらの Wronskian W は恒等的に 0 ではない. すなわち

$$W = \begin{vmatrix} F_1, & \cdots, F_N \\ F_1^{(1)}, & \cdots, F_N^{(1)} \\ & \cdots \\ F_1^{(N-1)}, & \cdots, F_N^{(N-1)} \end{vmatrix} \not\equiv 0$$

である. W の $(1,j)$ 小行列式を W_j とすると(6.1.21)より

(6.1.22) $$F_j = \frac{W_j}{F_1 \cdots \check{F}_j \cdots F_N}\left(\frac{W}{F_1 \cdots F_N}\right)^{-1} = \Delta_j/\Delta$$

である. ここで

$$\Delta = \begin{vmatrix} 1, & \cdots, 1 \\ F_1^{(1)}/F_1, & \cdots, F_N^{(1)}/F_N \\ & \cdots \\ F_1^{(N-1)}/F_1, & \cdots, F_N^{(N-1)}/F_N \end{vmatrix}$$

で, Δ_j はその $(1,j)$ 小行列式である. さて

$$T(r) = \max_{1 \leq j \leq N} T(r; F_j) \quad (= \max_{1 \leq j \leq N} m(r; F_j))$$

とおくと，(6.1.22) より
$$m(r; F_j) \leq m(r; \Delta_j) + T(r; \Delta) + O(1)$$
$$= m(r; \Delta_j) + m(r; \Delta) + O(1)$$
を得る．ここで行列式 Δ, Δ_j の各成分に系(6.1.19)を適用すると，
$$m(r; F_j) \leq O(\log^+ T(r) + \delta \log r) \|_{E(\delta)}$$
である．したがって
(6.1.23) $\qquad T(r) \leq O(\log^+ T(r) + \delta \log r) \|_{E(\delta)}$
を得る．ある F_j は定数でないから，$T(r) \to \infty \ (r \to \infty)$ となり，また $T(r)$ は $O(1)$ 項を除いて，$\log r$ の増加凸関数でもあるから，$\overline{\lim_{r \to \infty}} \log r / T(r) = C < \infty$ を得る．(6.1.23) より $1 \leq \delta C$ を得る．$\delta \to 0$ とすることによって矛盾を得る．∎

(6.1.24) **注意** 上の補題において，$\sum_{j=1}^{N} F_j = 1$ をもう少し一般化して，$a_j(z)$ を有理型関数で $T(r; a_j) = o(T(r)) \|_{E(\delta)}$ を満たすものとし，$\sum_{j=1}^{N} a_j F_j = 1$ としても同じ結論を得る．以下の系についても同様である．

(6.1.25) **系**(Borel) $F_0, \cdots, F_N$ が C 上の 0 をとらない正則関数で
(6.1.26) $\qquad\qquad F_0 + \cdots + F_N = 0$
が C 上で成り立つとする．このとき添字の分割
$$\{0, 1, \cdots, N\} = I_1 \cup \cdots \cup I_l$$
が存在して，つぎを満たす：

(i) 各 I_k は少なくとも 2 個以上の添字を含む，

(ii) i, j が同じ I_k に属するとき，F_i/F_j は定数である，

(iii) $I_h \neq I_k$ のとき，$i \in I_h, j \in I_k$ に対して F_i/F_j は定数ではない，

(iv) 各 I_k について $\sum_{j \in I_k} F_j = 0$ が成り立つ．

証明 N についての帰納法による．$N=1$ のときは自明である．$(N-1)$ まで正しいと仮定する．$\{0, 1, \cdots, N\}$ につぎのようにして同値関係 "$\sim$" を入れる：
$$i \sim j \iff F_i/F_j \text{ が定数となる．}$$
$\{0, 1, \cdots, N\}$ をこの同値関係で分割する：
$$\{0, 1, \cdots, N\}/\sim \ = \{I_1, \cdots, I_l\}.$$
この $I_1, \cdots, I_l$ が求めるものである．(i), (ii), (iii) を示すためには，各 I_k が 2 個以上の元をもつことを示せばよい．いまある I_k が 1 個の元からなったとする．

簡単のため $I_k=\{0\}$ としても，一般性を失わない． $G_j=-F_j/F_0\,(1\leqq j\leqq N)$ とおけば，これは定数でなく，C 上で 0 をとらず
$$G_1+\cdots+G_N=1$$
を満たしている．補題(6.1.20)より $G_1,\cdots,G_N$ は C 上で 1 次従属である．よって $F_1,\cdots,F_N$ に自明でない 1 次関係式
$$(6.1.27) \qquad c_1F_1+\cdots+c_NF_N=0$$
が成り立つ．$c_N=1$ としても一般性を失わない．(6.1.26)と(6.1.27)より
$$F_0+(1-c_1)F_1+\cdots+(1-c_N)F_{N-1}=0$$
である．ある $1\leqq i\leqq N-1$ について $1-c_i\neq0$ であり，帰納法の仮定より，ある $j\in\{1,2,\cdots,N-1\}$ で $1-c_j\neq0$ かつ $F_0/(1-c_j)F_j$ が定数になるものがある．すなわち $\{0,j\}\subset I_k$ で矛盾を得る．(ii), (iii)は明らかである．(iv)を示そう．各 I_k より代表元 i_k をとると，
$$\sum_{i\in I_k}F_i=b_kF_{i_k}, \qquad b_k=\sum_{j\in I_k}F_j/F_{i_k}$$
と書ける．よって(6.1.26)は
$$(6.1.28) \qquad \sum_{k=1}^{l}b_kF_{i_k}=0$$
となる．すでに証明した(i), (ii), (iii)を(6.1.28)に適用して，すべての b_k は 0 となる．よって $\sum_{i\in I_k}F_i=0$ を得る．∎

さて M を m 次元コンパクト複素多様体とし，h をその上の Hermite 計量とする．Ω を h の Hermite 形式とし，$(z^1,\cdots,z^m)$ を M の正則局所座標系とする．$h=\sum h_{i\bar{j}}dz^i d\bar{z}^j$ とすると $\Omega=(i/2)\sum h_{i\bar{j}}dz^i\wedge d\bar{z}^j$ となる．$f:C\to M$ を正則曲線とする．f の Ω に関する特性関数 $T_f(r;\Omega)$ を (5.2.4) で
$$T_f(r;\Omega)=\int_1^r\frac{dt}{t}\int_{B(t)}f^*\Omega$$
と定義した．つぎに ω を M 上の正則 1 次型式とする．$f^*\omega=\zeta(z)dz$ とおくとき，$m(r;\zeta)$ について Nevanlinna の対数微分に関する補題(6.1.16)と似た評価が成立することを示す．

(6.1.29) **補題** 任意の $\delta\in(0,1]$ に対して
$$m(r;\zeta)\leqq 2\log^+T_f(r;\Omega)+\delta\log r\|_{E(\delta)}$$
が成り立つ．

証明 M はコンパクトであるから，ω と h に依存してきまる正定数 C_0 が存在して，任意の正則接ベクトル v に対して

$$|\omega(v)| \leq C_0\{h(v,\bar{v})\}^{1/2} \tag{6.1.30}$$

となる．$f^*\Omega = s(z)(i/2)dz \wedge d\bar{z}$ とおくと，$s(z) = h(f_*(\partial/\partial z), f_*(\partial/\partial \bar{z}))$ となる．したがって $\zeta(z) = \omega(f_*(\partial/\partial z))$ であるから，(6.1.30) より，

$$|\zeta(z)| \leq C_0(s(z))^{1/2}$$

となる．これと $\log$ の凹性ならびに補題 (5.4.35) を使って計算をする:

$$\begin{aligned}
m(r;\zeta) &= \frac{1}{2\pi}\int_0^{2\pi} \log^+|\zeta(re^{i\theta})|d\theta \\
&= \frac{1}{4\pi}\int_0^{2\pi} \log^+|\zeta(re^{i\theta})|^2 d\theta \\
&\leq \frac{1}{4\pi}\int_0^{2\pi} \log(1+|\zeta(re^{i\theta})|^2)d\theta \\
&\leq \frac{1}{2}\log\left\{1+\frac{1}{2\pi}\int_0^{2\pi}|\zeta(re^{i\theta})|^2 d\theta\right\} \\
&\leq \frac{1}{2}\log\left\{1+\frac{C_0}{2\pi}\int_0^{2\pi} s(re^{i\theta})d\theta\right\} \\
&= \frac{1}{2}\log\left\{1+\frac{C_0}{2\pi r}\frac{d}{dr}\int_{B(r)} s(z)\frac{i}{2}dz\wedge d\bar{z}\right\} \\
&\leq \frac{1}{2}\log\left\{1+\frac{C_0}{2\pi r}\left(\int_{B(r)} f^*\Omega\right)^{1+\delta}\right\}\Big\|_{E_1(\delta)} \\
&= \frac{1}{2}\log\left\{1+\frac{C_0 r^\delta}{2\pi}\left(\frac{d}{dr}\int_1^r \frac{dt}{t}\int_{B(t)} f^*\Omega\right)^{1+\delta}\right\}\Big\|_{E_1(\delta)} \\
&\leq \frac{1}{2}\log\left\{1+\frac{C_0 r^\delta}{2\pi}(T_f(r;\Omega))^{(1+\delta)^2}\right\}\Big\|_{E_2(\delta)}
\end{aligned}$$

$((1+\delta)^2 \leq 4$ に注意して$)$

$$\leq 2\log^+ T_f(r;\Omega) + \delta \log r + O(1)\|_{E(\delta)}$$

となる．∎

§2 代数多様体の基本事項

この節では，本章で使う代数多様体についての基本的事柄を，できる範囲で証明を与えつつ述べる．したがってここでは一般的な代数多様体は考えず，以

§2 代数多様体の基本事項

下に述べる複素準射影的代数多様体のみを考える．また第4章で述べた解析的集合と有理型関数との関連についても解説する．

m 次元複素射影空間をいままで通り $\boldsymbol{P}^m(\boldsymbol{C})$ と書き，$\pi: \boldsymbol{C}^{m+1} - \{O\} \to \boldsymbol{P}^m(\boldsymbol{C})$ を Hopf 写像とする．$(z^0, \cdots, z^m)$ を $\boldsymbol{C}^{m+1}$ の自然な座標とし，その複素係数多項式環を $\boldsymbol{C}[z^0, \cdots, z^m]$ と書く．部分集合 $X \subset \boldsymbol{P}^m(\boldsymbol{C})$ が**代数的部分集合**(algebraic subset)であるとは，$\pi^{-1}(X)$ が有限個の同次多項式 $P_j \in \boldsymbol{C}[z^0, \cdots, z^m]$ ($1 \leq j \leq k$) の共通零点集合になっていることとする．すなわち

$$\pi^{-1}(X) = \{z = (z^0, \cdots, z^m) \in \boldsymbol{C}^{m+1} - \{O\}; P_j(z) = 0, 1 \leq j \leq k\}$$

となる．このとき X は，もちろん $\boldsymbol{P}^m(\boldsymbol{C})$ の解析的部分集合になるが，実はこの逆も成立する．

(6.2.1) **定理**(Chow の定理) $\boldsymbol{P}^m(\boldsymbol{C})$ の解析的部分集合 X は代数的部分集合である．

証明 $\pi^{-1}(X)$ は $\boldsymbol{C}^{m+1} - \{O\}$ の解析的部分集合であり，

(6.2.2) $\qquad z \in \pi^{-1}(X) \Longleftrightarrow tz \in \pi^{-1}(X) \qquad (t \in \boldsymbol{C}^*)$

が成り立つので，どの既約成分も正次元である．定理(4.1.11)により，閉包 $\overline{\pi^{-1}(X)}$ は $\boldsymbol{C}^{m+1}$ の解析的部分集合になる．$\overline{\pi^{-1}(X)}$ の原点での定義式を F_j ($1 \leq j \leq k$) とする．十分小さな $\varepsilon > 0$ をとれば，(6.2.2) より

(6.2.3) $\qquad z \in \overline{\pi^{-1}(X)}, \|z\| < \varepsilon, t \in B(1) \Longrightarrow F_j(tz) = 0 \qquad (1 \leq j \leq k)$

が成り立つ．各 F_j を原点のまわりで同次多項式に展開する：

$$F_j(z) = \sum_{i=0}^{\infty} P_{ji}(z).$$

ただし P_{ji} は次数 i の同次多項式で，$P_{j0} = 0$ である．また

$$F_j(tz) = \sum_{i=1}^{\infty} t^i P_{ji}(z)$$

であるから，(6.2.3) より

$$\overline{\pi^{-1}(X)} \cap B^{m+1}(\varepsilon) = \{z \in B^{m+1}(\varepsilon); P_{ji}(z) = 0, 1 \leq j \leq k, i = 1, 2, \cdots\}$$

となる．$\boldsymbol{C}[z^0, \cdots, z^m]$ の Noether 性より，ある i_0 が存在して

$$\overline{\pi^{-1}(X)} \cap B^m(\varepsilon) = \{z \in B^{m+1}(\varepsilon); P_{ji}(z) = 0, 1 \leq j \leq k, 1 \leq i \leq i_0\},$$

ここで(6.2.2)に注意するとつぎを得る：

$$\overline{\pi^{-1}(X)} = \{z \in \boldsymbol{C}^{m+1}; P_{ji}(z) = 0, 1 \leq j \leq k, 1 \leq i \leq i_0\}.$$

したがって，X は代数的部分集合である．∎

代数的部分集合 $X \subset P^m(C)$ の次元は，解析的部分集合とみたときのそれと定義する．上述の定理の応用としてつぎのことがわかる．

(6.2.4) 定理 (Siegel) M をコンパクト m 次元複素多様体，$\mathcal{M}(M)$ を M の有理型関数体とする．このとき $\mathcal{M}(M)$ の C 上の超越次数は高々 m で，さらに C 上で有限生成である．

証明 $f_1, \cdots, f_{m+1} \in \mathcal{M}(M)$ を任意にとる．$W = M - \bigcup_{i=1}^{m+1} \mathrm{supp}(f_i)_\infty$ とおく．正則写像

$$f: x \in W \longmapsto [1: f_1(x): \cdots : f_{m+1}(x)] \in P^{m+1}(C)$$

は有理型写像 $f: M \xrightarrow{\mathrm{mero}} P^{m+1}(C)$ を定義する．すると像 $f(M)$ は，定理 (4.3.3) により高々 m 次元の $P^m(C)$ の解析的部分集合である．定理 (6.2.1) により $f(M)$ は代数的部分集合であるから，多項式 $P_1(w_1, \cdots, w_{m+1}) \not\equiv 0$ が存在して

$$P_1(f_1, \cdots, f_{m+1}) \equiv 0$$

となる．さて $\mathcal{M}(M)$ の C 上の超越基 $(f_1, \cdots, f_l)\ (l \leq m)$ を一つ固定する．すると いま示したことから任意の $g \in \mathcal{M}(M)$ に対し，代数的関係式

(6.2.5) $\quad g^d + R_1(f_1, \cdots, f_l) g^{d-1} + \cdots + R_d(f_1, \cdots, f_l) \equiv 0$

が成立する．ただし，R_j は $f_1, \cdots, f_l$ に関する有理式である．一方，有理型写像

$$f: x \in M \underset{\mathrm{mero}}{\longmapsto} [1: f_1(x): \cdots : f_l(x)] \in P^l(C)$$

を考える．$f(M) = P^l(C)$ であり，

$$Z = \bigcup_{i=1}^{d} \mathrm{supp}(R_i(f_1, \cdots, f_l))_\infty \quad (\neq M)$$

とおくと，(6.2.5) より g は $M - Z$ 上で正則である．$y \in P^l(C) - f(Z)$ に対し，$f^{-1}(y)$ の連結成分の数の最大数を d_0 とすると，実は $d \leq d_0$ がわかる．d_0 は g によらない．したがって $\mathcal{M}(M)$ は C 上で有限生成でなければならない(詳しくは Siegel [1] を参照)．∎

M, N を同じ次元 m のコンパクト複素多様体とし，$f: M \xrightarrow{\mathrm{mero}} N$ を階数 m の有理型写像とする．$y \in N$ に対し，$f^{-1}(y)$ が離散的になる場合の $f^{-1}(y)$ の元の数の最大値を d_f とする．一方，$f^*: \mathcal{M}(N) \to \mathcal{M}(M)$ により $\mathcal{M}(N)$ は $\mathcal{M}(M)$ の部分体と考えられる．このときつぎの補題が成り立つ．

(6.2.6) 補題 $f: M \xrightarrow{\mathrm{mero}} N$ を上述のものとすると，$\mathcal{M}(M)$ は $\mathcal{M}(N)$ 上で

§2 代数多様体の基本事項

有限次拡大体となり，その拡大次数 $[\mathcal{M}(N);\mathcal{M}(M)]$ は高々 d_f である．

証明はページ数の関係で述べられないが，それほど難しくない．まず任意の $f \in \mathcal{M}(M)$ は $\mathcal{M}(N)$ 上で代数的であることとその次数が高々 d_f であることを示し，定理 (6.2.4) を適用すればよい (Shafarevich [1] を参照)．

さて X を $\boldsymbol{P}^m(\boldsymbol{C})$ の代数的部分集合とする．X の既約性，既約成分等の概念が解析的部分集合の場合と同様に定義される．とくに X が既約なとき，X を **複素射影的代数多様体** と呼ぶ．X が解析的部分集合として特異点をもたないとき，X を **非特異複素射影的代数多様体** と呼ぶ．また X を複素射影的代数多様体とし，$Z \subsetneq X$ を代数的部分集合とするとき，$Y = X - Z$ を **複素準射影的代数多様体** (complex quasi-projective algebraic variety) と呼ぶ．$\bar{Y} = X$ である．Y の代数的部分集合 Y' とは，$\boldsymbol{P}^m(\boldsymbol{C})$ の代数的部分集合 Y'' をもって，$Y' = Y'' \cap Y$ と書かれるものと定義する．もちろん $Y'' \subset X$ ととれる．とくに $\boldsymbol{P}^m(\boldsymbol{C}) - \{z^0 = 0\} = \boldsymbol{C}^m$ は **m 次元複素アファイン空間** と呼ばれ，その中の既約代数的部分集合は **複素アファイン代数多様体** と呼ばれる．Y を複素準射影的代数多様体とするとき，Y の代数的集合を閉集合とすることにより Y に位相が入る．これを **Zariski 位相** と呼ぶ．A を Y の任意の部分集合とするとき，A の Zariski 位相に関する閉包とは，A を含む最小の Y の代数的部分集合のことである．以後 Zariski 位相に関する開集合，閉集合，閉包等については必ずそのように断わることにし，そうでない場合には従来通りの解析的集合としての位相を意味するものとする．

同じ次数の同次多項式 $P, Q \in \boldsymbol{C}[z^0, \cdots, z^m]$ ($Q \neq 0$) の比 P/Q で表わされる $\boldsymbol{P}^m(\boldsymbol{C})$ 上の有理型関数を $\boldsymbol{P}^m(\boldsymbol{C})$ 上の **有理関数** (rational function) と呼ぶ．$Y \subset \boldsymbol{P}^m(\boldsymbol{C})$ を複素準射影的代数多様体とする．Y 上の **有理関数** f とは，Y の空でない Zariski 開集合 W が存在し，f は W 上の正則関数でかつ $\boldsymbol{P}^m(\boldsymbol{C})$ 上の有理関数の W への制限として書かれるものとする．厳密には，有理型関数の場合と同様に，それらの適当な同値類を有理関数と呼ぶ．さて Y 上の有理関数の全体は，自然な演算で体をなす．これを $C(Y)$ と書き Y 上の **有理関数体** と呼ぶ．定理 (6.2.4) よりつぎの定理が導かれる (Narasimhan [1] を参照)：

(6.2.7) **定理** $X \subset \boldsymbol{P}^m(\boldsymbol{C})$ を非特異複素射影的代数多様体とすると，X 上の有理型関数体と有理関数体は一致する．

二つの複素射影空間 $P^m(C)$ と $P^n(C)$ の積 $P^m(C) \times P^n(C)$ について考える. $[z_0:\cdots:z^m]$, $[w^0:\cdots:w^m]$ をそれぞれの斉次座標とする. 正則写像
$$\alpha:([z^i],[w^j]) \in P^m(C) \times P^n(C) \longmapsto [z^iw^j] \in P^{(m+1)(n+1)-1}(C)$$
は正則埋込みになっている. この α によって $P^m(C) \times P^n(C)$ は $P^{(m+1)(n+1)-1}(C)$ 内の非特異複素射影的代数多様体となる. $Y_1 \subset P^m(C)$, $Y_2 \subset P^n(C)$ をそれぞれ複素準射影的代数多様体とする. すると $\alpha(Y_1 \times Y_2)$ は $P^{(m+1)(n+1)-1}(C)$ 内の複素準射影的代数多様体となる. $Y_1 \times Y_2$ と $\alpha(Y_1 \times Y_2)$ は双正則同相であるから, これにより $Y_1 \times Y_2$ が複素準射影的代数多様体とみなせる.

さて Y_1, Y_2 を上述のものとする. Y_1 から Y_2 への**有理写像** (rational mapping) $f: Y_1 \to Y_2$ とは, つぎの条件が満たされることとする:

(i) Y_1 のある空でない Zariski 開集合 W_1 が存在して, f は W_1 から Y_2 への正則写像である.

(ii) $f(W_1)$ の少なくとも1点で正則である Y_2 上の有理関数 F に対し, $f^*F = F \circ f$ が Y_1 上の有理関数になる.

厳密にはやはり有理型写像の場合のように, それらの適当な同値類を有理写像と呼ばなければならない. とくに f が Y_1 上でいたるところ正則であるとき, f を Y_1 から Y_2 への**正則有理写像** (regular rational mapping) と呼ぶ. $P^m(C)$ 内の二つの複素準射影的代数多様体 X, Y があり, $Y \subset X$ となっているとき, その包含写像は正則有理写像である. また二つの複素準射影的代数多様体 Y_1 と Y_2 の積 $Y_1 \times Y_2$ から Y_1 および Y_2 への射影は正則有理写像である.

$X_1 \subset P^m(C)$, $X_2 \subset P^m(C)$ を非特異射影的代数多様体とし, $f: X_1 \to X_2$ を有理写像とする. すると, f は第4章で定義した有理型写像となることが簡単に確かめられる. 逆に定理 (6.2.7) と定理 (6.2.1) よりつぎがわかる:

(6.2.8) **定理** X_1, X_2 を上述のものとする. このとき, 任意の有理型写像 $f: X_1 \xrightarrow{\text{mero}} X_2$ は有理写像である.

さて $f: Y_1 \to Y_2$ を, Y_1 の空でない Zariski 開集合 W_1 で正則な有理写像とする. $f(W_1)$ の Y_2 での Zariski 閉包が Y_2 自身になるとき, f は**支配的** (dominant) であるという. この場合は任意の $F \in C(Y_2)$ に対し, f^*F を考えることができて, $f^*: C(Y_2) \to C(Y_1)$ は単射な体の準同型になる. これにより $C(Y_2)$ を $C(Y_1)$ の部分体とみることができる. $\dim Y_1 = \dim Y_2$ とする. $y \in f(W_1)$ が, $f^{-1}(y)$ が

§2 代数多様体の基本事項

離散的になるものを動くとき，$f^{-1}(y)$ の元の数の最大数を d_f と書く．このとき，つぎの定理が成り立つことがよく知られている．

(6.2.9) **定理** $f: Y_1 \to Y_2$ を同じ次元の複素準射影的代数多様体の間の支配的有理写像とする．このとき $C(Y_2)$ を f^* により $C(Y_1)$ の部分体とみたとき，$C(Y_1)$ は $C(Y_2)$ の有限次拡大体で，その拡大次数 $[C(Y_2): C(Y_1)]$ は d_f に等しい．

さて $Y \subset \boldsymbol{P}^m(\boldsymbol{C})$ を複素準射影的代数多様体とし，$X = \bar{Y}$ とする．X は Y の $\boldsymbol{P}^m(\boldsymbol{C})$ での Zariski 位相に関する閉包に一致し，複素射影的代数多様体になる．X と Y の解析的集合として特異点の全体を $S(X), S(Y)$ とし，正則点の全体を $R(X) = X - S(X)$, $R(Y) = Y - S(Y)$ とする．$S(Y) = S(X) \cap Y$ であり，定理 (6.2.1) により $S(X)$ は $\boldsymbol{P}^m(\boldsymbol{C})$ の代数的部分集合であるから，$S(Y)$ も Y の代数的部分集合である．したがって $R(Y)$ は複素準射影的代数多様体である．このときつぎのことが定義よりわかる:

(6.2.10) $\left\{\begin{array}{l}\text{任意の点 } x \in R(Y) \text{ に対し，}x \text{ の近傍で正則な } Y \text{ 上の有理関数} \\ u^1, \cdots, u^n \in C(Y) \text{ が存在し，}(u^1, \cdots, u^n) \text{ は } x \text{ のまわりでの正則} \\ \text{局所座標を与える．ただし } n = \dim Y \text{ である．さらにこのとき，} \\ R(Y) \text{ の点でそのまわりで } (u^1, \cdots, u^n) \text{ が正則局所座標系を与え} \\ \text{る点の全体は } Y \text{ の Zariski 開集合をなす．}\end{array}\right.$

さて Y 上の**有理 k 型式** (rational k-form, 有理 k 微分あるいは k 次有理微分型式とも呼ぶことがある) ω とは，$R(Y)$ に空でない Zariski 開集合 W があり，ω は W 上の k 次正則微分型式で，任意の点 $x \in W$ において (6.2.10) の $u = (u^1, \cdots, u^n)(u_j \in C(Y))$ をとるとき，x を含む W 内の Zariski 開集合 W' 上で

$$\omega = \sum_{J \in \{n: k\}} \omega_J du^J$$

と一意的に書かれるが，この ω_J が Y 上の有理関数の W' への制限になっていることとする．この場合もやはり厳密には有理型写像の定義におけると同様に，それらの適当な同値類を**有理 k 型式**と呼ばなければならない．とくに，$Y = R(Y)$ で，$W = Y$ ととれるとき，ω を Y 上の**有理正則 k 型式**と呼ぶ．

(6.2.11) **定理** $X \subset \boldsymbol{P}^m(\boldsymbol{C})$ を非特異複素射影的代数多様体とする．このとき，X 上の k 次正則微分型式 ω は有理 k 型式である．

証明 任意の点 $x_0 \in X$ をとる．x_0 のまわりで正則局所座標を与える X 上の

有理関数 $u^1, \cdots, u^n$ ($u=\dim X$) をとる．定理 (6.2.1) により $Z_1=\bigcup_{i=1}^{n} \mathrm{supp}\,(u^i)_\infty$ と $\{x\in X-Z_1; du^1\wedge\cdots\wedge du^n(x)=0\}$ の X での閉包 Z_2 は X の代数的真部分集合であり，$t=(t^1,\cdots,t^n)$ は $X-(Z_1\cup Z_2)$ の各点の近傍で正則局所座標を与える．$X-(Z_1\cup Z_2)$ 上で

$$\omega=\sum_{J\in(n;k)}\omega_J du^J$$

と書くと，各 ω_J は $X-(Z_1\cup Z_2)$ 上の正則関数になる．さらに $Z_1\cup Z_2$ の点でも同様に正則局所座標を与える有理関数をとって考えると，ω_J は X 上の有理型関数であることが簡単にわかる．定理 (6.2.7) により $\omega_J\in C(X)$ となる． ∎

同様にしてつぎのこともわかる．

(6.2.12) **命題** $Y\subset P^m(C)$ は複素準射影的代数多様体で，$\dim Y=n$ とする．$0\leq k\leq n$ とし，$l=\binom{n}{k}$ とおく，$\omega^1,\cdots,\omega^l$ を Y 上の有理 k 型式で，$R(Y)$ の Zariski 開集合 $W(\neq\phi)$ 上で正則であるとし，さらに一点 $x_0\in W$ で $\omega^1(x_0),\cdots,\omega^l(x_0)$ は $\overset{k}{\wedge}T^*(W)_{x_0}$ を生成しているとする．すると $x\in W$ で $\omega^1(x),\cdots,\omega^l(x)$ が $\overset{k}{\wedge}T^*(W)_x$ を生成する点の全体は Zariski 開集合 W' をなす．このとき，任意の Y 上の有理 k 型式 ω に対し，W' 上で

$$\omega=\sum_{j=1}^{l}F_j\omega^j$$

と一意的に書くと，F_j は Y 上の有理関数となる．

つぎのこともよく知られた事実である．

(6.2.13) **定理** Y_1, Y_2 を複素準射影的代数多様体とし，$f: Y_1\to Y_2$ を有理写像で $R(Y_1)$ の Zariski 開集合 $W_1(\neq\phi)$ 上で正則であるとする．ω を $R(Y_2)$ 上の有理 k 型式，Y_2 の Zariski 開集合 $W_2(\neq\phi)$ 上で正則であるとする．$W_2\cap f(W_1)\neq\phi$ ならば，$(f|W_1)^{-1}(W_2)$ は Y_1 の空でない Zariski 開集合になり，その上で $f^*\omega$ を考えるとこれは Y_1 上の有理 k 型式になる．とくに $Y_i=R(Y_i)=W_i$ ($i=1,2$) ならば $f^*\omega$ は Y_1 上の正則有理 k 型式である．

複素トーラス $M=C^m/\Gamma$ が代数多様体になるための条件についてつぎの定理が知られている (Weil [1] を参照)．

(6.2.14) **定理** M 上の有理型関数体 $\mathcal{M}(M)$ の C 上の超越次数が m になることと M が複素射影的代数多様体になることとは同値である．

複素トーラスが，複素射影的代数多様体であるとき，これを **Abel 多様体** と

呼ぶ．Abel 多様体 M 内の既約代数的部分集合 N が 0 を含みそれ自身 Abel 多様体であるとき，N を M の **Abel 部分多様体** と呼ぶ．このとき N での演算 "$+, -$" と M でのそれらとは両立することが知られている．

§3 ジェット束と Abel 多様体内の部分多様体

一般に X を n 次元複素多様体とし，$x \in X$ とする．U を $0 \in \mathbf{C}$ の近傍，$f_U: U \to X$ を $f_U(0) = x$ を満たす正則写像とする．そのような写像の全体を $\mathcal{H}(\mathbf{C}, X)_x$ で表わす．$f_U, g_V \in \mathcal{H}(\mathbf{C}, X)_x$ が同値 ($f_U \sim g_V$ で表わす) とは，ある 0 の近傍 $W \subset U \cap V$ が存在して $f_U|W = g_V|W$ となることとする．$\mathcal{G}(X)_x = \mathcal{H}(\mathbf{C}, X)_x / \sim$ とおく．$\mathcal{G}(X)_x$ の元 f は**正則写像の芽**と呼ばれ $f: (\mathbf{C}, 0) \to (X, x)$ と書く．f は $0 \in \mathbf{C}$ の近傍 U から X への正則写像 f_U で $f_U(0) = x$ となるもので代表されるが，とくに定義域 U を指定する必要のない場合 f_U を f と書く．$k \in \mathbf{N}$ とする．$f, g \in \mathcal{G}(X)_x$ が $f \underset{k}{\sim} g$ とは，x のまわりの正則局所座標系 $(z^1, \cdots, z^m)$ をとって $f = (f^1, \cdots, f^m)$, $g = (g^1, \cdots, g^m)$ と書いたとき，

$$\frac{d^j}{dz^j} f^i(0) = \frac{d^j}{dz^j} g^i(0) \quad (0 \leq j \leq k, \ 1 \leq i \leq m)$$

が成り立つこととする．これは正則局所座標系 $(z^1, \cdots, z^m)$ の取り方によらずにきまり，同値関係を定義する．そうして $f: (\mathbf{C}, 0) \to (X, x)$ の定める同値類を $j_k(f)$ と書き，

$$J_k(X)_x = \mathcal{G}(X)_x / \underset{k}{\sim} = \{j_k(f); f \in \mathcal{G}(X)_x\}$$

とおく．自然に $J_k(X)_x$ は mk 次元の複素平面 $\mathbf{C}^{mk}$ となる．$J_k(X) = \bigcup_{x \in X} J_k(X)_x$ (疎な和集合) とおき $p: J_k(X) \to X$ を $p(J_k(X)_x) = x$ なる条件で定める．$J_k(X)$ には自然に複素多様体の構造が入り，$p: J_k(X) \to X$ は位数 mk の正束ファイバー束となる．この $J_k(X)$ は k ジェット束と呼ばれる．Y を他の複素多様体，$\alpha: X \to Y$ を正則写像とすると，正則写像 $\alpha_*: J_k(X) \to J_k(Y)$ が $\alpha_*(j_k(f)) = j_k(\alpha \circ f)$ で定義できる．U を $\mathbf{C}$ 内の領域とし，$f: U \to X$ を正則写像とする．任意の点 $z \in U$ で，$g_z: w \mapsto f(z+w)$ は 0 の近傍から X への正則写像を定め，$g_z(0) = f(z)$ である．$J_k(f)(z) = j_k(g_z) \in J_k(X)_{f(z)}$ とおく．$J_k(f): U \to J_k(X)$ は正則曲線で，つぎは可換図である：

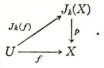

$J_k(f)$ を f の k 階の持ち上げと呼ぶ.

(6.3.1) 補題 X を m 次元複素多様体とする. $\omega^1,\cdots,\omega^m$ を X 上の閉正則 1 次微分型式であって, X のすべての点で $\omega^1 \wedge \cdots \wedge \omega^m \neq 0$ とする. このとき自明化

$$\tilde{\omega}: J_k(X) \cong X \times (\mathbf{C}^m)^k$$

が存在して,つぎを満たす:任意の正則曲線 $f: U \to X$ に対して $f^*\omega^j = \zeta^j dz$ とおくと, $z \in U$ に対し

$$\tilde{\omega}(J_k(f)(z)) = \left(f(z), (\zeta^j(z)), \left(\frac{d}{dz}\zeta^j(z)\right), \cdots, \left(\frac{d^k}{dz^k}\zeta^j(z)\right)\right)$$

となる.

証明 積分 $\int^x \omega^j$ ($1 \leq j \leq m$) が X の各点のまわりで正則局所座標系となることより容易に示される. ∎

以下では,つぎのような状況を考える: $\mathbf{C}^m/\Gamma$ を Abel 多様体, Y を $\mathbf{C}^m/\Gamma$ 内の n 次元既約代数的集合とし, $X=R(Y)$ とおく. X は非特異複素準射影的代数多様体である. $i_X: X \to \mathbf{C}^m/\Gamma$ を自然な包含写像とする.これは正則有理写像である. $\mathbf{C}^m/\Gamma$ の各点での正則接ベクトル空間と $\mathbf{C}^m/\Gamma$ 上の正則ベクトル場全体とは同一視できる. $\mathbf{C}^m/\Gamma$ 上の正則 1 次微分型式の基底 $\{\omega^1,\cdots,\omega^m\}$ を一つとり固定する. $d\omega^j=0$ であり, $\mathbf{C}^m/\Gamma$ 上の各点で $\omega^1 \wedge \cdots \wedge \omega^m \neq 0$ であるから,補題(6.3.1)で述べた双正則同型

$$\tilde{\omega}: J_k(\mathbf{C}^m/\Gamma) \xrightarrow{\cong} (\mathbf{C}^m/\Gamma) \times (\mathbf{C}^m)^k$$

を得る. $q: (\mathbf{C}^m/\Gamma) \times (\mathbf{C}^m)^k \to (\mathbf{C}^m)^k$ を第 2 成分への射影とする.さて

(6.3.2) $\qquad I_k = q \circ \tilde{\omega} \circ (i_X)_* : J_k(X) \longrightarrow (\mathbf{C}^m)^k$

とおく.

ここでつぎのことに注意する.一般に X が複素準射影的代数多様体であるとき, $J_k(X)$ も複素準射影的代数多様体になる(抽象代数多様体を知っている読者には X が抽象代数多様体ならば, $J_k(X)$ もそうなることは明らかであろう.以下の議論では, $J_k(X)$ が抽象代数多様体になることを知っていれば十分であ

§3 ジェット束と Abel 多様体内の部分多様体

る). しかしここでは特殊な事情であることより,以下のように考えよう.
$(C^m/\Gamma) \times (C^m)^k$ は複素準射影的代数多様体である. $\tilde{\omega}$ により,これと $J_k(C^m/\Gamma)$ を同一視し,複素準射影的代数多様体と考える.すると自然に $J_k(X)$ は $J_k(C^m/\Gamma)$ 内の複素準射影的代数多様体になり, $(i_X)_*: J_k(X) \to J_k(C^m/\Gamma)$ は正則有理写像になる.したがって I_k も正則有理写像である. I_k の微分 I_{k*} の核 Ker I_{k*} を調べる.点 $x \in X$ の単連結開近傍 $U \subset X$ を適当にとれば,ある添字 $1 \leq i_1 < \cdots < i_n \leq m$ が存在して, U 上の各点で $i_X^*(\omega^{i_1} \wedge \cdots \wedge \omega^{i_n}) \neq 0$ となる.ここで簡単のために $i_1 = 1, \cdots, i_n = n$ とする.補題(6.2.1)により, $i_X^*\omega^1, \cdots, i_X^*\omega^n$ に関する自明化

(6.3.3) $\qquad J_k(X)|U = J_k(U) \cong U \times (C^n)^k$

が存在する. $(C^n)^k$ の自然な座標を

(6.3.4) $\qquad \left(\begin{pmatrix} Z^{1(1)} \\ \vdots \\ Z^{n(1)} \end{pmatrix}, \cdots, \begin{pmatrix} Z^{1(k)} \\ \vdots \\ Z^{n(k)} \end{pmatrix} \right)$

とおく. 必要なら U を十分に小さくとって, x の C^m/Γ における単連結開近傍 U' を,つぎを満たすようにとる:

(i) $U' \cap X = U$.
(ii) U' 上で考えた積分 $x^j(z) = \int_x^z \omega^j \, (1 \leq j \leq n)$ は U' 上で定義された C^m/Γ の正則局所座標系となる.
(iii) U' 上の正則関数 $F^j(x^1, \cdots, x^n) \, (n+1 \leq j \leq m)$ が存在して
(6.3.5) $\quad U' \cap X = \{(x^1, \cdots, x^n) \in U'; \, x^j = F^j(x^1, \cdots, x^n), n+1 \leq j \leq m\}$
となる.

したがって $(x^1, \cdots, x^n)$ は X 上の U で定義された正則局所座標系となる.そうすれば

(6.3.6) $\qquad i_X^*\omega^j = dx^j = \sum_{i=1}^n \frac{\partial F^j}{\partial x^i} dx^i \qquad (n+1 \leq j \leq m)$

となる.定理(6.2.13)により $i_X^*(\omega^1 \wedge \cdots \wedge \omega^n)$ と $i_X^*(\omega^1 \wedge \cdots \wedge \check{\omega}^i \wedge \cdots \wedge \omega^n \wedge \omega^j)$ は X 上の正則有理 n 型式で, U 上 $i_X^*(\omega^1 \wedge \cdots \wedge \omega^n) \neq 0$ であるから命題(6.2.12)により U を含む Zariski 開集合上で正則な X 上の有理関数 P_i^j が存在して

$\qquad (-1)^{n-i} i_X^*(\omega^1 \wedge \cdots \wedge \check{\omega}^i \wedge \cdots \wedge \omega^n \wedge \omega^j) = P_i^j i_X^*(\omega^1 \wedge \cdots \wedge \omega^n)$

となる．これと(6.3.6)より

(6.3.7) $$P_i{}^j|U = \frac{\partial F^j}{\partial x^i}$$

となる．(6.3.2), (6.3.3), (6.3.4), (6.3.6)により，I_k はつぎのように書かれる：

(6.3.8) $I_k: U\times(\boldsymbol{C}^n)^k \longrightarrow (\boldsymbol{C}^m)^k$

$$\left(z, \begin{pmatrix}Z^{1(1)}\\\vdots\\Z^{n(1)}\end{pmatrix}, \cdots, \begin{pmatrix}Z^{1(k)}\\\vdots\\Z^{n(k)}\end{pmatrix}\right) \longmapsto \left(\begin{pmatrix}Z^{1(1)}\\\vdots\\Z^{n(1)}\\I^{n+1(1)}\\\vdots\\I^{m(1)}\end{pmatrix}, \cdots, \begin{pmatrix}Z^{1(k)}\\\vdots\\Z^{n(k)}\\I^{n+1(k)}\\\vdots\\I^{m(k)}\end{pmatrix}\right).$$

ここで $I^{j(l)}$ ($n+1\leqq j\leqq m$, $1\leqq l\leqq k$) は $P_i{}^j$ ($n+1\leqq j\leqq m$, $1\leqq i\leqq n$) の $x^1, \cdots, x^n$ に関する高々 l 階の偏微分(これらは(6.3.7)と同様な式の成り立つことから X の有理関数である)と $Z^{i(h)}$ ($1\leqq i\leqq n$, $1\leqq h\leqq l$) の多項式である．さて
$$\boldsymbol{T}(U\times(\boldsymbol{C}^n)^k) = \boldsymbol{T}(U)\oplus\boldsymbol{T}((\boldsymbol{C}^n)^k)$$
と分解しておく．I_k の微分
$$I_{k*}: \boldsymbol{T}(U)\oplus\boldsymbol{T}((\boldsymbol{C}^n)^k) \longrightarrow \boldsymbol{T}((\boldsymbol{C}^m)^k)$$
を考えると，(6.3.8)より

(6.3.9) $$\operatorname{Ker} I_{k*} \subset \boldsymbol{T}(U)$$

となる．

(6.3.10) **補題** (M. Green) $f: B(1)\to X$ を正則写像とする．$\boldsymbol{C}^m/\Gamma$ 内で像 $f(B(1))$ を含む最小の解析的集合が Y であるとする．すべての自然数 k に対して $\operatorname{Ker}(I_{k*J_k(f)(0)})\neq\{O\}$ と仮定する．このとき Y を不変に保つ群 $\{a\in\boldsymbol{C}^m/\Gamma ; Y+a=Y\}$ の次元は正である．

証明 記号はいままで通りとする．$x=f(0)$ とする．(6.3.9)に注意して，$\boldsymbol{T}(U)_x$ の部分空間 V_k を
$$V_k = \operatorname{Ker} I_{k*J_k(f)(0)}$$
で定義する．(6.3.8)より $V_{k+1}\subset V_k$ となる．仮定より $\bigcap_{k=1}^{\infty} V_k \neq \{O\}$ となる．$v\in \bigcap_{k=1}^{\infty} V_k\subset \boldsymbol{T}(X)_{f(0)}$ ($v\neq 0$) をとる．$x\in X$ のまわりの正則局所座標系 $(x^1, \cdots, x^n)$ を

§3 ジェット束と Abel 多様体内の部分多様体

用いて
$$f(z) = (f^1(z), \cdots, f^n(z)),$$
$$v_0 = \sum_{j=1}^{n} a^j \left(\frac{\partial}{\partial x^j}\right)_x \qquad (a^j \in \boldsymbol{C})$$

とおく. U' 上のベクトル場を $v=\sum_{j=1}^{n} a^j(\partial/\partial x^j)_y$ ($y \in U'$) とおく. $I_{k*}(v)=0$ ($k=1, 2, \cdots$) ということは, (6.3.5) を使うと,
$$\left.\frac{d^k}{dz^k}(vF^j)(f^1(z), \cdots, f^n(z))\right|_{z=0} = 0 \qquad (n+1 \leq j \leq m, \ k \geq 1)$$

となる. したがって $(vF^j)(f(z))$ は定数ということになる. 一方, つぎが成立する: $y \in U'(\subset U)$ に対して
$$(i_X)_* v(y) = \sum_{i=1}^{n} a^i \left(\frac{\partial}{\partial x^i}\right)_y + \sum_{j=n+1}^{m} \left(\sum_{i=1}^{n} a^i \frac{\partial F^j}{\partial x^i}(y)\right)\left(\frac{\partial}{\partial x^j}\right)_y$$
$$= \sum_{i=1}^{n} a^i \left(\frac{\partial}{\partial x^i}\right)_y + \sum_{j=n+1}^{m} (vF)(y)\left(\frac{\partial}{\partial x^j}\right)_y.$$

これと, $(vF^j)(f(z))$ が定数であることを用いると, $z=0$ の近傍で

(6.3.11) $\quad (i_X)_* v(f(z)) = \sum_{i=1}^{n} a^i \left(\frac{\partial}{\partial x^i}\right)_{f(z)} + \sum_{j=n+1}^{m} (vF)(f(z))\left(\frac{\partial}{\partial x^j}\right)_{f(z)}$
$$= \sum_{i=1}^{n} a^i \left(\frac{\partial}{\partial x^i}\right)_{f(z)} + \sum_{j=n+1}^{m} (vF)(f(0))\left(\frac{\partial}{\partial x^j}\right)_{f(z)}$$

が成り立つ. $(i_X)_* v_0 \in T(\boldsymbol{C}^m/\Gamma)_x$ を $\boldsymbol{C}^m/\Gamma$ 上のベクトル場と考えたものを $\tilde{v}$ とする. (6.3.11) より
$$\tilde{v}(x^j)(f(z)) = \tilde{v}F^j(f(z))$$

が成立し, したがって

(6.3.12) $\quad \tilde{v}(x^j - F^j)(f^1(z), \cdots, f^n(z)) \equiv 0 \qquad (n+1 \leq j \leq m)$

となる. よって $\tilde{v}$ は $f(B(1))$ の各点で X に接しているベクトル場, $\{x \in X; \tilde{v}_x \in T(X)_x\}$ は X 内の代数的部分集合であり, $f(B(1))$ の Y での Zariski 閉包は Y 自身であるから, $\tilde{v}$ は X 上 X に接するベクトル場であり, したがって, Y 上で Y に接するベクトル場になる. $\tilde{v}$ を $\boldsymbol{C}^m/\Gamma$ 上
$$\tilde{v} = \sum_{i=1}^{m} a^i \frac{\partial}{\partial x^i}$$

とおき, $\lambda: \boldsymbol{C}^m \to \boldsymbol{C}^m/\Gamma$ を被覆写像とする. $t \in \boldsymbol{C}$ に対し
$$\exp \tilde{v}(t) = \lambda(ta^1, \cdots, ta^m)$$

とおくと，Y は $\exp \tilde{v}(t)(t \in C)$ で不変になる．これは仮定に反する． ∎

§4 Bloch 予想とその応用

M を n 次元非特異複素射影的代数多様体とし，$q(M)$ をその不正則数，すなわち M 上の正則一次微分型式の空間の次元とする．

(6.4.1) **定理**(Bloch 予想) $f: C \to M$ を正則曲線とする．もし $q(M) > n$ ならば，M 内に真代数的部分集合 M' が存在し，$f(C) \subset M'$ となる．

証明 $q(M) = q$ と書く．$\omega^1, \cdots, \omega^q$ を M 上の正則一次微分型式の空間の基底とする．M が非特異複素射影的代数多様体であることにより，$d\omega^j = 0$ である（Weil [1] を参照）．1点 $x \in M$ を任意に固定する．$\{\gamma_1, \cdots, \gamma_p\}$ を $H_1(M, \mathbf{Z})$ の自由部分群の $\mathbf{Z}$ 基底とする．M が非特異複素射影代数多様体であることにより，つぎの事実の成り立つことが知られている：

(6.4.2) $\begin{cases} \text{(i)} \quad p = 2q. \\ \text{(ii)} \quad \text{ベクトル } v_j = \left(\int_{\gamma_j} \omega^1, \cdots, \int_{\gamma_j} \omega^q \right) \in \mathbf{C}^q \ (1 \leq j \leq 2q) \text{ は } \mathbf{R} \text{ 上で1} \\ \qquad \text{次独立である．さらに } \Gamma = \sum_{j=1}^{2q} \mathbf{Z} v_j \text{ とおくと } A(M) = \mathbf{C}^q / \Gamma \text{ は} \\ \qquad \text{Abel 多様体になる．} \end{cases}$

正則写像 $\alpha: M \to A(M)$ が，上の事実を使って

$$\alpha: x \in M \longmapsto \left(\int_x^z \omega^1, \cdots, \int_x^z \omega^q \right) \pmod{\Gamma} \in A(M)$$

によって定義できる．$A(M)$ を M の **Albanese 多様体**，α を **Albanese 写像**と呼ぶ．定理(6.2.7)より X は正則有理写像である．構成の仕方よりつぎがわかる：

(6.4.3) $\begin{cases} \text{(i)} \quad h: M \to T \text{ を他の Abel 多様体 } T \text{ への正則写像とすると，} \\ \qquad \text{正則な準同型 } \beta: A(M) \to T \text{ と } \sigma \in T \text{ が存在して，} h(z) = \\ \qquad \beta(\alpha(z)) + \sigma \text{ となる．} \\ \text{(ii)} \quad \alpha(M) \text{ は } A(M) \text{ を生成する．詳しく述べれば，ある } s \in \mathbf{N} \text{ が} \\ \qquad \text{存在して} \\ \qquad\qquad (z_1, \cdots, z_s) \in M \times \cdots \times M \longmapsto \alpha(z_1) + \cdots + \alpha(z_s) \in A(M) \\ \qquad \text{は全射になる．} \end{cases}$

§4 Bloch 予想とその応用

さて $Y=\alpha(M)$ とおくと，条件 $q>n$ より Y は $A(M)$ の既約真代数的部分集合となる．G を群 $\{a \in C^m/\Gamma ; Y+a=Y\}$ の 0 を含む連結成分とする．$A(M)$ の G による商を $T_1=A(M)/G$ とし，$\lambda: A(M) \to T_1=A(M)/G$ を標準写像とする．T_1 はやはり Abel 多様体で，$Y_1=\lambda(Y)$ は T_1 内の正次元の既約真代数的部分集合になる．$f_1=\lambda \circ \alpha \circ f$ とおく．$f_1: C \to Y_1$ に対し定理の主張と同様のことを示せばよい．我々の主張が成り立たないと仮定して矛盾を導こう．作り方より，つぎの二つが成立する:

(6.4.4) $f_1(C)$ を含む Y_1 の代数的部分集合は Y_1 自身である．

(6.4.5) $\{a \in T_1 ; Y_1+a=Y_1\}$ は有限群である．

$X=R(Y_1)$ とおく．C 内に開円板 B を $f(B) \subset X$ となるようにとる．B の中心は 0 としても一般性を失わない．(6.3.2) で定義した正則有理写像

$$I_k: J_k(X) \longrightarrow (C^{q_1})^k \qquad (q_1=\dim T_1)$$

を考える．(6.4.4), (6.4.5), 補題 (6.3.10) より k を大きくとれば，$(I_k)_{*J_k(f)(0)}$ は階数が極大になる．$J_k(f)(B)$ の $J_k(X)$ 内の Zariski 閉包を Z とするとつぎの可換図を得る:

$$\begin{array}{ccc} & Z \subset J_k(X) & \xrightarrow{I_k} (C^{q_1})^k \\ {}^{J_k(f)}\nearrow & \downarrow p & \\ B & \xrightarrow{f_1|B} X & \end{array}$$

ここで $p: J_k(X) \to X$ はジェット束の射影である．T_1 は複素射影的代数多様体であるから $T_1 \subset P^N(C)$ となっている．f_1 を $P^N(C)$ への写像 $f_1: C \to P^N(C)$ ともみる．$P^N(C)$ の超平面束の Chern 型式である Fubini-Study の Kähler 型式 ω_0 に関する $f: C \to P^N(C)$ の特性関数 $T_f(r; \omega_0)$ を $T(r)$ と書こう．$P^N(C)$ の斉次座標 $[u^0: \cdots : u^N]$ を $T_1 \not\subset \{[u^0: \cdots : u^N] \in P^N(C); u^0=0\}$ となるようにとる．有理関数 u^j/u^0 の Y_1 への制限を $w^j=(u^j/u^0)|Y_1 (1 \leq j \leq N)$ とおく．定理 (5.2.29) により

$$T(r; f_1^*w^j) \leq T(r)+O(1) \leq \sum_{j=1}^{N} T(r; f_1^*w^j)+O(1)$$

となる．いま

$$U(r) = \max_{1 \leq j \leq N} T(r; f_1^*w^j)$$

とおくと，上式より

(6.4.6) $$U(r) \leq T(r)+O(1) \leq NU(r)+O(1)$$

となる．w^j を $p|Z: Z \to X$ により Z 上の有理関数とみる．$I_k \circ J_k(f)(B)$ の $(C^{q_1})^k$ 内の Zariski 閉包を V とすると，I_{k*} は $J_k(f)(0)$ で階数が極大であるから，$\dim Z = \dim V$ で $I_k|Z: Z \to V$ は支配的である．よって定理(6.2.9)により $(C^{q_1})^k$ 上の正則有理関数 $A_{j0}, \cdots, A_{jd_j}$ が存在して，代数的関係

(6.4.7) $$(A_{j0} \circ I_k)(w^j)^{d_j}+(A_{j1} \circ I_k)(w^j)^{d_j-1}+\cdots+(A_{jd_j} \circ I_k) = 0$$

が成立する．ただし Z 上で $A_{j0} \circ I_k \not\equiv 0$．$T_1$ 上の正則一次微分型式の基底を $(\eta^1, \cdots, \eta^{q_1})$ とし

$$f_1^* \eta^\nu = \zeta^\nu(z)dz \qquad (1 \leq \nu \leq q_1)$$

とおく．すると $A_{jl} \circ I_k \circ J_k(f)$ は $\zeta^\nu, (\zeta^\nu)^{(1)}, \cdots, (\zeta^\nu)^{(k-1)}$ $(1 \leq \nu \leq q_1)$ に関する多項式である．これを $A_{jl}(\zeta^{\nu(\mu)})$ と書く．(6.4.4) と (6.4.7) により，

$$A_{j0}(\zeta^{\nu(\mu)})(f^* w^j)^{d_j}+\cdots+A_{jd_j}(\zeta^{\nu(\mu)}) = 0 \qquad (A_{j0}(\zeta^{\nu(\mu)}) \not\equiv 0, \ 1 \leq j \leq N)$$

となる．補題(6.1.5)により

(6.4.8) $$U(r) \leq O\Big(\sum_{\substack{1 \leq \nu \leq q_1 \\ 0 \leq \mu \leq k-1}} T(r; \zeta^{\nu(\mu)})\Big)+O(1)$$

となる．補題(6.1.29)と系(6.1.19)より

(6.4.9) $$T(r; \zeta^{\nu(\mu)}) \leq O(\log^+(rT(r)))\|_E$$

を得る．(6.4.6), (6.4.8), (6.4.9) より

(6.4.10) $$T(r) \leq O(\log r + \log^+ T(r))\|_E$$

となる．$f: C \to Y_1 \subset T_1$ であるから補題(5.2.32)により定数 $C>0, r_0 \geq 1$ があって，$r \geq r_0$ に対し

(6.4.11) $$T(r) \geq Cr^2$$

となる．(6.4.10) と (6.4.11) より矛盾を得る．∎

(6.4.12) 系 Abel 多様体内への正則写像 $f: C^n \to C^m/\Gamma$ の像 $f(C)$ の C^m/Γ 内の Zariski 閉包は，C^m/Γ の Abel 部分多様体を平行移動したものである．

証明 $\theta_1, \cdots, \theta_n \in R$ を Q 上で1次独立な実数とし，正則写像 $g(z) = f(e^{\theta_1 z}, \cdots, e^{\theta_n z}): C \to C^m/\Gamma$ を考える．$f(C^n)$ の C^m/Γ 内の Zariski 閉包 Y と $g(C)$ のそれとは同じになる．もし Y 自身が Abel 多様体でなかったとする．定理(6.4.1)の証明法より，代数的部分集合 $Y' \subsetneq Y$ で $g(C) \subset Y'$ となるものがとれるので，矛

盾を得る．したがって Y は C^m/Γ の Abel 部分多様体を平行移動したものである．∎

(6.4.13) **系** コンパクト Riemann 面 S の種数が 2 以上ならば，正則写像 $f\colon C\to S$ は定値写像である．

上記の主張には結局，第 1 章，第 2 章，第 5 章とこの第 6 章と四種類の証明が与えられたことになる．

(6.4.14) **例** E_j $(1\leq j\leq 4)$ を $\boldsymbol{P}^2(\boldsymbol{C})$ 内の非特異 3 次楕円曲線とする．

$$T = E_1\times\cdots\times E_4 \subset (\boldsymbol{P}^2(\boldsymbol{C}))^4$$

とおく．$E_j\subset\boldsymbol{P}^2(\boldsymbol{C})$ の斉次座標を $[u_j{}^0 : u_j{}^1 : u_j{}^2]$ とする．$H_j(u_1{}^0, u_1{}^1, u_1{}^2, \cdots, u_3{}^0, u_3{}^1, u_3{}^2)$ $(0\leq j\leq 2)$ を各 $(u_j{}^0, u_j{}^1, u_j{}^2)$ について次数 l_j の同次多項式とする．

$$D = \left\{(\cdots, [u_j{}^0 : u_j{}^1 : u_j{}^2], \cdots)\in(\boldsymbol{P}^2(\boldsymbol{C}))^4\,;\,\sum_{j=0}^{2} H_j\cdot(u_4{}^j)^p=0\right\},$$

$$M = T\cap D$$

とおく．H_j を一般にとれば，M は非特異になり，かつ $q(M)=4$ となる (Lefshetz の定理 (Milnor [1]) より)．

$$\{H_j=0\,;\,0\leq j\leq 2\}\cap(E_1\times E_2\times E_3) = \{p_1, \cdots, p_s\}$$

とおくと，$M\supset\bigcup_{j=1}^{s}\{p_j\}\times E_4$ となる．したがって非定値正則写像 $f\colon C\to M$ が存在して $\dim M<q(M)$ となる M が存在する．

ノート 1

定理 (6.4.1) は M をコンパクト，Kähler 多様体，M' を M の真解析的部分集合として，そのまま成立する．証明は，T_1 および Y_1 を作るところまでは Abel 多様体を複素トーラスに置き換えそのまま成り立つ．ここで (6.4.5) と補題 (6.3.10) の証明法よりつぎがわかる：$\eta^1, \cdots, \eta^{q_1}$ を T_1 上の正則一次微分型式，$i\colon Y_1\to T_1$ を包含写像とする．$n=\dim Y_1$, $i^*(\eta^1\wedge\cdots\wedge\eta^n)|R(Y_1)\not\equiv 0$ として一般性を失わない．そこで $R(Y_1)$ 上

$$i^*\eta^k = \sum_{j=1}^{n} F_j{}^k \eta^j \qquad (n+1\leq k\leq q_1)$$

とおくと，Y_1 上の有理型関数 $F_j{}^k$ を得る．このとき C 上 $\{F_j{}^k\}$ が生成する関数体の超越次数は n になる．このことから Y_1 は複素射影的代数多様体 $\tilde{Y}_1$ と双有理型同型になる．Y_1 が T_1 を生成しているので，ある $s\in\boldsymbol{N}$ があって，有理型写像

$$\gamma\colon (a_1, \cdots, a_s)\in(\tilde{Y}_1)^s \longmapsto a_1+\cdots+a_s \in T_1$$

は全射になる．定理 (5.2.31) により γ は正則写像である．$(\tilde{Y}_1)^s$ 内に $\dim T_1$ 次元の既

約射影的代数多様体 V を $\gamma(V)=T_1$ となるようにとる. すると補題(6.2.6)と同じ理由により $\mathcal{M}(T_1)$ の超越次数は $\dim T_1$ となる. よって定理(6.2.14)より T_1 が Abel 多様体であることがわかる. これがわかれば証明の残りの部分は全く同じである.

ノート 2

R. Nevanlinna による対数微分に関する補題(6.1.16)は彼の第2主要定理の証明の中で重要なステップであった(R. Nevanlinna[1]を参照). Borel 恒等式についての補題(6.1.20)は Borel[1]によるもので, ここでは R. Nevanlinna[2]による証明を与えた. Borel はこれにより Picard の定理の初等的証明を与えた. H. Cartan[1]は共通零点を持たない $n+1$ 個の C 上1次独立な整関数 $f^0, \cdots, f^n$ によって定義される正則写像 $f: C \to P^n(C)$ が一般の位置にある超平面 $D_1, \cdots, D_l$ とどのくらい交わるかについて, R. Nevanlinna の対数微分に関する補題を用いることにより第2主要定理とつぎの欠除指数関係式を得た:

$$\sum_{i=1}^{l} \delta_f(D_i) \leq n+1.$$

この問題は後に H. Weyl-J. Weyl[1]により正則曲線の Plüker 座標を用いることにより定式化され, Ahlfors[2]は f 以外にその associated curves $f^{(k)}$ についても第2主要定理および欠除指数関係式を完全に証明した. しかし彼等は上述の H. Cartan の仕事を知らなかったように思われる. Weyl 父子, Ahlfors 等の方法は Chern[4], Cowen-Griffiths[1]等に引き継がれているが, Ahlfors の得た結果をなかなか越えられないようである. 最近, 藤本[3]は上述の H. Cartan の方法で associated curves $f^{(k)}$ に対するより精密な第2主要定理と欠除指数関係式を得ている.

有理型写像 $f: C^m \xrightarrow{\text{mero}} P^n(C)$ に対し正則曲線と同様のことが成立することは Stoll[2]が示した. その方法は Weyl 父子, Ahlfors 等の流れに従うものである. 一方, 最近 Vitter[1]は多変数有理型関数の対数微分に関する補題を証明し, これにより H. Cartan の方法による別証明を与えている.

正則曲線 $f: B(1) \to P^n(C)$ の値分布理論の応用としては, Chern-Osserman[1]が極小曲面 $\varphi: R^2 \to R^n$ の Gauss 写像の挙動を調べるのにこの理論を用いている. 最近, Xavier[1]と藤本[4]が興味ある結果を示している.

Bloch 予想と呼ばれた定理(6.4.1)は Bloch[1]によってその証明のスケッチが与えられた. しかしこれは不完全なもので, 落合[1]はかなりの部分までそれを完全なものにした. 最後のステップである補題(6.3.10)は Green によるものである. この部分に関しては川又[1], P.M. Wong[1]も同様のことを示している. Green-Griffiths[1]も計量を用いる別証を与えている. この Bloch により予想された定理(6.4.1)は正則曲線の値分布論においてもっと本質的意義があると考えられる. M を非特異複素射影的代

数多様体とし，D を M の超曲面とする．Bloch 予想における正則一型式の代わりに，より一般的な M 上の高々 D に沿って対数的極をもつ有理一型式（対数微分）を考えることにより，これらが適当に多く存在すれば代数的に非退化な正則写像 $f: \mathbf{C} \to M$（つまり $f(\mathbf{C})$ の Zariski 閉包が M になること）に対しつぎの第2主要定理型の不等式が成り立つことが示される：

$$KT_f(r) \leq N(r; f^*D) + \log^+(rT_f(r))\|_E,$$

ここで K は f によらない正定数である（野口[5], [6], [7]）．これを $M = P^n(\mathbf{C})$, D が一般の位置にある超平面の和の場合に適用すると，Borel 恒等式に関する補題がでる．上式の定数 K がきちんときまれば，第2主要定理と欠除指数関係式が得られることになる．予想は $D = \sum_1^l D_i$, $c(D_i) = c_0 \in H^{1,1}(M, \mathbf{R})$ $(i = 1, 2, \cdots, l)$ のとき $K = l - [c(K_M^{-1})/c_0]$ で，$\sum \delta_f(D_i) \leq [c(K_M^{-1})/c_0]$ であるが，K についてはいまのところよくわかっていない．とくに M が Abel 多様体 A で，D が A の超曲面の場合につぎの Lang による予想がある（Griffiths[2]を参照）：

正則写像 $f: \mathbf{C} \to A - D$ は必ず代数的に退化する．つまり $f(\mathbf{C})$ の Zariski 閉包は A でない．

f が1パラメーター部分群のときは Ax[1] がこの予想の正しいことを証明している．さてこの予想は Poincaré による定理を用いて簡単に $c(D) > 0$ の場合に帰着する．定理(6.4.1)を用いると上述の Lang 予想はつぎと同値になる：

$c(D) > 0$ のとき，正則写像 $f: \mathbf{C} \to A - D$ は定数に限る．

Nevanlinna 理論からの予想として，$c(D) > 0$ で正則曲線 $f: \mathbf{C} \to A$ が代数的に非退化ならば

$$T_f(r; c(D)) \leq N(r; f^*D) + \log(rT_f(r; c(D)))\|_E$$

が成立する（野口[6]を参照）．

もちろんこれがわかれば Lang 予想もわかることになる．

文　献

Ahlfors, L. V.:
  [1] Über die Anwendung differentialgeometrischer Methoden zur Untersuchung von Überlagerungsflächen, Acta Soc. Sci. Fennicae, Nova Ser. A. 2(1937), 1-17.
  [2] The theory of meromorphic curves, Acta Soc. Sci. Fennicae, Nova Ser. A. 3 (1941), 3-31.

Ax, J.:
  [1] Some topics in differential algebraic geometry II: On the zeros of theta functions, Amer. J. Math. 94(1972), 1205-1213.

Bedford, E. and Taylor, B. A.:
  [1] The Dirichlet problem for a complex Monge-Ampère equation, Invent. Math. 37(1976), 1-44.
  [2] Variational properties of the complex Monge-Ampère equation I, Dirichlet principle, Duke Math. J. 45(1978), 378-403; ibid II, Amer. J. Math. 101(1979), 1131-1161.

Bishop, E.:
  [1] Conditions for the analyticity of certain sets, Michigan Math. J. 11(1964), 289-304.

Bloch, A.:
  [1] Sur les systèmes de fonctions uniformes satisfaisant à l'équation d'une variété algébrique dont l'irrégularité dépasse la dimension, J. Math. Pures Appl. 5(1926), 9-66.

Borel, E.:
  [1] Sur les zéros des fonctions entières, Acta Math. 20(1897), 357-396.

Brody, R.:
  [1] Compact manifolds and hyperbolicity, Trans. Amer. Math. Soc. 235(1978), 213-219.

Brody, R. and Green, M.:
  [1] A family of smooth hyperbolic hypersurfaces in P_3, Duke Math. J. 44(1977), 873-874.

Carlson, J.:

[1] Some degeneracy theorems for entire functions with values in an algebraic variety, Trans. Amer. Math. Soc. **168** (1972), 273-301.

Carlson, J. and Griffiths, P.:

[1] A defect relation for equidimensional holomorphic mappings between algebraic varieties, Ann. Math. **95** (1972), 557-584.

Cartan, H.:

[1] Sur les zéros des combinaisons linéaires de p fonctions holomorphes données, Mathematica **7** (1933), 5-31.

Chern, S. S.:

[1] An elementary proof of the existence of isothermal parameters on a surface, Proc. Amer. Math. Soc. **6** (1955), 771-782.

[2] The integrated form of the first main theorem for complex analytic mappings in several variables, Ann. Math. **71** (1960), 536-551.

[3] Complex analytic mappings of Riemann surfaces I, Amer. J. Math. **82** (1960), 323-337.

[4] Holomorphic curves in the plane, Differential Geometry in Honor of K. Yano, pp. 73-94, Kinokuniya, Tokyo, 1972.

Chern, S. S., Cowen, M. and Vitter, A. L.:

[1] Frenet frames along holomorphic curves, Value Distribution Theory, Part A, pp. 191-203, Marcel Dekker, New York, 1974.

Chern, S. S. and Osserman, R.:

[1] Complete minimal surfaces in euclidean n-space, J. d'Analyse Math. **19** (1967), 15-34.

Cowen, M. and Griffiths, P.:

[1] Holomorphic curves and metrics of negative curvature, J. d'Analyse Math. **29** (1976), 93-153.

Fujimoto, H.:

[1] Extension of the big Picard's theorem, Tohoku Math. J. **24** (1972), 415-422.

[2] On meromorphic maps into the complex projective space, J. Math. Soc. Japan **26** (1974), 272-288.

[3] The defect relations for the derived curves of a holomorphic curves in $P^n(C)$, Tohoku Math. J. **34** (1982), 141-160.

[4] On the Gauss map of a complete minimal surface in R^m, J. Math. Soc. Japan **35** (1983), 279-288.

Grauert, H. and Remmert, R.:

[1] Plurisubharmonische Funktionen in komplexen Räumen, Math. Z. **65** (1956), 175-194.

文　　献　　　　　　　213

Green, M. :
[1] Holomorphic maps into complex projective space, Trans. Amer. Math. Soc. **169** (1972), 89-103.
[2] Some examples and counter-examples in value distribution theory for several complex variables, Compositio Math. **30** (1975), 317-322.

Green, M. and Griffiths, P. :
[1] Two applications of algebraic geometry to entire holomorphic mappings, The Chern Symposium 1979, pp. 41-74, Springer-Verlag, New York-Heidelberg-Berlin, 1980.

Greene, R. and Wu, H. :
[1] Function Theory on Manifolds Which Possess a Pole, Lecture Notes in Math. No. 699, Springer-Verlag, Berlin-Heidelberg-New York, 1979.

Griffiths, P. :
[1] Holomorphic mappings into canonical algebraic varieties, Ann. Math. **93** (1971), 439-458.
[2] Holomorphic mappings: Survey of some results and discussion of open problems, Bull. Amer. Math. Soc. **78** (1972), 374-382.

Griffiths, P. and King, J. :
[1] Nevanlinna theory and holomorphic mappings between algebraic varieties, Acta Math. **130** (1973), 145-220.

Gunning, R. C. and Rocci, H :
[1] Analytic Functions of Several Complex Variables, Prentice-Hall Inc., Englewood Cliffs, N. J., 1965.

Hayman, W. K. :
[1] Meromorphic Functions, Oxford Univ. Press, 1964.

Kalka, R., Shiffman, B. and Wong, B. :
[1] Finiteness and rigidity theorems for holomorphic mappings, Michigan Math. J. **28** (1981), 289-295.

Kawamata, Y. :
[1] On Bloch's conjecture, Invent. Math. **57** (1980), 97-100.

Kobayashi, S. :
[1] Hyperbolic Manifolds and Holomorphic Mappings, Marcel Dekker, New York, 1970.
[2] Intrinsic distances, measures, and geometric function theory, Bull. Amer. Math. Soc. **82** (1976), 357-416.

Kobayashi, S. and Ochiai, T. :
[1] Meromorphic mappings onto compact complex spaces of general type, Invent.

Math. 31 (1975), 7-16.

Kodaira, K.:

[1] Holomorphic mappings of polydiscs into compact complex manifolds, J. Diff. Geometry 6 (1971), 33-46.

[2] Nevanlinna Theory, Seminar Notes No. 34, Univ. of Tokyo, Tokyo, 1974.

Lang, S.:

[1] Higher dimensional Diophantine problems, Bull. Amer. Math. Soc. 80 (1974), 779-787.

Lelong, P.:

[1] Fonctions entières (n variables) et fonctions plurisousharmoniques d'ordre fini dans C^n, J. d'Analyse Math. 12 (1964), 365-407.

[2] Fonctions plurisousharmoniques et Formes différentielles positive, Gordon and Breach, Paris, 1968.

Milnor, J.:

[1] Morse Theory, Annales of Math. Studies No. 51, Princeton Univ. Press, Princeton, 1963.

[2] On deciding whether a surface is parabolic or hyperbolic, Amer. Math. Monthly 84 (1977), 43-46.

Mori, S. and Mukai, S.:

[1] The uniruledness of the moduli space of curves of genus 11, Algebraic Geometry, Proc. Japan-France Conf. Tokyo and Kyoto 1982, Lecture Notes in Math. No. 1016, Springer-Verlag, Berlin-Heidelberg-New York, 1983.

Mumford, D.:

[1] Algebraic Geometry I, Complex Projective Varieties, Springer-Verlag, Berlin-Heidelberg-New York, 1976.

Narasimhan, R.:

[1] Introduction to the Theory of Analytic Spaces, Lecture Notes in Math. No. 25, Springer-Verlag, Berlin-Heidelberg-New York, 1966.

Nevanlinna, F.:

[1] Über die Anwendung einer Klasse uniformisierender Transzendenten zur Untersuchung der wertverteilung analytischer Funktionen, Acta Math. 50 (1927), 159-188.

Nevanlinna, R.:

[1] Zur Theorie der meromorphen Funktionen, Acta Math. 46 (1925), 1-99.

[2] Le Théorème de Picard-Borel et la thèorie des fonctions méromorphes, Gauthier-Villars, Paris, 1939.

[3] Eindeutige Analytische Funktionen, Springer-Verlag, Berlin, 1953.

Noguchi, J. :
[1] A relation between order and defects of meromorphic mappings of C^m into $P^N(C)$, Nagoya Math. J. 59 (1975), 97-106.
[2] Meromorphic mappings of a covering space over C^m into a projective variety and defect relations, Hiroshima Math. J. 6 (1976), 265-280.
[3] Holomorphic mappings into closed Riemann surfaces, Hiroshima Math. J. 6 (1976), 281-291.
[4] Meromorphic mappings into a compact complex space, Hiroshima Math. J. 7 (1977), 411-425.
[5] Holomorphic curves in algebraic varieties, Hiroshima Math. J. 7 (1977), 833-853.
[6] Open Problems in Geometric Function Theory, pp. 6-9, Proc. of Conf. on Geometric Function Theory, Katata, 1978.
[7] Supplement to "Holomorphic curves in algebraic varieties", Hiroshima Math. J. 10 (1980), 229-231.
[8] Lemma on logarithmic derivatives and holomorphic curves in algebraic varieties, Nagoya Math. J. 83 (1981), 213-233.
[9] A higher dimensional analogue of Mordell's conjecture over function fields, Math. Ann. 258 (1981), 207-212.

Noguchi, J. and Sunada, T. :
[1] Finiteness of the family of rational and meromorphic mappings into algebraic varieties, Amer. J. Math. 104 (1982), 887-900.

Ochiai, T. :
[1] On holomorphic curves in algebraic varieties with ample irregularity, Invent. Math. 43 (1977), 83-96.

Okada, M. :
[1] Espaces de Dirichlet generaux en analyse complexe, J. Functional Analy. 46 (1982), 396-410.

Remmert, R. :
[1] Projektionen analytischer Mengen, Math. Ann. 130 (1956), 410-441.
[2] Holomorphe und meromorphe Abbildungen komplexer Räume, Math. Ann. 133 (1957), 328-378.

de Rham, G. :
[1] Variétés différentiables, Hermann, Paris, 1973.

Riebesehl, D. :
[1] Hyperbolische komplexe Räume und die Vermutung von Mordell, Math. Ann. 257 (1981), 99-110.

Royden, H. L. :
 [1] Remarks on the Kobayashi metric, Several Complex Variables II, Maryland 1970, Lecture Notes in Math. No. 185, Springer-Verlag, Berlin-Heidelberg-New York, 1971.
 [2] The extension of regular holomorphic maps, Proc. Amer. Math. Soc. 43 (1974), 306-310.

Sakai, F. :
 [1] Degeneracy of holomorphic maps with ramification, Invent. Math. 26 (1974), 213-229.
 [2] Defect relations and ramifications, Proc. Japan Acad. 50 (1974), 723-728.
 [3] Defect relations for equidimensional holomorphic maps, J. Faculty of Sci., Univ. Tokyo, Sec. IA, 23 (1976), 561-580.

Selberg, H. L. :
 [1] Algebroide Funktionen und Umkehlfunktionen Abelscher Integrale, Avh. Norske Vid. Akad. Oslo, 8 (1934), 1-72.

Shafarevich, I. R. :
 [1] Basic Algebraic Geometry, Springer-Verlag, Berlin-Heidelberg-New York, 1974.

Shiffman, B. :
 [1] Nevanlinna defect relations for singular divisors, Invent. Math. 31 (1975), 155-182.
 [2] Holomorphic and meromorphic mappings and curvature, Math. Ann. 222 (1976), 171-194.

Sibony, N. :
 [1] A class of hyperbolic manifolds, Annals of Math. Studies No. 100, pp. 357-372, Princeton Univ. Press, Princeton, 1981.

Siegel, C. L. :
 [1] On meromorphic functions of several variables, Bull. Calcutta Math. Soc. 50 (1958), 165-168.

Siu, Y.-T. :
 [1] Analyticity of sets associated to Lelong numbers and the extension of closed positive currents, Invent. Math. 27 (1974), 53-156.
 [2] Extension of meromorphic maps into Kähler manifolds, Ann. Math. 102 (1975), 421-462.

Skoda, S. :
 [1] Prolongement des courants, positifs, fermes de mass finie, Invent. Math. 66 (1982), 361-376.

Stoll, W.:
 [1] Ganze Funktionen endlicher Ordnung mit gegebenen Nullstellenflächen, Math. Z. 57 (1953), 211-237.
 [2] Die beiden Hauptsätze der Wertverteilungstheorie bei Funktionen mehrerer komplexer Veränderlichen (I), Acta Math. 90 (1953), 1-115; ibid (II), Acta Math. 92 (1954), 55-169.
 [3] Über meromorphe Abbildungen komplexer Räume I, Math. Ann. 136 (1958), 201-239.
 [4] The growth of the area of a transcendental analytic set. I, Math. Ann. 156 (1964), 47-78; ibid II, Math. Ann. 156 (1964), 144-170.
 [5] Value Distribution of Holomorphic Maps into Compact Complex Manifolds, Lecture Notes in Math. No. 135, Springer-Verlag, Berlin-Heidelberg-New York, 1970.
 [6] Value Distribution on Parabolic Spaces, Lecture Notes in Math. No. 600, Springer-Verlag, Berlin-Heidelberg-New York, 1977.

Stolzenberg, G.:
 [1] Volumes, Limits, and Extensions of Analytic Varieties, Lecture Notes in Math. No. 19, Springer-Verlag, Berlin-Heidelberg-New York, 1966.

Urata, T.:
 [1] Holomorphic mappings into a certain compact complex analytic space, Tôhoku Math. J. 33 (1981), 573-585.

Vitter, A. L.:
 [1] The lemma of the logarithmic derivative in several complex variables, Duke Math. J. 44 (1977), 89-104.

Weil, A.:
 [1] Introduction à l'Étude des Variétés kähleriennes, Hermann, Paris, 1958.

Wells, Jr., R. O.:
 [1] Differential Analysis on Complex Manifolds, Graduate Texts in Math. No. 65, Springer-Verlag, New York-Heidelberg-Berlin, 1980.

Weyl, H. and Weyl, J.:
 [1] Meromorphic curves, Ann. Math. 39 (1938), 516-538.

Whitney, H.:
 [1] Complex Analytic Varieties, Addison-Wesley Publishing Company, Reading, Massachusetts, 1972.

Wong, P. M.:
 [1] Holomorphic mappings into Abelian varieties, Amer. J. Math. 102 (1980), 493-501.

Wu, H.:
 [1] The Equidistribution Theory of Holomorphic Curves, Annals of Math. Studies No. 64, Princeton Univ. Press, Princeton, 1970.
 [2] Remarks on the first main theorem in equidistribution theory I, J. Diff. Geometry 2(1968), 197-202; ibid II, J. Diff. Geometry, 2(1968), 369-384; ibid III, J. Diff. Geometry 3(1969), 83-94 ibid IV, J. Diff. Geometry 3(1969), 433-446.
 [3] Some open problems in the study of noncompact Kähler manifolds, In Geometric Theory of Several Complex Variables, pp. 12-25, Lecture Notes Ser. No. 340, RIMS, Kyoto, 1978.

Xavier, F.:
 [1] The Gauss map of a complete non-flat minimal surface cannot omit 7 points of the sphere, Ann. Math. 113(1981), 211-214.

記 号 表

$B(r)$	2	$\mathcal{K}(U)$	67	$\mathcal{B}^{(p,q)}(U)$	82
g_r	2	$\mathcal{D}(U)$	67	$\mathcal{L}^{(p,q)}{}_{\mathrm{loc}}(U)$	82
F_M	7	$\mathcal{K}_A(U)$	67	$\mathcal{D}'^{(p,q)}(U)$	83
$f_*(z)$	8	$\mathcal{D}_A(U)$	67	$\mathcal{D}'_{(m-p,m-q)}(U)$	83
$B(1)^l$	10	$\phi * \chi_\varepsilon$	67	$\mathcal{K}'^{(p,q)}(U)$	83
$L(\gamma)$	12	$\|\ \|^0,\ \|\ \|^l$	68	$\mathcal{K}'_{(m-p,m-q)}(U)$	83
$d_M(x,y)$	12	$\mathcal{D}(U)'$	69	$\partial T, \bar{\partial}T$	83
$Hol(X,M)$	15	$\mathcal{K}(U)'$	69	$\bar{T}$	84
$P(E)$	22	$[f]$	69	σ_k	85
$\boldsymbol{P}^m(\boldsymbol{C})$	23	$T	V$	70	d^c	89
$\Gamma(U,L)$	37	T_ε	71	α, α^k	89
$\boldsymbol{L}^k$	40	$\|T\|$	72	β, β^k	89
$H^{(k)}$	41	$|\mu|$	72	$B(z;r)$	89
$\omega_{(L,H)}$	42	$T \geq 0$	73	$\Gamma(z;r)$	89
$c(\boldsymbol{L})$	42	$\mathcal{C}^k(U)$	74	$B(r)$	89
$\boldsymbol{L}_0$	44	$\mathcal{K}^k(U)$	74	$\Gamma(r)$	89
$\boldsymbol{H}_0$	44	$\mathcal{E}^k(U)$	74	$n(z;r,T)$	90
ω_0	44	$\mathcal{D}^k(U)$	74	$\mathcal{L}(z;T)$	92
$\omega > 0,\ \omega \geq 0$	45	$\mathcal{D}'_k(U)$	75	$S(X)$	112
$\boldsymbol{L} > 0$	45	$\mathcal{K}'_k(U)$	75	$R(X)$	112
$K(M)$	46	$\mathcal{D}'^p(U)$	76	$\mathrm{codim}_{M,x} X$	113
$\mathrm{Ric}\,\Omega$	47	$\mathcal{L}^k{}_{\mathrm{loc}}(U)$	76	$\dim_x X$	113
$\mathrm{Zero}(\Omega)$	49	$[\omega]$	76	$\dim X$	113
K_Ω	49	$\mathrm{supp}\,T$	76	$O_{M,x}$	115
$\Omega(r_1,\cdots,r_m)$	50	$T \wedge \omega(\phi)$	77	$\gamma_x(a_U)$	115
$\Omega^*(r_1,\cdots,r_m)$	50	dT	77	$O_{M,x}{}^*$	115
Ψ_M	53	$\delta(J,\hat{J})$	78	$\mathcal{I}_{X,x}$	116
D^α	66	f_*	80	$\mathrm{supp}\,D$	117
$\{m;k\}$	66	$dz^J, d\bar{z}^J$	82	$\mathrm{Div}(M)$	117
j	66	$\mathcal{C}^{(p,q)}(U)$	82	$D	U$	117
dx^J	66	$\mathcal{K}^{(p,q)}(U)$	82	$\nu_0(f_{M-X}; Y_\lambda)$	119
$\mathcal{C}(U)$	66	$\mathcal{E}^{(p,q)}(U)$	82	$\nu_\infty(f_{M-X}; Z_\sigma)$	119
$\mathcal{E}(U)$	66	$\mathcal{D}^{(p,q)}(U)$	82	$(f_{M-X})_0, (f_{M-X})_\infty$	119

記 号 表

(f_{M-x})	119	$n(t, E)$	151	$\delta_f(D_j)$	176
$\mathcal{M}(M)$	120	$N(r; E)$	151	$\Theta_f(D_j)$	176
$(\varphi)_0, (\varphi)_\infty$	120	$T_f(r; \phi)$	151	$C(Y)$	195
$\mathrm{rank}_x f|X$	122	$m_f(r; D)$	153	$\mathcal{H}(C, X)_x$	199
$\mathrm{rank}\, f|X$	123	$T_f(r; L)$	154	$\mathcal{J}(X)_x$	199
$\mathrm{Mer}(M, N)$	126	$T_f(r; \omega)$	154	$f: (C, 0) \to (X, x)$	199
$G(f)$	126	ρ_f	156	$J_k(X)_x$	199
$f: M \xrightarrow[\mathrm{mero}]{} N$	126	$T(r; F)$	158	$J_k(X)$	199
$I(f)$	130	$m(r; F)$	158	$J_k(f)$	200
f^*D	134	$\left[\dfrac{c_1(K(M)^{-1})}{r}\right]$	176	$A(M)$	204
$\nu(z; D)$	148				

索　引

あ　行

Abel 多様体　　199
Albanese 写像　　204
Albanese 多様体　　204
位数（超関数の）　　69
位数 ρ_f　　156
一次分数変換　　2
一般の位置　　23
因子　　117
f は既約, 可約　　116
Hermite 擬計量　　1
Hermite 直線束　　41
Hermite 内積　　40

か　行

階数（有理型写像の）　　122
解析的超曲面　　24, 115
解析的部分集合　　111
外微分（カレントの）　　77
滑性化　　71
可約（局所的に）　　111
カレント　　75
擬距離　　12
擬体積型式　　49
基点　　44
既約（局所的に）　　111
既約因子　　117
既約成分（への分解）　　112
局所既約成分　　113

局所次元　　113
局所自明化被覆　　38
局所的に可積分　　67
局所有限　　116
局所余次元　　113
曲率関数　　49
格子　　18
個数関数　　151
小林擬距離　　14
小林擬体積型式　　53
小林微分計量　　8

さ　行

Zariski 位相　　195
ジェット束　　199
Jensen の公式　　100
次元　　113
実微分型式　　84
支配的　　196
射影空間　　22
十分豊富　　45
純次元　　114
整　　124
正因子　　117
正規交叉的　　24
斉次座標　　22
整除する　　115
正則関数の芽　　115
正則局所枠　　38
正則写像の芽　　199

正則切断　37
正則束(準)同型写像　37
正則直線束　37
正則点　111
正則変換関数系　38
正則有理写像　196
正のカレント　85
正の正則直線束　45
接近関数　153
全変動測度　73
双曲的多様体(完備)　14
双対射影空間　23
測度双曲的多様体　56

た 行

退化　52
退化集合　123
代数的部分集合　193
体積型式　49
体積要素　49
互いに素　116
多重劣調和関数　103
畳込み　67
単元　115
単純格子　18
単純正規交叉的　165
Chern 型式　42
Chern 類　42
超関数　68
重複度　24, 148
超平面　22
超平面束　44
調和関数　93
定義方程式　116
∂ 閉, $\bar{\partial}$ 閉　83
特異点　112
特性関数　151

トレース(正カレントの)　88

な 行

Nevanlinna の特性関数　158

は 行

(p, q) 型微分型式　82
微小変形　18
非退化　52
非特異解析的部分集合　112
微分計量　7
標準直線束　46
ファイバー　122
Finsler 計量　7
不確定点集合　130
複素アファイン代数多様体　195
複素射影的代数多様体　195
複素準射影的代数多様体　195
プロパー改変　135
閉カレント　77
Poincaré 計量　2
Poincaré 体積要素　50
Poincaré-Lelong の公式　144
豊富　45
Hopf 写像　22

ま 行

持ち上げ写像　200

や 行

約元　115
有理型(M に関して)　125
有理型関数　120
有理型写像(f_W が定める)　126
有理関数　195
有理関数体　195
有理 k 型式　197

有理写像　196
有理正則 k 型式　197

ら行

Radon 測度　72

Ricci 型式　47, 49
零切断　38
劣調和関数　92
Lelong 数　92

■岩波オンデマンドブックス■

幾何学的関数論

1984 年 10 月 19 日　第 1 刷発行
2015 年 5 月 12 日　オンデマンド版発行

著　者　落合卓四郎　野口潤次郎
　　　　（おちあいたくしろう）（のぐちじゅんじろう）

発行者　岡本　厚

発行所　株式会社　岩波書店
　　　　〒101-8002 東京都千代田区一ツ橋 2-5-5
　　　　電話案内 03-5210-4000
　　　　http://www.iwanami.co.jp/

印刷／製本・法令印刷

© Takushiro Ochiai & Junjiro Noguchi 2015
ISBN 978-4-00-730181-0　Printed in Japan